机器人和人工智能技术丛书

机器人系统的工程应用基础

王 刚 编

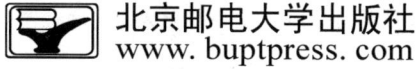
北京邮电大学出版社
www.buptpress.com

内 容 简 介

本书全面深入地介绍了工业机器人相关理论和关键技术。全书共分为7章，内容涵盖了工业机器人概述、工业机器人的数学基础、机器人常用传感器、机器人传动机构、物流输送机器人、爬壁机器人、移动机器人的应用。本书内容新颖，强调理论与实践的结合，系统地阐述了工业机器人设计的思路和方法，并通过实例展示了机器人理论的实际应用。同时，本书兼顾了工业机器人技术的广度，旨在帮助读者拓宽视野。

本书可作为高等院校机电工程、自动化、信息工程、物流工程等专业本科生的教材，并对机器人设计从业者具有一定的参考价值和意义。

图书在版编目（CIP）数据

机器人系统的工程应用基础 / 王刚编. -- 北京：北京邮电大学出版社，2025. -- ISBN 978-7-5635-7619-7

Ⅰ．TP24

中国国家版本馆 CIP 数据核字第 2025PD2314 号

策划编辑：姚　顺　刘纳新	责任编辑：刘春棠　责任校对：张会良　封面设计：七星博纳

出版发行：北京邮电大学出版社
社　　址：北京市海淀区西土城路 10 号
邮政编码：100876
发 行 部：电话：010-62282185　传真：010-62283578
E-mail：publish@bupt.edu.cn
经　　销：各地新华书店
印　　刷：保定市中画美凯印刷有限公司
开　　本：787 mm×1 092 mm　1/16
印　　张：15.5
字　　数：387 千字
版　　次：2025 年 8 月第 1 版
印　　次：2025 年 8 月第 1 次印刷

ISBN 978-7-5635-7619-7　　　　　　　　　　　　　　　　　定价：49.50 元

・如有印装质量问题，请与北京邮电大学出版社发行部联系・

机器人和人工智能技术丛书

顾问委员会

钟义信　涂序彦　郭　军　廖启征　贾庆轩　张　毅

编委会

总 主 编　宋　晴
副总主编　褚　明
编　　委　张　英　李艳生　王　刚　张　斌　胡梦婕
总 策 划　姚　顺
秘 书 长　刘纳新

前　言

　　机器人涉及机械设计、计算机技术、控制技术、感知与决策、机电一体化等多个领域。随着控制理论、人工智能理论的不断迭代更新,机器人技术研究已经发展到一个崭新的阶段。而工业机器人作为机器人大家庭中的重要一员,可以在生产线上完成搬运、组装、电焊等基础性工作,越来越受到人们的关注,应用前景广阔。

　　本书深入浅出、循序渐进,力争做到"理论扎实、实用性强",在内容上穿插有大量精心安排的实例和案例研究,在介绍理论的同时兼顾机器人技术的应用情况和发展趋势,突出实践能力和创新素质的培养。

　　本书围绕工业机器人技术所涉及的基本概念、控制基础、各个领域典型工业机器人所需的应用技术等3个维度对工业机器人作了系统的阐述。本书共分为7章。第1章阐述了工业机器人的基础知识、工业机器人示教以及控制方法等;第2章深入探讨了工业机器人的数学基础,包括运动学、动力学、运动控制与协同控制方法等;第3章以位置传感器、力传感器、速度传感器以及视觉传感器为代表,概述了工业机器人常用的传感器技术;第4章详细讲解了机器人传动机构的种类、工作原理、特点及选型方法等;第5章以物流领域典型的码垛、搬运机器人为切入点,介绍了机器人的结构形式及驱动方式等;第6章探讨了爬壁机器人的分类、系统组成及作业示教等内容。第7章结合实际应用,介绍了移动机器人的机械系统、控制系统、软件系统及定位导航技术等。

　　本书由王刚编写。感谢北京邮电大学张琪博士、李文俊博士、陆崇吉、解楠植、蔡礼奎、王元昊、张钞、张景波、丁旭华、乔霖、王雪潼等在本书编写过程中提供的帮助。

　　工业机器人技术的发展日新月异,由于作者水平有限,书中不足之处在所难免,敬请读者批评指正。

目　　录

第1章　工业机器人概述 ··· 1

1.1　工业机器人的基础知识 ··· 1
1.1.1　工业机器人的分类 ·· 2
1.1.2　工业机器人的基本概念 ·· 7
1.1.3　工业机器人的结构 ·· 14
1.2　工业机器人示教 ·· 29
1.2.1　示教内容 ··· 29
1.2.2　操作步骤 ··· 30
1.2.3　注意事项 ··· 31
1.3　控制方法概述 ··· 32
1.3.1　运动控制 ··· 33
1.3.2　力控制 ·· 33
1.3.3　运动-力混合控制 ·· 34
1.3.4　阻抗控制 ··· 35
1.4　知识拓展 ··· 36
1.4.1　世界主流机器人生产厂商简介 ·· 36
1.4.2　世界主流机器人控制器简介 ··· 39
1.4.3　安川机器人示教系统 ·· 41
课后思考题 ·· 45

第2章　工业机器人的数学基础 ·· 46

2.1　机器人运动学 ··· 46
2.2　机械臂运动控制 ·· 47
2.2.1　机械臂运动学 ·· 47
2.2.2　机械臂动力学 ·· 52
2.2.3　机械臂控制概述 ··· 56
2.3　移动机器人运动控制 ··· 60
2.3.1　移动机器人运动学 ··· 60

2.3.2　移动机器人动力学 ……………………………………………………… 62
　　2.3.3　移动机器人轨迹跟踪控制 ………………………………………………… 63
2.4　机器人协同控制方法 …………………………………………………………… 65
　　2.4.1　协同行为建模理论方法与技术 ……………………………………………… 66
　　2.4.2　基于虚拟领航者-领航者-跟随者的多机器人编队控制方法 ………………… 70
课后思考题 …………………………………………………………………………… 92

第3章　机器人常用传感器 …………………………………………………………… 93

3.1　机器人传感器概述 ……………………………………………………………… 93
3.2　位置传感器 ……………………………………………………………………… 95
　　3.2.1　电位器 ……………………………………………………………………… 95
　　3.2.2　光电编码器 ………………………………………………………………… 96
　　3.2.3　霍尔传感器 ………………………………………………………………… 98
　　3.2.4　线位移差动变压器 ………………………………………………………… 99
　　3.2.5　旋转变压器 ………………………………………………………………… 99
3.3　力传感器 ………………………………………………………………………… 100
　　3.3.1　力传感器的分类方式 ……………………………………………………… 100
　　3.3.2　应变式力传感器 …………………………………………………………… 104
　　3.3.3　压电式力传感器 …………………………………………………………… 105
　　3.3.4　电容式压力传感器 ………………………………………………………… 105
　　3.3.5　一维力传感器 ……………………………………………………………… 106
　　3.3.6　三维力传感器 ……………………………………………………………… 107
　　3.3.7　六维力传感器 ……………………………………………………………… 107
　　3.3.8　力传感器的零漂与温漂 …………………………………………………… 109
3.4　速度传感器 ……………………………………………………………………… 109
　　3.4.1　编码器/霍尔传感器 ………………………………………………………… 109
　　3.4.2　直流测速计 ………………………………………………………………… 109
　　3.4.3　交流测速计 ………………………………………………………………… 110
3.5　视觉传感器 ……………………………………………………………………… 110
　　3.5.1　激光雷达 …………………………………………………………………… 110
　　3.5.2　3D ToF 深度传感器 ………………………………………………………… 112
　　3.5.3　线扫描相机 ………………………………………………………………… 113
3.6　知识拓展 ………………………………………………………………………… 114
　　3.6.1　测量仪器简介 ……………………………………………………………… 114
　　3.6.2　传感器技术简介 …………………………………………………………… 120
　　3.6.3　机器人学标定方法 ………………………………………………………… 126
课后思考题 …………………………………………………………………………… 129

第4章 机器人传动机构 ··· 130

4.1 交叉滚子轴承 ··· 130
4.1.1 交叉滚子轴承传动的特点 ··· 130
4.1.2 交叉滚子轴承的分类 ··· 131
4.1.3 交叉滚子轴承的安装 ··· 133
4.1.4 交叉滚子轴承的载荷计算 ··· 133

4.2 同步带传动机构 ··· 137
4.2.1 同步带传动的优点 ··· 137
4.2.2 同步带的类型 ··· 137
4.2.3 同步带轮 ··· 138
4.2.4 同步带的安装方法 ··· 138
4.2.5 同步带轮的载荷计算与选型 ··· 139

4.3 直线运动单元传动 ··· 144
4.3.1 滚珠丝杠传动机构 ··· 144
4.3.2 齿轮齿条传动机构 ··· 148

4.4 谐波传动减速器 ··· 156
4.4.1 谐波传动减速器简介 ··· 156
4.4.2 谐波传动减速器的型号与标记 ··· 158
4.4.3 谐波传动减速器的选型 ··· 159

4.5 RV减速器 ··· 164
4.5.1 RV减速器简介 ··· 164
4.5.2 RV减速器的结构介绍 ··· 164
4.5.3 RV减速器的计算 ··· 166

4.6 知识拓展 ··· 167

课后思考题 ··· 170

第5章 物流输送机器人 ··· 171

5.1 码垛机器人概述 ··· 171
5.1.1 结构形式 ··· 171
5.1.2 机械结构及控制系统 ··· 173
5.1.3 抓手的分类 ··· 174
5.1.4 操作注意事项 ··· 176
5.1.5 维护知识 ··· 176

5.2 搬运机器人概述 ··· 176
5.2.1 搬运方式 ··· 177
5.2.2 机械结构形式 ··· 178

5.2.3 驱动方式 …… 180
5.2.4 关节驱动方式 …… 181
5.2.5 操作注意事项 …… 181
5.2.6 维护知识 …… 182
课后思考题 …… 182

第6章 爬壁机器人 …… 183

6.1 爬壁机器人简介 …… 183
6.1.1 爬壁机器人的优点 …… 183
6.1.2 爬壁机器人的应用 …… 183
6.1.3 爬壁机器人的分类 …… 184
6.1.4 爬壁机器人的性能指标 …… 184
6.1.5 磁吸附履带式爬壁机器人 …… 186
6.1.6 磁吸附轮足式爬壁机器人 …… 188

6.2 爬壁机器人的系统组成 …… 190
6.2.1 机器人本体 …… 190
6.2.2 吸附装置 …… 191
6.2.3 移动机构 …… 193
6.2.4 控制系统 …… 195
6.2.5 检测与作业装置 …… 196
6.2.6 能源供应系统 …… 197

6.3 爬壁机器人的作业示教 …… 197
6.3.1 爬壁机器人的示教方式 …… 197
6.3.2 爬壁机器人示教示例 …… 198

6.4 爬壁机器人的周边设备与整体布局 …… 199
6.4.1 周边设备 …… 200
6.4.2 整体布局 …… 202

6.5 爬壁机器人的维护与检查 …… 203
课后思考题 …… 206

第7章 移动机器人的应用 …… 207

7.1 移动机器人的分类 …… 207
7.2 移动机器人系统 …… 211
7.2.1 机械系统 …… 212
7.2.2 控制系统 …… 214
7.2.3 软件系统 …… 219

7.3 移动机器人定位与地图构建 …… 221

| 7.3.1　基于 ROS 和激光雷达的系统实现 ……………………………………… 222
| 7.3.2　SLAM 功能实现 …………………………………………………………… 224
| 7.3.3　机器人路径规划算法 ……………………………………………………… 224
| 7.4　机器视觉在移动机器人中的应用 ………………………………………………… 226
| 7.4.1　视觉图像重建技术 ………………………………………………………… 227
| 7.4.2　视觉检测技术 ……………………………………………………………… 228
| 课后思考题 ……………………………………………………………………………… 231

参考文献 …………………………………………………………………………………… 232

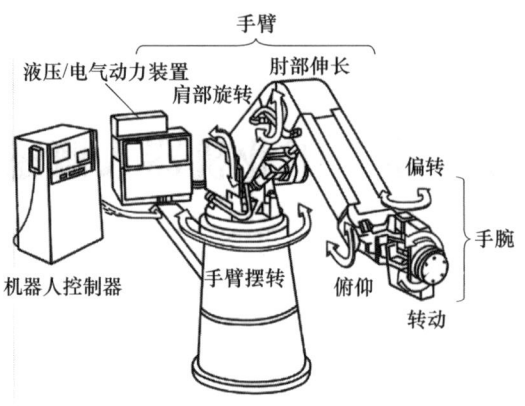

图 1.2 工业机器人构型

1987年,国际标准化组织对工业机器人进行了定义:"工业机器人是一种具有自动控制操作和移动功能,能完成各种作业的可编程操作机。"工业机器人是集机械、电子、控制、计算机、传感器、人工智能等多学科先进技术于一体的重要的现代制造业自动化装备。自从1962年美国研制出世界上第一台工业机器人以来,工业机器人技术及其产品发展很快,工业机器人已成为柔性制造系统(FMS)、自动化工厂(FA)、计算机集成制造系统(CIMS)的自动化工具。它们不仅极大地提高了生产效率和产品质量,还在保障人身安全、改善劳动环境、减轻工人劳动强度、提升劳动生产率、节约材料消耗以及降低生产成本等方面发挥了重要作用。如同计算机和网络技术一样,工业机器人正在逐步重塑制造业格局、改变人类的生产和生活方式。图1.3展示了工业机器人在生产线上的实际应用场景,反映了它们在现代制造业中的重要价值。

(a) 装配机器人

(b) 码垛机器人

图 1.3 工业机器人在生产线上的实际应用场景

本章将从典型的工业机器人分类入手,深入探讨其使用及维护的基础知识,为读者后续学习具体类型的工业机器人提供坚实的基础。

1.1.1 工业机器人的分类

关于工业机器人的分类,目前国际上尚未制定统一的标准,因而存在多种分类方式。可依据负载重量、控制方式、自由度、结构和应用领域等不同标准对工业机器人进行划分。例如,工业机器人最早在制造业中得到广泛应用,早期的分类方式将其分为两类:用于汽车、IT、机床等制造业的机器人称为工业机器人,而其他类型则称为特种机器人。然而,随着机器人技术应用领域的不断拓展,这一分类方式显得过于粗略。目前,机器人技术不仅在工业领域得到应用,还被广泛应用于农业、建筑、医疗、服务、娱乐,以及空间和水下探索等多个领域。图 1.4 展示了几种常见的工业机器人。

(a) 车铣机器人

(b) 焊接机器人

(c) 注塑机器人

(d) 修磨机器人

(e) 装配机器人

(f) 搬运机器人

图 1.4 几种常见的工业机器人

依据具体应用领域的不同,工业机器人又可分为物流、码垛、服务等搬运型机器人和焊接、车铣、修磨、注塑等加工型机器人等。可见,机器人的分类方式和标准种类繁多。本书主要介绍以下两种工业机器人分类方式。

1. 按机器人的驱动方式分类

工业机器人根据其驱动方式可以分为气压传动机器人、液压传动机器人和电气传动机器人3种主要类型。每种类型的驱动方式都有其特点和适用场景。

(1) 气压传动机器人

气压传动机器人是以压缩空气为动力源驱动执行机构运动的机器人。其主要特点是动作迅速、结构简单且成本低廉,适用于高速、轻载、高温和粉尘较多的作业环境。其优点有:

① 压缩空气黏度小,容易实现高速运动(1 m/s);

② 可通过工厂集中空气压缩机站供气,无须额外动力设备;

③ 空气介质对环境无污染,使用安全,适用于高温作业环境;

④ 气动元件工作压力较低,相较于液压元件,制造要求较低。

其缺点有:

① 压缩空气常用压力为 0.4~0.6 MPa,若要获得较大的力,需相应增大结构;

② 空气压缩性大,工作平稳性差,速度控制较困难,难以实现精确的定位控制;

③ 压缩空气的除水问题较为严重,若处理不当可能导致钢类零件生锈,进而影响机器人性能。此外,排气过程中可能产生噪声污染。

(2) 液压传动机器人

液压传动机器人通过液压元器件驱动,具有负载能力较强、传动平稳、结构紧凑和动作灵敏等特点,适用于重载或低速驱动场合。其优点有:

① 液压系统易于达到较高压力(常用液压为 2.5~6.3 MPa),体积小且能够提供较大的推力或转矩;

② 液压介质的可压缩性小,工作平稳可靠,并能实现较高的位置精度;

③ 液压系统能够轻松实现力、速度和方向的自动控制;

④ 液压系统采用油作为介质,具备防锈性和自润滑性,从而可提高机械效率和使用寿命。

其缺点有:

① 油液的黏度随温度变化而变化,影响工作性能,高温下易引发燃烧爆炸等安全隐患;

② 液体泄漏难以完全避免,液压元件要求较高的精度和质量,因此成本较高;

③ 需要相应的供油系统,尤其是电液伺服系统要求有严格的滤油装置,否则会引起故障。

(3) 电气传动机器人

电气传动机器人通过交流或直流伺服电动机驱动,省略了中间转换机构,机械结构简单,响应速度快且控制精度高,因此成为近年来广泛采用的传动方式。

交流或直流伺服电动机具有较大的输出力矩,但其控制性能较差,惯性较大,适用于中型或重型机器人。相比之下,伺服电动机和步进电动机具有较好的控制性能,能够实现精确的速度和位置控制,适用于中小型机器人。交流和直流伺服电动机通常用于闭环控制系统,而步进电动机则主要用于开环控制系统,适用于对速度和位置精度要求不高的场合。

2. 按机器人的机构形式分类

工业机器人的机械配置形式种类繁多,典型工业机器人的运动特征可通过其坐标系统进行描述。根据基本的运动机构,工业机器人通常可分为直角坐标型机器人、圆柱坐标型机器人、球面坐标型机器人和关节型机器人等。

(1) 直角坐标型机器人

直角坐标型机器人具有空间上相互垂直的多个直线移动轴,通过直角坐标方向的 3 个独立自由度确定其手部的空间位置,其动作空间为一长方体。直角坐标型机器人如图 1.5 所示,它在 x、y、z 轴上的运动是独立的。直角坐标型机器人结构简单,定位精度高,空间轨迹易于求解。但其动作范围相对较小,实现相同的动作空间要求时,机身本身的体积较大。直角坐标型机器人常用于印刷电路基板的元件插入、紧固螺钉等。

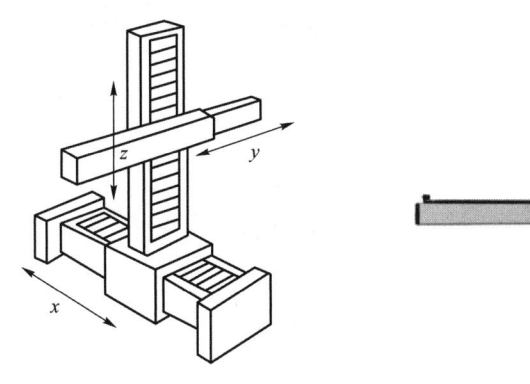 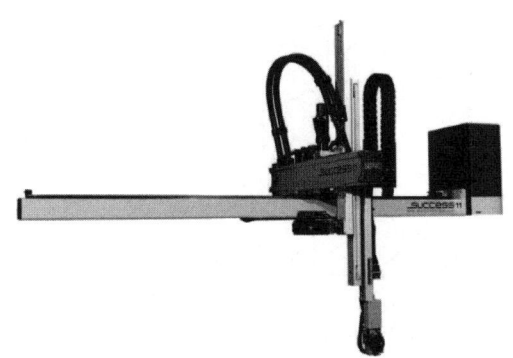

(a) 直角坐标型机器人的结构　　　　　(b) 直角坐标型机器人的原型

图 1.5　直角坐标型机器人

(2) 圆柱坐标型机器人

圆柱坐标型机器人如图 1.6 所示,R、θ 和 x 为坐标系的 3 个坐标,其中 R 是手臂的径向长度,θ 是手臂的角位置,x 是垂直方向上手臂的位置。如果机器人手臂的径向坐标 R 保持不变,机器人手臂的运动将形成一个圆柱面。圆柱坐标型机器人结构简单、刚性好。其缺点是机器人在动作范围内,必须有沿轴线前后方向的移动空间,空间利用率低。圆柱坐标型机器人主要用于重物的装卸和搬运,如 Versatran 机器人。

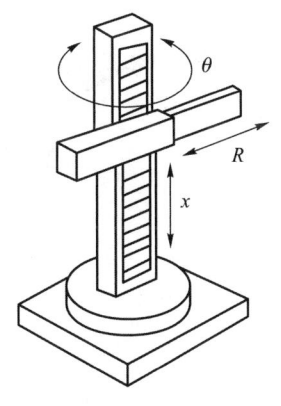 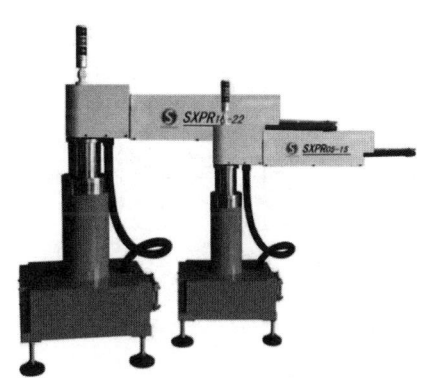

(a) 圆柱坐标型机器人的结构　　　　　(b) 圆柱坐标型机器人的原型

图 1.6　圆柱坐标型机器人

（3）球坐标型机器人

球面坐标型机器人又称为极坐标型机器人，如图 1.7 所示，R、θ 和 β 为坐标系的 3 个坐标，其中，R 是手臂的伸缩长度，θ 是绕手臂支撑底座垂直的转动角，β 是手臂在铅垂面内的摆动角。这种机器人运动所形成的轨迹表面是半球面。其结构紧凑，所占空间体积小于直角坐标型机器人和圆柱坐标型机器人，但大于关节型机器人。著名的 Unimate 机器人就是这种类型的机器人。

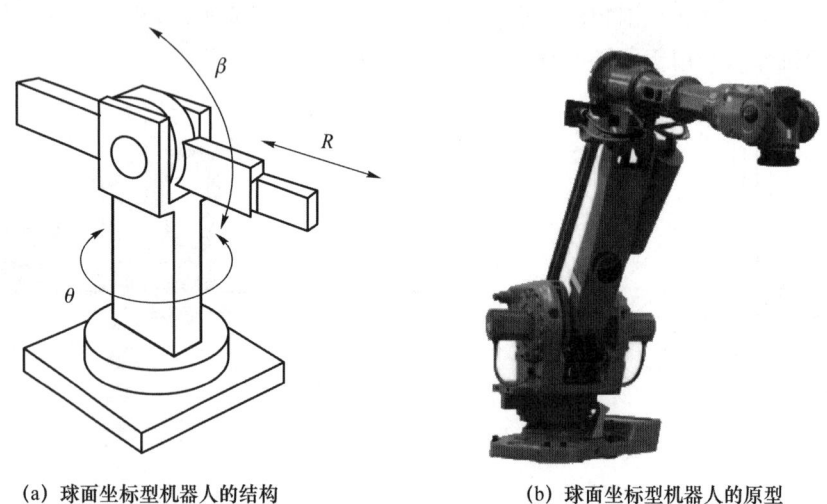

(a) 球面坐标型机器人的结构　　　　　(b) 球面坐标型机器人的原型

图 1.7　球面坐标型机器人

（4）关节型机器人

1）水平多关节型机器人

图 1.8(a) 为 SCARA 关节型机器人的结构示意图，显示了各部分的相对位置和角度。θ_1 是底座绕铅垂轴的转角，l_1 是第一臂的长度，θ_2 是第一臂相对于底座的转角，l_2 是第二臂的长度，θ_3 是第二臂相对于第一臂的转角，θ_4 是第三臂相对于第二臂的转角。图 1.8(b) 展示了 SCARA 关节型机器人的原型。其是水平多关节型机器人。

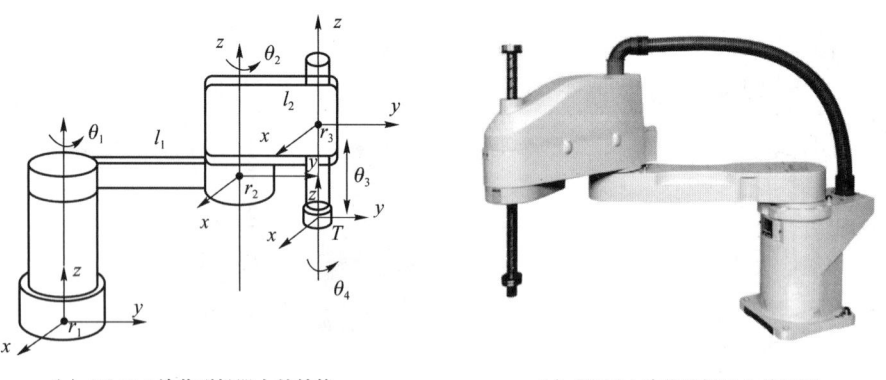

(a) SCARA 关节型机器人的结构　　　　　(b) SCARA 关节型机器人的原型

图 1.8　SCARA 关节型机器人

2) 垂直多关节型机器人

图 1.9 所示为 PUMA 关节型机器人，它是垂直多关节机器人，模拟了人类的手臂功能，由垂直于地面的腰部旋转轴、带动小臂旋转的肘部旋转轴以及小臂前端的手腕等构成。其动作空间近似为一个球体，所以也称为多关节球面坐标型机器人。其优点是可以自由实现三维空间的各种姿势，可以生成各种复杂形状的轨迹，相对于机器人的安装面积，其动作范围很宽；缺点是结构刚度低、动作的绝对位置精度较低。这种机器人多用于装配、搬运、弧焊、喷涂、点焊等。

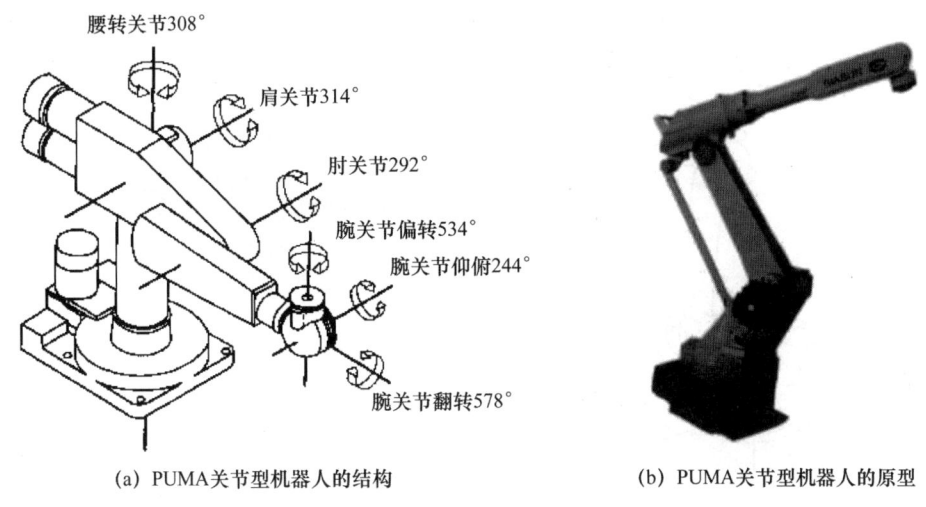

(a) PUMA 关节型机器人的结构　　　　(b) PUMA 关节型机器人的原型

图 1.9　PUMA 关节型机器人

1.1.2　工业机器人的基本概念

1. 工业机器人的坐标系

在生产中应用时，工业机器人除了其本身的性能特点要满足作业要求外，一般还需要配置相应的外围配套设备，如工件的工装卡具，转动工件的回转台、翻转台，移动工件的移动台等。这些外围设备的运动和位置控制都要与工业机器人配合，并具有相应的精度。通常机器人运动轴按其功能可划分为机器人轴、基座轴和工装轴，基座轴和工装轴统称为外部轴。如图 1.10 所示，机器人轴是指机器人操作机的轴，属于机器人本身，如前文所述，目前商用工业机器人大多采用 6 轴关节型。基座轴是使机器人移动的轴的总称，主要指行走轴（移动滑台或导轨）；工装轴是除机器人轴、基座轴以外的轴的总称，指使工件、工装夹具翻转和回转的轴，如回转台、翻转台等。

6 轴关节型机器人具有 6 个可活动的关节，每个关节对应一个自由度（DOF），

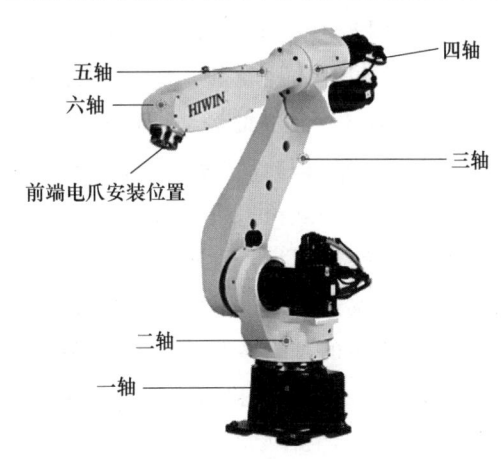

图 1.10　机器人轴的定义

使得机器人能够灵活地在三维空间中移动和操作。不同厂家对各个轴的命名有所不同,但基本定义类似。例如,KUKA 机器人 6 轴分别定义为 A_1、A_2、A_3、A_4、A_5 和 A_6;而 ABB 机器人则定义为一轴、二轴、三轴、四轴、五轴和六轴。其中前三轴称为基本轴或主轴,用于保证末端执行器达到工作空间的任意位置;后三轴称为腕部轴或次轴,用于实现末端执行器的任意空间姿态。

机器人系统的坐标系包含 World 坐标系(绝对坐标系)、Base 坐标系(机座坐标系)、Tool 坐标系(工具坐标系)及 Wobj 坐标系(工件坐标系)等。其定义如图 1.11 所示。规定坐标系的目的在于对机器人进行轨迹规划和编程时,提供一种标准符号。工具坐标系的原点一般是在机器人第六轴面板的圆心。

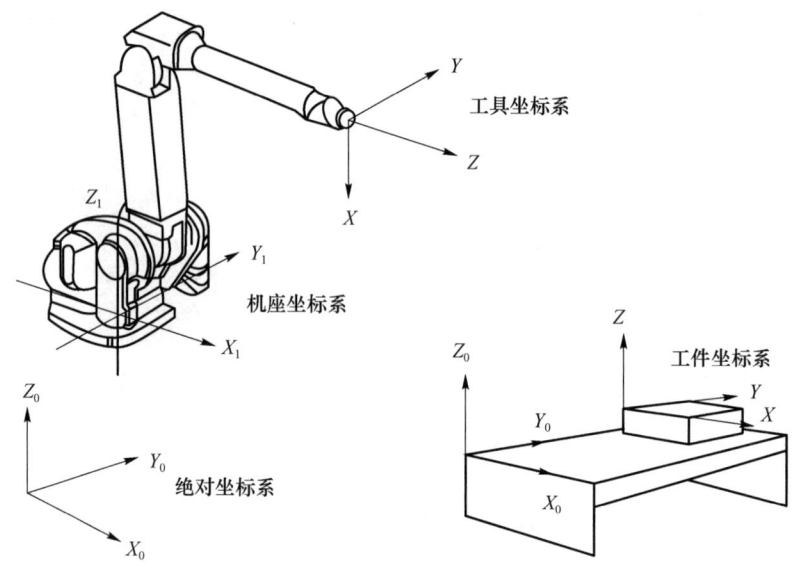

图 1.11　机器人坐标系的定义

2. 工业机器人的自由度

工业机器人与机械手的手部所握持的工件(或工具)在空间的位置,是由机器人各关节的独立运动来合成确定的,正如人的手臂一样,当手臂伸出去拿一件物品时,最终的运动是由肩部、臂部以及手腕等多个关节的共同运动来实现的。如图 1.12 所示,机器人的臂部在 xO_1y 面内有 3 个独立的运动,即升降(L_1)、伸缩(L_2)、和转动(ϕ_1),腕部在 xO_1y 面内有 1 个独立的运动,即转动(ϕ_2)。机器人手部位置需要一个独立变量——手部绕自身轴线 O_3C 的旋转 ϕ_3。不难看出,机器人的手部位置是由前置各关节位置所决定的。

上述确定手部位置与手部方位的独立变化的参数就是工业机器人的自由度。概括来说,自由度是指描述物体运动所需要的独立坐标数。机器人的自由度表示机器人动作灵活的尺度,一般以轴的直线移动、摆动或旋转动作的数目来表示,手部的动作不包括在内。

工业机器人的每一个自由度都要相应地配一个原动件(如伺服马达、油缸、气缸、步进马达等驱动装置),当各原动件按一定的规律运动时,机器人的各运动部件就随之确定,自由度与原动件数相等,只有这样才能使工业机器人具有确定的运动。

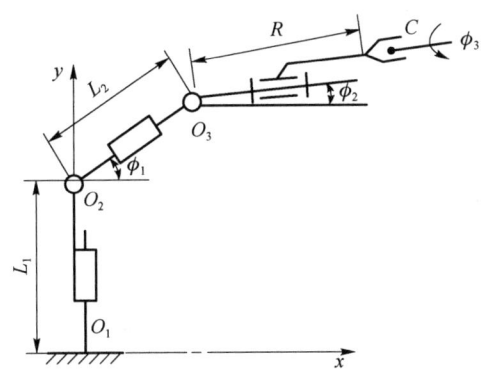

图 1.12 机器人的自由度简图

对一般的机械手来说,由于动作比较简单,因此自由度数较少。对工业机器人来说,如果自由度较多,就更能接近人手的动作技能,通用性就更好。因此,有些机器人的自由度超过 6 个,但自由度越多,结构越复杂,从而不容易满足对整体结构在重量轻、体积小和效率高等方面的要求。这是工业机器人设计中的一个矛盾,工业机器人一般多为 4~6 个自由度,7 个以上的自由度是冗余自由度。

3. 工业机器人的技术指标

工业机器人的技术指标是说明机器人规格与性能的具体指标,表 1.1 所示是典型工业机器人的性能指标。

(1) 额定负载

额定负载也称持重、握取重量、臂力等,是用来表明机器人负荷能力的技术参数,这项参数与机器人的运行速度有关,一般指其正常运行速度所能握取的工作重量。当机器人运行速度可调时,低速运行时所能握取工件的最大重量较高速运行时更大,为安全起见也有将高速运行时所能握取的工件重量作为指标的情况。在正常操作条件下,额定负载作用于机器人手腕末端。目前使用的工业机器人负载范围为 0.5~800 kg。

(2) 运动速度

运动速度是反映机器人性能的一项重要技术参数,它与机器人额定负载、精度等参数都有密切关系,同时也直接影响着机器人的运动周期。机器人运动部件每个自由度的运行全过程一般包括起动加速、等速运行和减速制动等阶段。

一般所说的运动速度是指其最大运行速度。为了缩短机器人运动的整个周期,提高生产效率,通常总是希望起动加速和减速制动阶段的时间尽可能缩短,而运行速度尽可能提高,即提高全运动过程的平均速度,但由此却会使加、减速度的数值相应增大,在这种情况下,惯性力增大,工件易松脱;同时由于受到较大的动载荷而影响机器人工作平稳性和位置精度。这就是在不同的运行速度下,机器人所能握取工件的重量不同的原因。

目前,大多数工业机器人的最大直线运行速度不超过 1 500 mm/s,而最大回转运行速度一般不超过 120°/s。这些限制是为了确保在高速运行时仍能保持良好的操作精度和稳定性,从而满足工业生产的高质量要求。

表1.1 典型工业机器人的性能指标

FANUC M-10iA	机械结构		6轴垂直多关节型
	最大负载		10 kg
	工作半径		1 420 mm
	重复精度		±0.08 mm
	安装方式		落地式、倒置式
	本体质量		130 kg
	最大速度	J1	210°/s
		J2	190°/s
		J3	210°/s
		J4	400°/s
		J5	400°/s
		J6	600°/s
	动作范围	J1	340°
		J2	250°
		J3	445°
		J4	380°
		J5	380°
		J6	720°
YASKAWA MA1400	机械结构		6轴垂直多关节型
	最大负载		3 kg
	工作半径		1 434 mm
	重复精度		±0.08 mm
	安装方式		落地式、倒置式
	本体质量		130 kg
	最大速度	S	220°/s
		L	220°/s
		U	220°/s
		R	410°/s
		B	410°/s
		T	610°/s
	动作范围	S	±170°
		L	−90°～+155°
		U	−175°～+190°
		R	±150°
		B	—
		T	—

（3）工作精度

机器人的工作精度主要指定位精度（或称绝对精度）和重复定位精度（或称重复精度）。定位精度是指机器人末端执行器实际到达位置与目标位置之间的差异。重复定位精度是指机器人重复定位其末端执行器于同一目标位置的能力。

定位精度及重复定位精度的高低取决于位置控制方式以及工业机器人的运动部件本身的精度和刚度，同时与负载、运行速度等也有密切关系。工业机器人具有绝对精度低、重复精度高的特点。一般而言，工业机器人的绝对精度要比重复精度低一到两个数量级，造成这种情况的主要原因是机器人控制系统根据机器人的运动学模型来确定机器人末端执行器的位置，然而这个理论上的模型和实际机器人的物理模型存在一定的误差，产生误差的因素主要有机器人本身的制造误差、工件加工误差以及机器人与工件的定位误差等。目前，工业机器人的重复精度可达±0.01～±0.5 mm。根据作业任务和末端持重的不同，机器人的重复精度亦要求不同，如表1.2所示。

表1.2 不同类型机器人的精度要求

作业任务	额定负载/kg	重复定位精度/mm
搬运	5～200	±0.2～±0.5
码垛	50～800	±0.5
点焊	50～350	±0.2～±0.3
弧焊	3～20	±0.08～±0.10
涂装	5～20	±0.2～±0.5
装配	2～5	±0.02～±0.03
	6～10	±0.06～±0.08
	10～20	±0.06～±0.10

（4）工作空间

工作空间（也称工作范围或工作行程）是指工业机器人在执行任务时，其手腕参考点所能掠过的空间。这一参数常用图形表示，如图1.13所示。

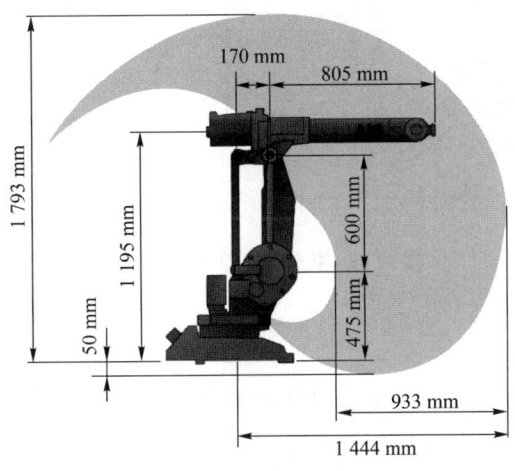

图1.13 机器人的工作空间

由于工作空间的形状和大小直接反映了机器人工作能力的强弱,因此它对机器人的应用至关重要。工作空间不仅取决于机器人各连杆的尺寸,还与其总体结构密切相关。为了真实地反映机器人的特征参数,厂家通常给出的是不安装末端执行器时可以到达的区域。

特别需要注意的是,安装末端执行器后,必须同时保证工具的姿态要求,这会导致实际可达的空间比厂家给出的范围有所减小。因此,在实际应用中,需要通过比例作图法或模型法仔细核算,以确保满足具体任务的需求。目前,单体工业机器人本体的工作半径可达到约 3.5 m。图 1.14 展示了不同型号机器人的工作空间参数,直观地反映了各型号机器人在工作范围上的差异,为选择适合特定应用场景的机器人提供了重要参考。

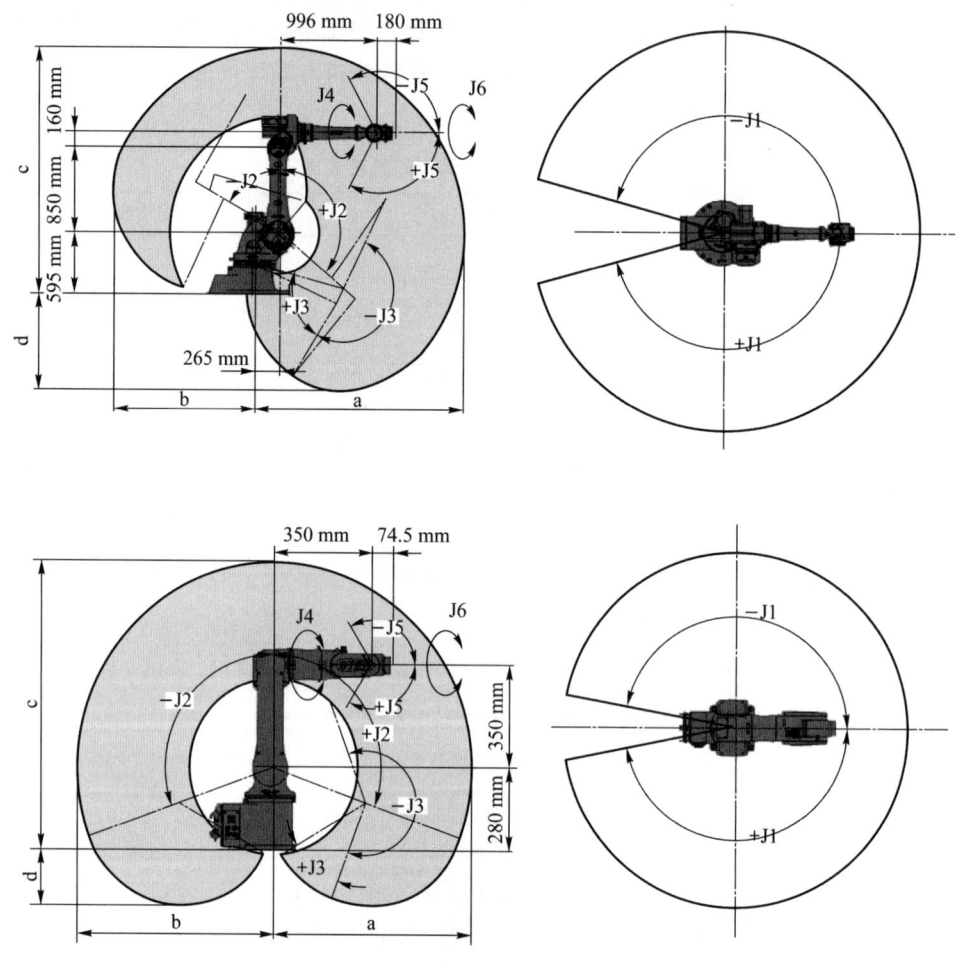

图 1.14 机器人的工作空间参数

（5）安装方式

1）地面安装

这是最常见的安装方式。工业机器人通过螺栓等连接件固定在车间的地面上。这种安装方式的优点是机器人的基座稳定,能够承受较大的负载和冲击力。例如,在汽车生产线上,对用于搬运重型汽车零部件（如发动机缸体）的机器人,由于零部件较重,采用地面安装方式可以确保机器人在操作过程中不会因为重心不稳而倾倒。地面安装的机器人工作范围通常是以其安装点为中心的一个半球形或近似半球形空间,具体范围取决于机器人的臂长和关节活动范围。

2) 壁挂安装

当生产场地空间有限或需要机器人在垂直方向上具有较大工作范围时,可以采用壁挂安装方式。此时,机器人的基座固定在车间的墙壁上,机器人的运动范围主要位于墙壁前方的一个扇形或近似扇形的空间。例如,在一些电子产品的装配车间,对于小型零部件的装配任务,壁挂式机器人可以充分利用墙壁空间,灵活地进行装配操作,同时不占用过多的地面空间。然而,壁挂安装方式对墙壁的强度有一定要求,必须确保墙壁能够承受机器人在运动过程中产生的各种力。

3) 倒挂安装

其也称为天花板安装。这种安装方式是将机器人固定在车间的天花板上,机器人的运动方向是朝下的。倒挂安装的机器人可以有效地利用车间的上部空间,适合在一些需要避免地面障碍物干扰的工作场景中使用。例如,在食品加工车间,为了避免机器人与地面的输送带、人员等发生碰撞,同时便于机器人对输送带上的食品进行分拣等操作,可以采用倒挂安装。但这种安装方式对机器人的结构设计和安装牢固性要求更高,因为机器人自身的重量和负载都需要由天花板来承受。

4) 导轨安装

机器人安装在导轨上,导轨可以是直线形的,也可以是曲线形的。通过在导轨上移动,机器人的工作范围得以扩展。例如,在大型仓储物流中心,用于货物搬运的机器人可以安装在直线导轨上,沿着货架通道移动,从而覆盖较大面积的货架区域,实现高效的货物存储与提取。这种安装方式需要考虑导轨的精度、承载能力,以及机器人与导轨之间的协同运动控制,以确保运动的稳定性和准确性。

(6) 承载能力

承载能力是指工业机器人在正常工作状态下能够承受的最大负载重量。这个负载包括机器人末端执行器(如夹爪、吸盘、喷枪等)的重量和它所抓取或操作对象的重量。

例如:一个小型桌面型工业机器人,其承载能力可能只有几千克,适用于抓取和操作一些小型电子元器件;而大型工业机器人,如用于汽车车身焊接的机器人,其承载能力可能达到数百千克,因为它需要搬运较重的焊接设备,并在车身各个部位施加足够的焊接压力。

承载能力的大小会影响机器人的结构设计、电机功率和运动性能。如果机器人的负载超过其承载能力,可能会导致机器人的关节损坏、运动精度下降甚至发生安全事故。因此,在选择工业机器人时,需要根据实际的工作任务要求来确定合适的承载能力。同时,机器人的承载能力通常是在特定工作条件和运动范围内定义的,如规定速度和加速度下的承载能力。

(7) 定位精度

1) 绝对定位精度

绝对定位精度是指机器人末端执行器实际到达的位置与目标位置之间的偏差程度。它是一个基于坐标系的精度指标,反映了机器人在整个工作空间内的定位准确性。例如,在一个三维空间的机器人工作场景中,设定机器人末端执行器的目标位置为(x_1,y_1,z_1),但实际到达的位置为(x_2,y_2,z_2),那么绝对定位精度可以通过计算这两个位置之间的距离偏差来衡量,如$\sqrt{(x_1-x_2)^2+(y_1-y_2)^2+(z_1-z_2)^2}$。绝对定位精度受到多种因素的影响,包括机器人的机械结构精度(如关节的制造公差、连杆的长度精度等)、控制系统精度(如电机控制的分辨率、传感器的测量误差等)和工作环境因素(如温度、振动等)。在一些高精度的加工任务中,如航空航天零部件的精密加工,对机器人的绝对定位精度要求非常高,可能要求在亚毫米甚至微米级别。

2) 重复定位精度

重复定位精度是指机器人在相同的条件下,多次重复到达同一目标位置时,其位置的分散程度。它体现了机器人的运动稳定性和重复性。例如,机器人被指令多次到达目标位置(x_0,y_0,z_0),每次实际到达的位置可能会有一些小的偏差,设这些偏差分别为$(\Delta x_1,\Delta y_1,\Delta z_1)$、$(\Delta x_2,\Delta y_2,\Delta z_2)$等。重复定位精度通常用这些偏差的标准差或极差来衡量。在工业生产中,对于一些需要多次重复相同操作的任务,如零件的分拣和装配,重复定位精度是非常关键的指标。如果机器人的重复定位精度差,可能会导致零件装配不准确、加工质量不稳定等问题。一般来说,工业机器人的重复定位精度比绝对定位精度要高,因为它主要考虑的是机器人自身运动的重复性,而不受目标位置设定误差等因素的影响。

1.1.3 工业机器人的结构

提及机器人,大家可能最先想到的是外形拟人、类人化的机器人,然而在实际应用中,除个别特殊场合使用的服务类机器人外,大部分应用型机器人的外形是不采用、同时不适合采用拟人化造型的,这一结构外形特点在工业机器人领域特别明显。图 1.15 为拟人机器人。

(a) 拟人机器人行走示意　　　　　　(b) 拟人机器人的结构

图 1.15　拟人机器人

本节将着重介绍工业机器人的机械结构组成,以及结构中典型的驱动装置与传动装置。图 1.16 为工业机器人的典型结构。

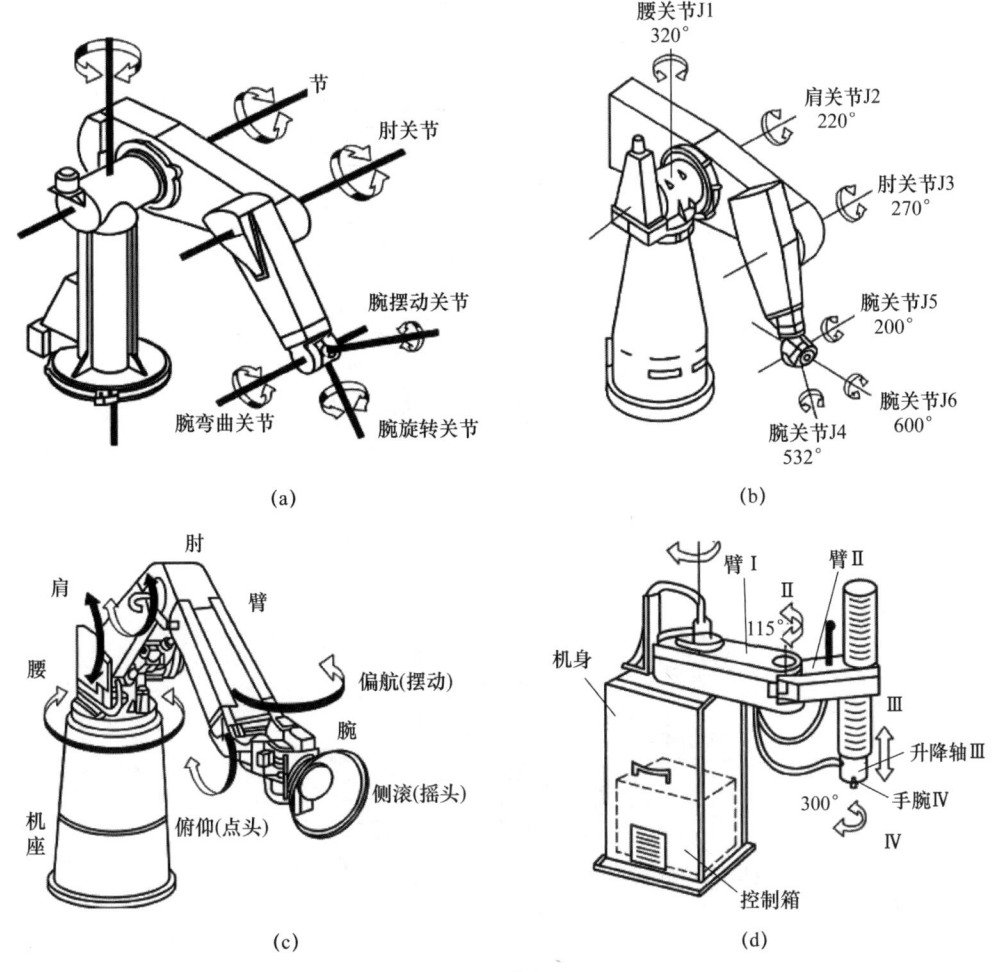

图 1.16 工业机器人的典型结构

1. 工业机器人的组成

工业机器人是一种模拟人手臂、手腕和手功能的机电一体化装置,可对物体运动的位置、速度和加速度进行精确控制,从而完成某一工业生产的作业要求。如图 1.17 所示,当前工业中应用最多的第一代工业机器人主要由以下几个部分组成:执行机构、驱动装置、控制系统、智能系统。对于第二代和第三代工业机器人还包括感知系统和分析决策系统,它们分别由传感器及软件实现。

同时需要强调的是,工业机器人的各组成部分间是存在着相互关系的,执行机构就相当于人类的手臂、手腕、手等,而控制系统就相当于人类的大脑,了解各部分之间的相互关系对整体上掌握工业机器人的工作原理等有很大的益处。

执行机构或称操作机(如图 1.18 所示)是工业机器人的机械主体,是用来完成各种作业的执行机构。它主要由机械臂、驱动装置、传动单元及内部传感器等部分组成。

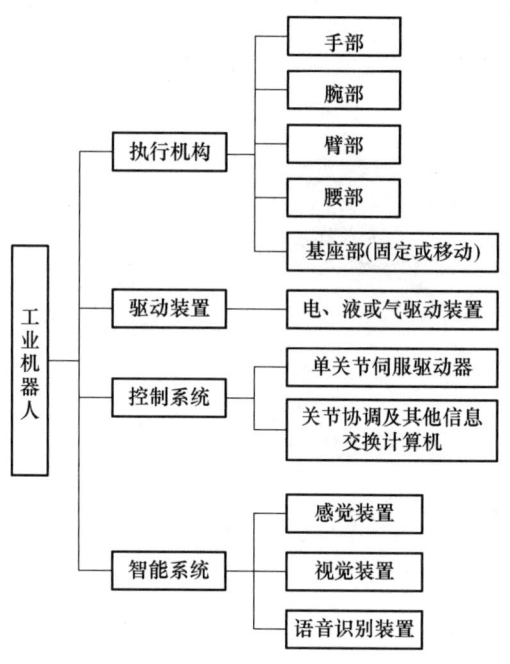

图1.17 工业机器人的组成

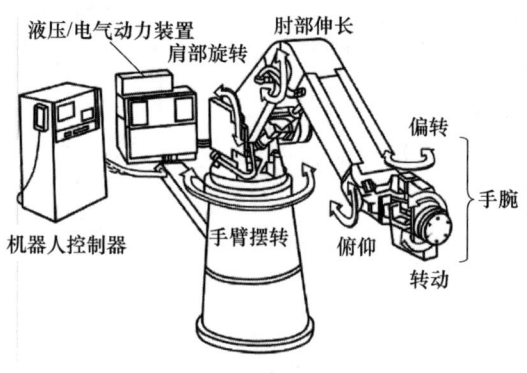

图1.18 工业机器人操作机

另外,由于机器人需要实现快速而频繁的启停、精确地到位和运动,因而必须采用位置传感器、速度传感器等检测元件实现位置、速度和加速度的闭环控制,有关传感器的内容会在后续学习中详细介绍,在此不做过多阐述。

同时,为适应不同的用途,机器人操作机最后一个轴的机械接口通常为一个连接法兰,可接装不同的机械操作装置(习惯上称末端执行器),如夹紧爪、吸盘、焊枪等,如图1.19所示。

2. 工业机器人的机械部件

关节型工业机器人的机械臂是由关节连在一起的许多机械连杆的集合体。它本质上是一个拟人手臂的空间开链式结构,一端固定在基座上,另一端可自由移动。关节通常是移动关节和旋转关节。移动关节允许连杆做直线运动,旋转关节仅允许连杆之间发生旋转运动。根据具体的工作环境及需求的不同,机械臂的结构也有着很多形式,如图1.20所示。

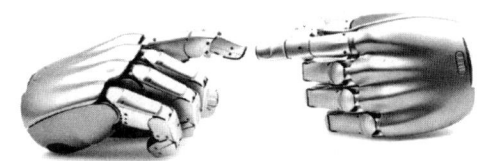 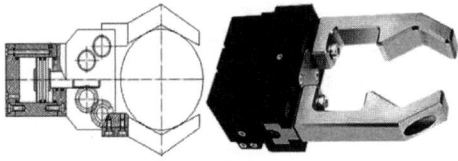

(a) 灵巧手末端执行器　　　　　(b) 机械手末端执行器(手爪)

图 1.19　各类工业机器人末端执行器

机械臂由关节-连杆结构构成,大体可分为基座、腰部、手臂(大臂和小臂)和手腕 4 个部分,由 4 个独立关节(腰关节、肩关节、肘关节和腕关节)串联而成,它们可在各个方向运动,这些运动就是机器人在工作。图 1.20 所示为某机械臂的结构。

(1) 基座

基座是机器人的基础部分,起支撑作用。整个执行机构和驱动装置都安装在基座上。固定式机器人直接连接在地面基础上,如图 1.21 所示;移动式机器人则安装在移动机构上,可分为有轨和无轨两种。

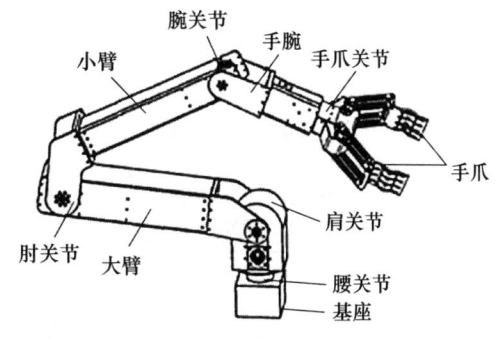

图 1.20　某机械臂的结构

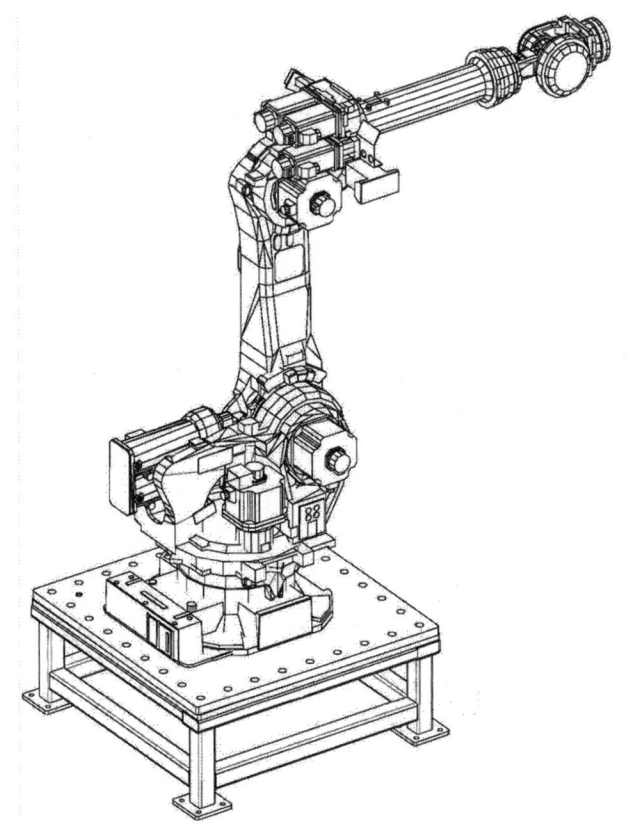

图 1.21　机械臂的基座安装

(2) 腰部

腰部是机器人手臂的支撑部分。根据执行机构坐标系的不同,腰部可以在基座上转动,也可以和基座制成一体。有时腰部也可以通过导杆或导槽在基座上移动,从而增大工作空间。

(3) 手臂

手臂是连接机身和手腕的部分,由操作机的动力关节和连接杆件等构成。它是执行结构中的主要运动部件,也称主轴,主要用于改变手腕和末端执行器的空间位置,满足机器人的作业空间要求,并将各种载荷传递到基座。

图 1.22 所示是典型上臂杆结构,就整体来说,其是比较复杂的箱体,多用铸件。为了减轻整机重量,大、小臂多采用轻合金铝铸件。

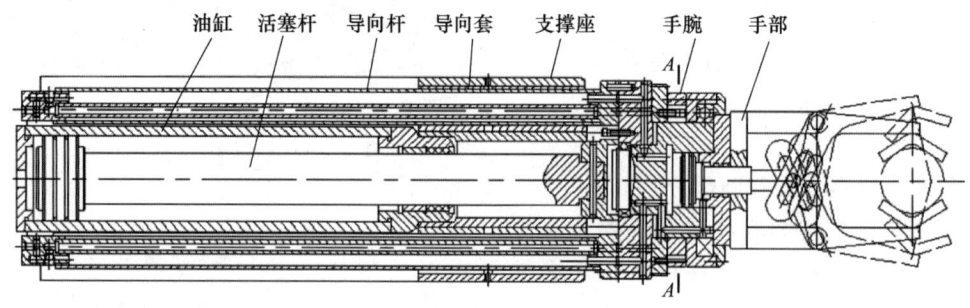

图 1.22 典型的上臂杆结构

(4) 手腕

手腕是连接末端执行器和手臂的部分,将作业载荷传递到臂部,也称为次轴,主要用于改变末端执行器的空间姿态。不同工作需要手腕有多种自由度配置形式,如图 1.23 所示。

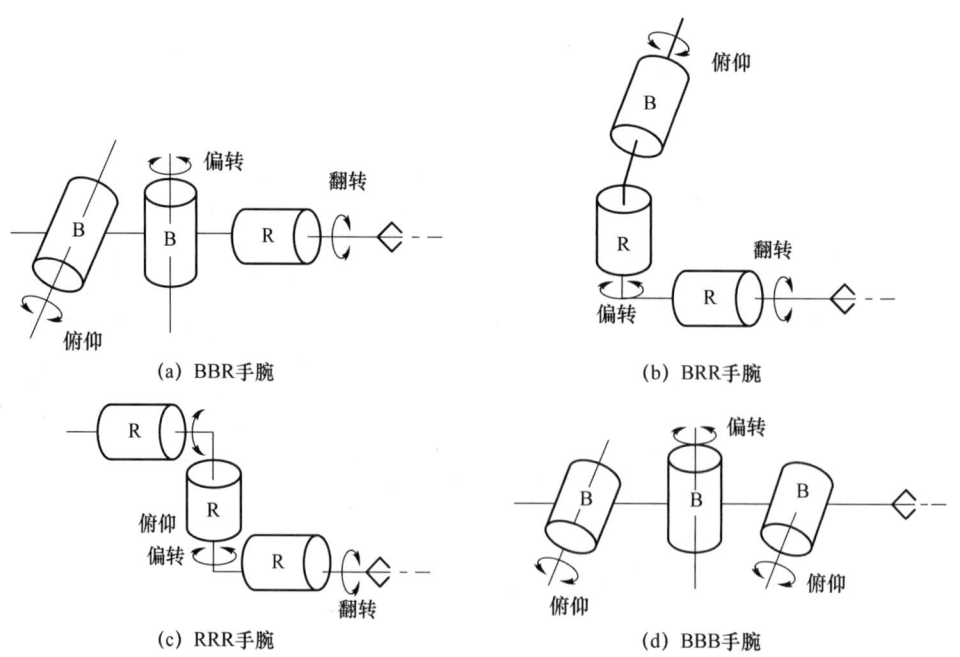

图 1.23 典型手腕结构

3. 工业机器人的驱动部件

驱动部件是驱使工业机器人机械臂运动的机构,按照控制系统发出的指令信号,借助于动力元件使机器人产生动作,相当于人的肌肉。

(1) 驱动部件的类型

机器人常用的驱动方式主要有电动驱动、液压驱动、气动驱动3种,如表1.3所示。目前,除了个别运动精度不高、重负载或有防爆要求的机器人采用液压、气压驱动外,工业机器人大多采用电气驱动。其中,交流伺服电动机的应用最为广泛,且通常采用"一个关节一个驱动器"的布置方式。

表1.3 不同类型驱动部件的对比

方式	输出力	控制性能	维修使用	结构体积	使用范围	制造成本
电动驱动	输出力较小或较大	容易与CPU连接,控制性能好,响应快,可精确定位,但控制系统复杂	维修使用较复杂	需要装减速装置,体积较小	高性能、运动轨迹要求严格的机器人	成本较高
液压驱动	压力高,可获得大的输出力	油液不可压缩,压力、流量均容易控制,可五级调速,反应灵敏,可实现连续轨迹控制	维修方便,液体对温度变化敏感,油液泄漏易着火	在输出力相同的情况下,体积比气压驱动小	中、小型及重型机器人	液压元件成本较高,油路较复杂
气动驱动	气体压力低,输出力较小,如需输出大力时,其结构尺寸过大	可高速运行、冲击较严重,精确定位困难。气体压缩性大,阻尼效果差,低速不易控制,不易与CPU连接	维修简单,能在高温、粉尘等恶劣环境中使用,泄漏无影响	体积较大	中、小型机器人	结构简单,工作介质来源方便,成本低

1) 电动驱动器

电动驱动器是目前工业机器人中使用最广泛的驱动器类型。它们的能源供应简单,能够在较大的速度变化范围内工作,同时具备高效能和较高的速度及位置精度。然而,电动驱动器通常需要与减速装置结合使用,直接驱动会面临一定困难。这是因为许多电动驱动器在高扭矩要求下的性能表现较弱,因此通过减速装置可以提升输出扭矩并降低输出速度,从而更好地适应机器人在复杂操作中的需求。

电动驱动器又可分为直流(DC)、交流(AC)伺服电机驱动和步进电机驱动。后者多为开环控制,控制简单但功率不大,多用于低精度、小功率机器人系统。直流伺服电机有很多优点,但它的电刷易磨损,且易形成火花。自高性能永磁材料在交流伺服电机领域广泛应用以来,随着技术的进步,交流伺服电机成为机器人的主要驱动器。

2) 液压驱动器

液压驱动器的主要优点是功率大,结构简单,可省去减速装置,能直接与被驱动的杆件相连,响应快,伺服驱动具有较高的精度,但需要增设液压源,而且易产生液体泄漏,故液压驱动器目前多用于特大功率的机器人系统。

3)气动驱动器

气动驱动器的能源、结构都比较简单,但与液压驱动器相比,同体积条件下功率较小(因压力低),而且速度不易控制,所以多用于精度不高的点位控制系统。

(2)驱动部件的选型

驱动部件的选型是工业机器人技术的基础内容,虽然在使用与维护中并不过多地涉及驱动部件的选型,但作为基础知识,选型原理及步骤却又是后续实际操作机器人及维护中必不可少的内容。

驱动部件的选择可分两步进行。

1)选类型

驱动部件的选择应考虑作业要求和生产环境,价格和技术水平则作为评价标准。一般来说,目前负荷不是重载的场合多采用电动驱动器,这些驱动器通常具备更好的控制精度和效率。对于仅需进行点位控制且功率较小的应用,气动驱动器也常被采用。而在重载情况下,或是机器人周围已经有液压源的环境中,液压驱动器则是一种不错的选择。

在选择驱动器时,最重要的要求包括以下几点。

① 起动力矩大:能够满足负载要求,保障机器人获得足够的起动能力。

② 调速范围宽:能够灵活应对不同工作状态和需求的速度变化。

③ 惯量小:提高响应速度,减少动态响应时间。

④ 尺寸小:便于在有限的空间内安装和应用。

⑤ 数字控制系统的配合性能好:确保整体系统的控制精度和工作稳定性。

通过综合这些因素,可以选择最适合特定应用场景的驱动器,从而提升机器人的工作效率和可靠性。

2)选容量

由于机器人经常工作在加、减速状态,所以选择驱动器容量时既要考虑与额定速度运行相对应的额定功率,又要考虑加速功率。同时由于机器人的各关节处于不同形位时有不同的负载力矩,所以必须用最不利位姿时的最大动力矩进行校核。

下面给出电机选型的基本流程,其作为了解内容。

计算负载的额定功率和加速功率。对某一关节来说,额定负载既包括作用于操作机末杆机械接口处的额定负载,又包括该关节所驱动的所有杆件的自重。额定功率 P_{j0} 与加速功率 P_{ja} 可用下式求得:

$$P_{j0}=\frac{T_{j0} \cdot n_{j0}}{9\,550\eta}\text{kW} \tag{1.1}$$

$$P_{ja}=\frac{GD_j^2 \cdot n_{j0}^2}{3\,577\times10^3 t_a}\text{kW} \tag{1.2}$$

式中:T_{j0} 表示推算至关节处的当量扭矩,单位为 N·m;GD_j^2 表示推算至关节处的当量飞轮力矩,单位为 N·m;n_{j0} 表示关节处的转速,单位为 r/min;t_a 表示加速时间,单位为 s;η 表示机械效率。

电机的额定功率 P_{m0} 可按下式确定:

$$P_{m0} \geqslant (1 \sim 2)(P_{j0} + P_{ja}) \tag{1.3}$$

4．工业机器人的传动部件

（1）分类及特点

驱动装置的受控运动必须通过传动单元带动机械臂产生运动，以精确地保证末端执行器所要求的位置、姿态和实现其运动。目前工业机器人广泛采用的机械传动单元是减速器，与通用减速器相比，机器人关节减速器要求具有传动链短、体积小、功率大、质量轻和易于控制等特点。大量应用在关节型机器人上的减速器主要有两类：RV 减速器和谐波减速器。精密减速器使机器人伺服电机在一个合适的速度下运转，并精确地将转速降到工业机器人各部位需要的速度，在提高机械本体刚性的同时输出更大的转矩。一般将 RV 减速器放置在基座、腰部、大臂等重负载位置（主要用于 20 kg 以上的机器人关节），而将谐波减速器放置在小臂、腕部或手部等轻负载位置（主要用于 20 kg 以下的机器人关节）。此外，机器人还采用齿轮传动、链条（带）传动、直线运动单元等。

表 1.4 所示是目前常用的传动部件，表中所列的 RV 减速器与谐波减速器及滚动螺旋传动将另行介绍。这里要特别注意的是齿轮传动、涡轮传动和齿轮齿条传动的消除间隙问题，否则回差很大，达不到应有的转角精度要求。对于链传动、齿形带传动、钢带传动和钢绳传动，还必须考虑张紧问题，否则会产生很大的回差。

表 1.4 常用的传动部件

序号	类别	原理简图	特点	轴间距	应用场合
1	齿轮传动		响应快，扭矩大，刚性好，可实现旋转方向的改变和复合传动	不大	腰关节，腕关节
2	谐波传动		速比大，同轴线，响应快，体积小，重量轻，回差小，转矩大	零	所有关节
3	摆线针轮行星传动（RV）		速比大，同轴线，响应快，刚度好，体积小，回差小，转矩大	零	前三关节，特别是腰关节
4	涡轮传动		速比大，交错轴，体积小，回差小，响应小，刚度好，转矩大，效率低，发热量大	交错不大	腰关节，手爪机构

续表

序号	类别	原理简图	特点	轴间距	应用场合
5	链传动		速比小,扭矩大,刚度与张紧装置有关	大	腕关节(驱动器后置)
6	齿形带传动		速比小,转矩小,刚性差,无间隙	大	各关节的一级传动
7	钢带传动		速比小,转矩小,刚性与张紧装置有关,无间隙	大	腕关节(驱动器后置)
8	钢绳传动		速比小,无间隙	特大	腕关节,手爪机构
9	连杆及摇块传动		回差小,刚性好,扭矩中等,可保持特殊位形,速比不匀	大	腕关节,臂关节(驱动器后置)
10	滚动螺旋传动		效率高,精度好,刚度好,无回差,可实现运动方式改变,速比大	零	互动关节,摇块传动
11	齿轮齿条传动		效率高,精度好,刚度好,可实现运动方式变化	交错	互动关节,手爪机构

另外,传动部件有以下几项基本要求。
① 结构紧凑,即具有相同的传动功率和传动比时体积最小、重量最轻。
② 传动稳定性高(传动刚度大),即由驱动器的输出轴到杆件的转轴在相同的扭矩时角度变形要小,这样可以提高整机的稳定性(提高固有频率,减轻整机的低频振动)。
③ 回差要小,即由正转到反转时空行程要小,这样可以得到较高的位置控制精度。
④ 寿命长,价格低。

(2) 谐波传动

谐波传动利用一个构件的可控制的弹性变形来实现机械运动的传递。谐波传动通常由 3 个基本构件组成,如图 1.24 所示,包括一个有内齿的刚轮,一个工作时可以产生径向弹性变形并带有外齿的柔轮和一个装在柔轮内部、呈椭圆形、外圆带有滚动轴承的波发生器。

图 1.24　谐波传动减速器

柔轮的外齿数少于刚轮的内齿数,在波发生器转动时,相应于长轴方向的柔轮外齿正好完全啮入刚轮的内齿;在短轴方向,则外齿全脱开内齿。当刚轮固定,波发生器转动时,柔轮的外齿将依次啮入和啮出刚轮的内齿,柔轮齿圈上任一点的径向位移将呈现类似于余弦波形的变化,所以这种传动称作谐波运动。

谐波传动的减速比很大,一般为 50~300,减速效果可与少齿行星传动相媲美。

图 1.25 是另一种常用的扁平式谐波传动机构。该机构有两个刚轮,其中一个固定,另一个输出;柔轮呈环形,外齿较长;输入仍为波发生器。

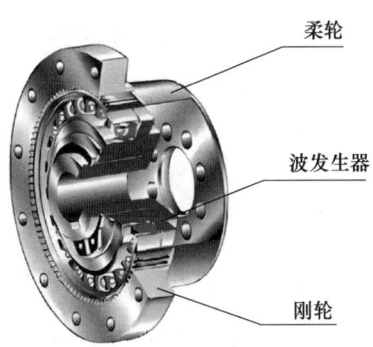

图 1.25　扁平式谐波传动结构

上述讨论主要是针对谐波传动的关键部件,具体的商业应用的谐波减速器还有许多其他结构,本书不再过多阐述。

（3）RV 摆线针轮传动

RV 摆线针轮传动装置是由一级行星轮系再串联一级摆线针轮减速器组合而成的，如图 1.26 所示。

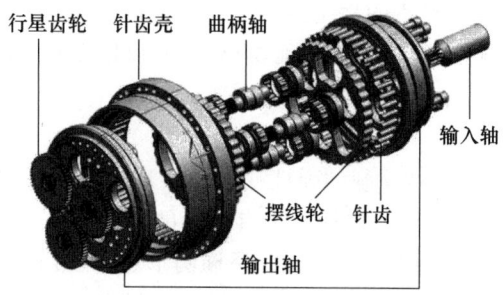

图 1.26　RV 摆线针轮传动装置结构示意图

与谐波传动相比，RV 传动具有较高的疲劳强度和刚度以及较长的寿命，并且回差精度稳定，不像谐波传动，随着使用时间的增长，运动精度会显著降低，故高精度机器人传动多采用 RV 减速器，且其有逐渐取代谐波减速器的趋势。

（4）滚动螺旋传动

滚动螺旋传动是在具有螺旋槽的丝杠与螺母之间放入适当的滚珠，使丝杠与螺母之间由滑动摩擦变为滚动摩擦的一种螺旋传动，如图 1.27 所示。

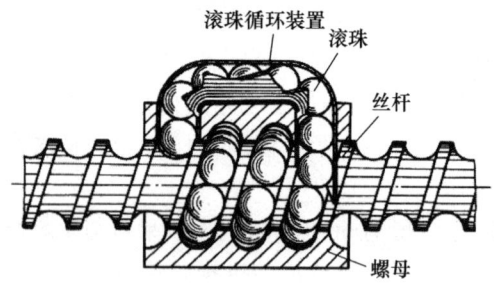

图 1.27　滚动螺旋传动示意图

螺旋槽的正载面常有两种形式：单圆弧式和双圆弧式。两种滚道的接触角均为 $45°$，单圆弧滚道用于一般工作环境；双圆弧滚道用于灰尘多的环境，污物进入滚道后会被碾入槽底，再被润滑油冲走。滚道如图 1.28 所示。

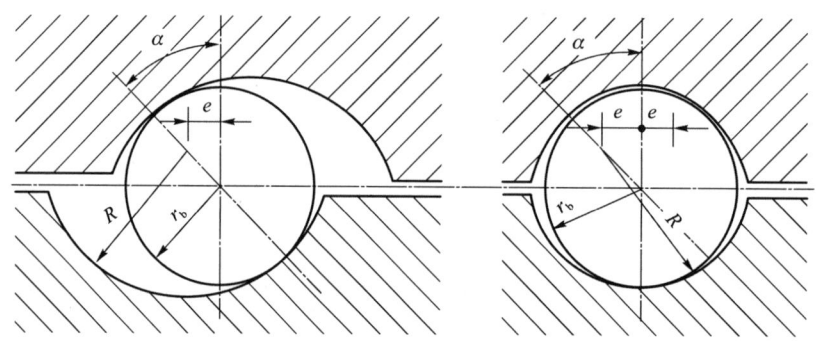

图 1.28　滚道示意图

为了降低接触应力,滚道半径 R 几乎接近滚珠半径 r_b,$r_b/R=0.9\sim0.97$。滚珠在工作过程中顺螺旋槽滚动,故必须设置滚珠的返回通道,才能循环使用。返回通道有内循环式和外循环式两种,如图1.29所示。内循环式是在螺母体内返回,外循环式最常见的是插管式。

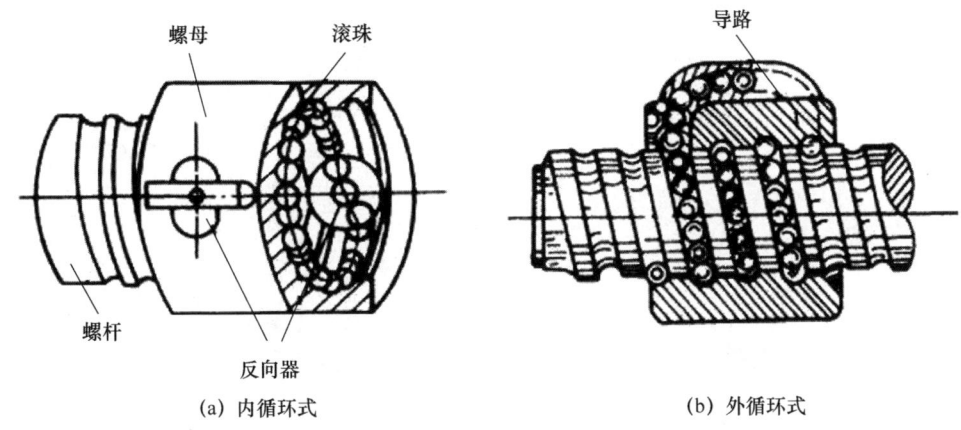

(a) 内循环式　　　　　　　　　　(b) 外循环式

图1.29　返回通道示意图

滚动螺旋传动的主要特点如下。

① 摩擦小,效率高。一般情况下,滚动螺旋传动的效率在90%以上。在同样的负荷下,驱动扭矩较滑动螺旋传动减少2/3~3/4。滚动螺旋传动的逆传动效率也很高。也正是这一原因,该种传动不能自锁,必须有防止逆转的制动或自锁机构才能安全地用于自重下降的场合。

② 灵敏度高,传动平稳。由于是滚动摩擦,动、静摩擦系数相差极小,无论是静止还是高、低速传动,摩擦扭矩几乎不变,故灵敏度高,传动平稳。

③ 磨损小,寿命长。滚珠螺旋副中的主要零件均经热处理,并有很高的表面光洁度,再加上滚动摩擦的磨损很小,因而有良好的耐磨性。

④ 可消除轴向间隙,提高轴向刚度。由于该种传动效率高,预紧后仍能轻快地工作,因此可以通过预紧完全消除间隙,使反向时无空行程,并可通过预紧施加一定的预应力来提高传动刚度。

需要特别强调的是,滚动螺旋传动最怕落入灰尘、铁屑、砂砾等杂物。通常螺母两端必须密封,丝杠的外露部分必须用"风箱"套或钢带卷套加以密封。

(5) 典型传动部件布置举例

根据前面章节的介绍我们可以知道,关节是机器人各杆件的结合部分,同时是机器人的运动部分,如图1.30所示。下面重点介绍不同关节上的典型传动部件的选择与布置。

1) 腰关节

图1.31所示是典型腰关节型式。它由电机通过RV减速器带动腰部支架转动。整个腰部及其以上的操作机所有部分都支撑在操作机的专用交叉滚子轴承上。该轴承既能承受轴向力、径向力,又能承受倾翻力矩,且具有较高的精度和刚度。上述结构的主要优点是关节刚度大,传动平稳,回差可小到1′以内。

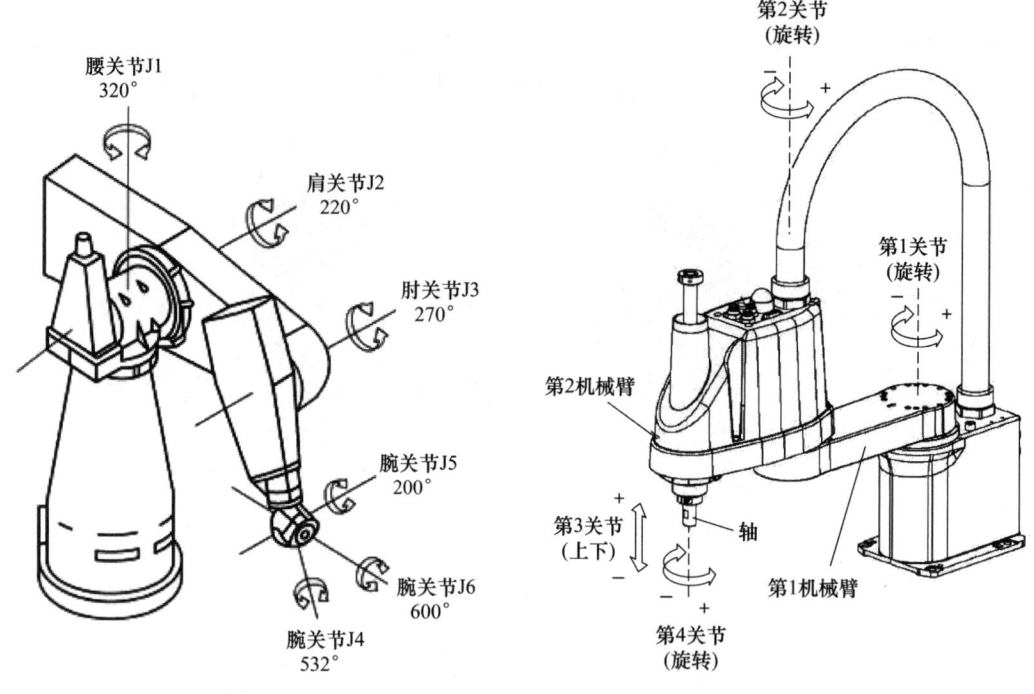

(a) PUMA机械臂关节分布   (b) SCARA机械臂关节分布

图1.30 典型关节分布

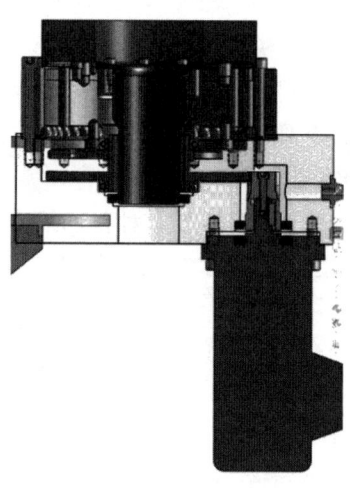

图1.31 RV减速器连接腰部结构

图1.32所示是在电机下使用杯式谐波传动的关节结构。由于杯式谐波柔轮刚度低,所以使用这种结构要特别注意腰回转时整机的低频振动问题。

图1.33所示是腰关节是电机经齿轮减速器之后再带动立轴转动。立轴上下使用两个向心推力轴承,是PUMA机器人的典型结构。该结构支撑稳定,能承受很大的倾翻力矩,齿轮传动刚度较大,但必须增加消齿隙机构,否则回差很大,严重影响机器人的位置精度。

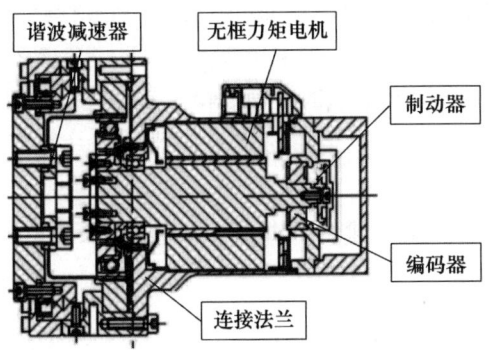

图 1.32 谐波减速器连接腰部结构

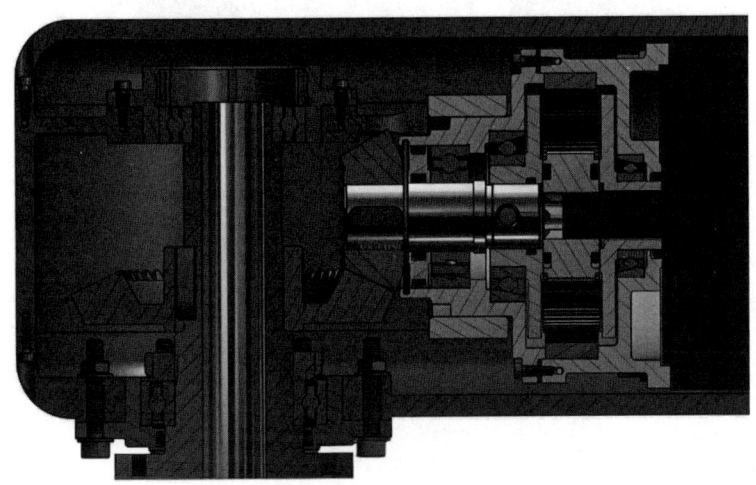

图 1.33 齿轮减速器连接腰部结构

2）肩关节和肘关节

对于开式连杆结构，肩关节位于腰部的支座上，肘关节位于大臂与小臂的联接处。其结构形式有 PUMA 式，如图 1.34 所示。

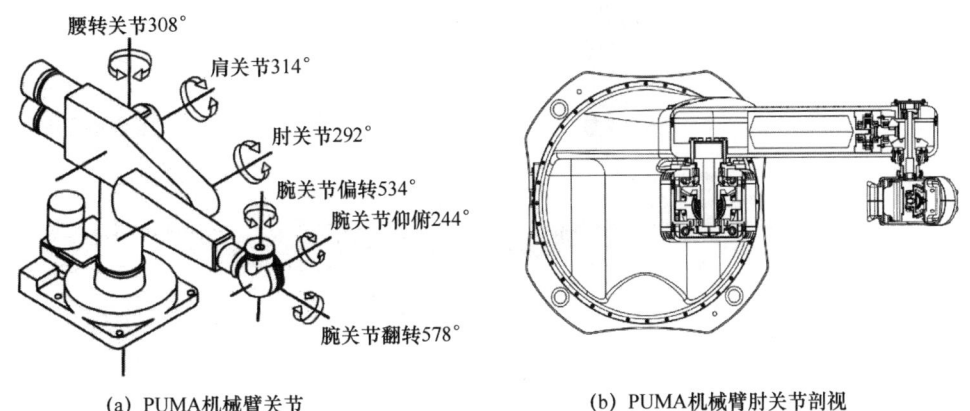

(a) PUMA 机械臂关节　　　　(b) PUMA 机械臂肘关节剖视

图 1.34 PUMA 式肘关节

它采用高刚性的 RV 减速器减速,也可改用谐波传动或摆线针轮。

对于局部闭链,情况就比较复杂。当采用滚动丝杠作为主动件时,肩关节本身多为曲柄式,这时肩关节只是一般带有滚动轴承的心轴结构。目前较流行是同轴减速传动,即驱动大臂转动和小臂四边形传动件的曲柄转动的两减速器为同一轴线,多采用图 1.35 所示的结构。

为了缩小横向尺寸,也有通过锥齿轮传动使电机与关节的旋转轴线垂直的结构,如图 1.36 所示。

图 1.35　同轴减速传动肩关节　　　　图 1.36　垂直传动肩关节

3) 直动关节

直动关节可有两种类型:电机驱动和液压驱动。前者多采用滚动丝杠和导轨式;后者的一种油缸驱动齿轮的倍速移动结构形式如图 1.37 所示,可以看出,当油缸推动齿轮前进时,由于齿轮在固定的齿条上滚动,故以 2 倍的速度推动与手臂固接在一起的齿条前进,使手臂倍速前进。

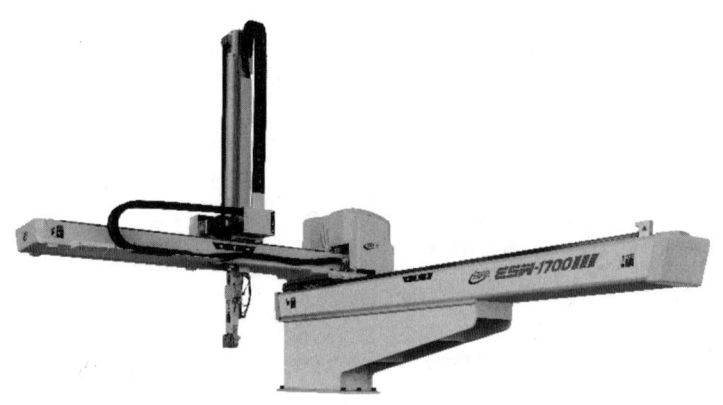

图 1.37　直动关节

1.2 工业机器人示教

"示教"就是工业机器人学习的过程,在这个过程中,操作者要手把手教会工业机器人做某些动作,工业机器人的控制系统会以程序的形式将其记忆下来。

工业机器人按照示教时记忆下来的程序展现这些动作,就是"再现"过程。工业机器人示教原理如图 1.38 所示。

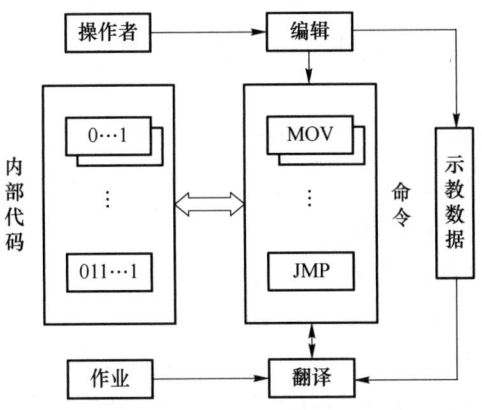

图 1.38 工业机器人示教原理

因技术尚未成熟,现在企业引入的工业机器人仍然以第一代工业机器人为主,它的基本工作原理是示教-再现。使用工业机器人代替工人进行自动化作业,必须预先赋予工业机器人完成作业所需的信息。

1.2.1 示教内容

1. 运动轨迹

工业机器人的运动轨迹是指工具中心点在执行特定任务时所经过的路径,这是工业机器人示教过程中的关键要素。根据运动方式的不同,工业机器人有点到点运动和连续路径运动两种形式;按运动路径种类区分,工业机器人有直线和圆弧两种动作类型,其他任何复杂的运动轨迹都可由它们组合而成。

示教时,不可能将作业运动轨迹上所有的点都示教一遍,原因有两个:一是费时;二是占用大量的存储空间。实际上,对于有规律的轨迹,原则上仅需示教几个程序点。例如,对于直线轨迹,示教 2 个程序点(直线起始点和直线结束点);对于圆弧轨迹,示教 3 个程序点(圆弧起始点、圆弧中间点和圆弧结束点)。在具体操作过程中,通常采用点到点方式示教各段运动轨迹的端点,而端点之间的连续路径运动由工业机器人控制系统的路径规划模块经插补运算产生。

例如,使机器人沿长 100 mm、宽 50 mm 的长方形路径运动,采用 offs 函数确定运动路径的准确数值。工业机器人的运动路径如图 1.39 所示,机器人从起始点 P_1,经过点 P_2、

点 P_3、点 P_4,回到起始点 P_1。

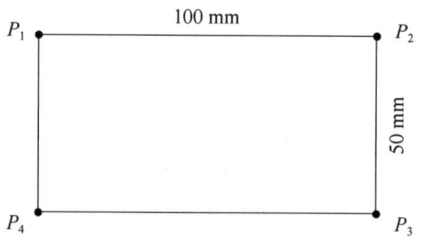

图 1.39　工业机器人的运动路径

由此可见,机器人运动轨迹的示教主要是确认程序点的属性。一般来讲,每个程序点主要包含如下 4 部分信息。

① 位置坐标:描述机器人工具中心点的 6 个自由度。

② 插补方式:机器人再现时,从前一程序点移动到当前程序点的动作类型。

③ 再现速度:机器人再现时,从前一程序点移动到当前程序点的速度。

④ 空走点/作业点:机器人再现时,决定从当前程序点移动到下一程序点是否实施作业。作业点指从当前程序点移动到下一程序点的整个过程需要实施的作业,主要用于作业开始点和作业中间点两种情况;空走点指从当前程序点移动到下一程序点的整个过程不需要实施作业,主要用于示教除作业开始点和作业中间点之外的程序点。需要指出的是,在作业开始点和作业结束点一般都有相应的作业开始和作业结束命令。

2. 作业条件

为获得好的产品质量与作业效果,在机器人再现之前,有必要合理配置其作业的工艺条件,如弧焊作业时的电流、电压、速度和保护气体流量,点焊作业时的电流、压力、时间和焊钳类型,涂装作业时的涂液吐出量、旋杯旋转速度、调扇幅气压和高电压等。工业机器人作业条件的输入方法有如下 3 种形式:

① 使用作业条件文件;

② 在作业命令的附加项中直接设定;

③ 手动设定。

3. 作业顺序

同作业条件的设置类似,合理的作业顺序不仅可以保证产品质量,而且可以有效提高效率。一般来讲,作业顺序的设置主要涉及以下两个方面:

① 作业对象的工艺顺序;

② 机器人与外围周边设备的动作顺序。

1.2.2　操作步骤

① 示教前的准备工作。

开始示教前,需做如下准备工作。

a. 工件表面清理。使用钢刷、砂纸等工具将钢板表面的铁锈、油污等杂质清理干净。

b. 工件装夹。利用夹具将钢板固定在机器人工作台上。

c. 安全确认。确认自己和机器人之间保持安全距离。

d. 机器人原点确认。通过机器人机械臂各关节处的标记或调用原点程序复位机器人。

② 新建作业程序。

③ 输入程序点。

④ 设定作业条件。

⑤ 检查试运行。

下面给出一个机器人示教的例子,以便于大家理解。

① 开启总电源。

② 开启机器人电源(图 1.40)。

图 1.40 机器人电源开关

③ 开机之后等机器人完全启动需要 2~3 min,出现图 1.41 所示画面说明已经启动完成。

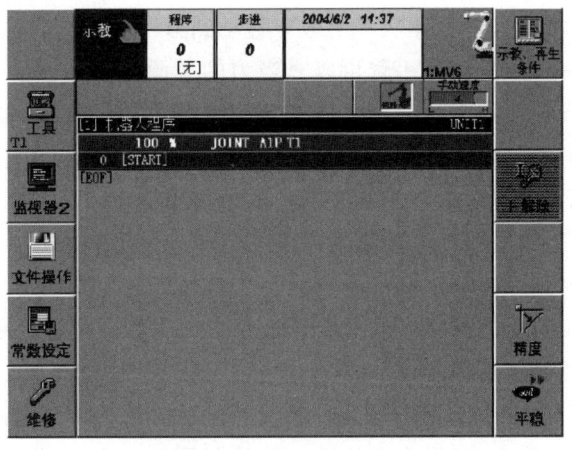

图 1.41 机器人程序启动

④ 系统启动完成后,按下"运转准备"按钮以进入工作状态。

1.2.3 注意事项

① 开关机顺序,开机先开 380 V(下面),再开 200 V(上面),关机先关 200 V(上面),

再关 380 V（下面）。严禁直接拉闸，以防止瞬间电流过大，损坏设备。

② 使用示教器时应轻拿轻放，严禁怕打、撞击、摔落，不操作时应将示教器放置于控制箱右侧挂钩上，防摔落损坏，液体飞溅，保护屏幕，防刮伤，严禁戴手套操作示教器，防油污，示教器线严禁缠绕，缠绕易断。

③ 工作台面严禁放置任何杂物，工具（锉刀、榔头、钳子等）放置于机器人碰不到的指定位置，严禁随意乱放。

④ 机器人运作过程中，操作者严禁站立于焊接夹具旁近距离观望，应与作业区保持一定距离，防止高速运转的机器伤人。闲杂人等进入黄线区域内，操作者应及时劝其立即离开，防止机器伤人，造成安全事故。

⑤ 严禁私自更改焊接参数，否则会影响焊接熔深，严重影响产品质量。严禁私自更改运行速度和焊接速度。

⑥ 保持机器人清洁，每天下班前将焊机、机械臂、控制箱上的灰尘和异物去除。焊机与控制箱上严禁堆放任何杂物，应保持清洁。

⑦ 粘丝时，理性应对，切勿野蛮操作，严禁用榔头直接敲击枪头、强拉硬拽等，应用尖嘴钳轻轻将粘住的焊丝剪断，合理解除粘丝。

⑧ 从关闭电源到再次打开电源应间隔 3 s 以上。

⑨ 不要随意打开柜门，防止触电。

1.3 控制方法概述

根据任务及其周边的环境，机器人手臂可以表现出多种不同的行为。其输出是为完成任务所需的编程运动，例如，将物体从一个地方移动到另一个地方，或者跟踪喷漆枪的轨迹。当将抛光轮应用于工件时，机器人手臂可以充当力的来源。诸如在黑板上书写绘画的任务中，它必须控制某些方向上的力（该力必须将粉笔压在黑板上），同时控制其他方向上的运动（运动必须在黑板平面内）。当机器人的目的是充当触觉显示器，如渲染虚拟环境时，我们可能希望它像弹簧、阻尼器一样，对施加于其上的力作出响应。

机器人控制器的工作是将任务规范转换为执行器处的力和力矩。实现上述行为的控制策略被称为运动控制（Motion Control）、力控制（Force Control）、运动-力混合控制（Hybrid Motion-force Control）或阻抗控制（Impedance Control）。在这些行为中，哪种行为最为适当，取决于任务和环境。例如，当末端执行器与某物体接触时，选取力控制作为目标是有意义的，但当它在自由空间中移动时选取力控制则无意义。无论环境如何，我们还有由力学施加的一个根本约束：机器人不能独立地控制同一方向上的运动和力。如果机器人施加运动，则力将由环境决定；如果机器人施加力，则运动将由环境决定。

我们一旦选择了与任务和环境相一致的控制目标，就可以使用反馈控制来实现这一目标。反馈控制使用位置、速度和力传感器来测量机器人的实际行为，将其与期望行为进行比较，并调制发送到执行器的控制信号。几乎所有的机器人系统都会用到反馈。在本章中，我们将重点放在以下方面：用于关节空间和任务空间中的运动控制、力控制、运动-力混合控制以及阻抗控制。

1.3.1 运动控制

1. 定义与应用

运动控制是指对机器人末端执行器的位置、速度和加速度进行精确控制,使其按照预定的轨迹或目标位置进行运动。在运动控制中,机器人控制器根据任务规范,通过运动学和动力学模型计算出各关节所需的驱动信号,以实现期望的运动。例如,在机器人进行搬运任务时,需要将物体从一个位置准确地移动到另一个位置,这就需要精确的运动控制。

运动控制通常基于机器人的运动学模型,该模型描述了机器人末端执行器的位置和姿态与关节变量之间的几何关系。通过逆运动学算法,可以首先根据末端执行器的目标位置和姿态计算出各关节的目标角度,然后利用动力学模型,考虑机器人的质量、惯性、摩擦力等因素,计算出驱动关节所需的力矩,从而实现精确的运动控制。

在工业生产中,运动控制广泛应用于点焊、物料搬运、零件装配等任务中。以点焊为例,机器人只需要将焊枪准确地移动到焊件上的各个焊点位置,对两点之间的运动轨迹没有严格要求,但焊点位置的准确性至关重要。在物料搬运任务中,机器人需要快速而准确地将物料从生产线的一个位置搬运到另一个位置,这也依赖于精确的运动控制。

在电子制造业中,运动控制用于芯片贴装等精密操作。芯片贴装机器人需要将微小的芯片准确地放置到电路板上的指定位置,位置精度要求达到微米级。高精度的运动控制可以确保芯片的准确贴装,提高产品的质量和生产效率。

2. 优势与挑战

(1) 优势

① 计算相对简单:相比于其他控制策略,运动控制主要关注位置、速度和加速度的控制,不涉及复杂的力反馈和交互,其控制算法在一定程度上较为直观和易于实现。

② 定位精度高:在不需要考虑接触力的任务中,能够实现非常高的定位精度,满足如精密装配等对位置精度要求苛刻的工业应用。

(2) 挑战

① 对模型精度依赖:运动控制的准确性依赖于机器人的运动学和动力学模型的精度。如果模型参数不准确,例如机器人的关节磨损导致实际的运动学参数发生变化,会影响控制的精度。这种偏差可能会逐渐累积,进而降低任务执行的质量和效率。

② 环境适应性有限:在存在不确定的外部干扰或与环境有接触的情况下,单纯的运动控制可能无法满足要求。例如,当机器人在搬运过程中遇到意外的障碍物时,可能无法做出适当的调整从而影响作业的安全性和成功率。

1.3.2 力控制

1. 定义与应用

力控制旨在使机器人在与环境接触时,能够根据预定的力或力矩指令来控制接触力。它需要机器人具备力传感器等反馈装置,通过感知接触力并调整运动来实现精确的力控制。

力控制有多种实现方式,如直接力控制和间接力控制。

在直接力控制中,控制器直接根据力传感器测量的力值与期望力值之间的误差来计算关节的控制力矩。而间接力控制则通过控制机器人的位置或运动来间接地控制接触力,例如采用基于位置的阻抗控制方法,通过调整机器人的位置来实现期望的接触力。

力控制在装配、打磨、抛光等需要精确控制接触力的任务中有着重要应用。在精密装配任务中,如将轴类零件插入孔中,机器人需要精确控制插入力,避免过大的力损坏零件或过小的力导致装配不到位。在打磨和抛光任务中,机器人需要根据工件表面的形状和材料特性,均匀地施加打磨力,以获得高质量的加工表面。

例如,在航空发动机叶片的打磨过程中,叶片的形状复杂且对表面质量要求极高。通过力控制,机器人可以根据叶片的曲率和材料硬度,实时调整打磨工具的接触力,确保叶片表面的打磨精度和质量,同时避免因力过大对叶片造成损伤。

2. 优势与挑战

(1) 优势

① 实现高精度接触操作:能够在机器人与环境接触的任务中,精确地控制接触力,提高操作的精度和质量,如在精密装配和加工领域。

② 适应复杂环境:在有接触的工作环境中,能够更好地适应工件形状、表面粗糙度等不确定性因素,通过力反馈调整机器人的动作。

(2) 挑战

① 力传感器要求高:需要高精度的力传感器来准确测量接触力,而力传感器往往比较昂贵,且在恶劣的工业环境下容易损坏。

② 控制算法复杂:力控制算法涉及复杂的动力学建模和反馈控制设计,尤其是在存在摩擦力、非线性弹性等复杂力学特性的情况下,控制算法的设计和调试难度较大。

1.3.3 运动-力混合控制

1. 定义与应用

运动-力混合控制是将运动控制和力控制相结合的一种控制策略。在实际的机器人操作任务中,往往既需要对末端执行器的运动轨迹进行精确控制,又需要对与环境的接触力进行合理控制。运动-力混合控制通过在不同的方向上分别实施运动控制和力控制,来满足这种复杂的操作需求。

例如,在机器人进行装配操作时,在装配方向上需要精确地控制插入力,而在其他方向上则需要控制机器人的位置和姿态,以确保装配工具能够准确地对准装配位置。这种控制策略通常基于任务空间的分解,将任务空间划分为力控制子空间和运动控制子空间,分别设计相应的控制律。

运动-力混合控制在复杂装配、人机协作等作业任务中有广泛应用。在复杂装配任务中,如汽车发动机的装配,机器人需要在将零件插入的过程中精确控制插入力,同时保证零件在空间中的姿态准确。在人机协作场景下,例如人和机器人共同搬运一个大型物体,机器人需要根据人的施力情况调整自己的力和运动,既要保证对物体的稳定搬运,又要避免对人施加过大的力。

以电子设备的装配为例,在将显示屏安装到手机外壳上时,机器人在垂直于显示屏平面的方向上需要精确控制安装力,以确保显示屏与外壳的紧密贴合,同时在平面内需要控制显示屏的位置和姿态,使其准确地安装到指定位置,这就需要运动-力混合控制来实现。

2. 优势与挑战

(1) 优势

① 综合处理多种任务需求:能够同时处理运动和力的控制要求,适用于既有轨迹跟踪又有接触力控制需求的复杂任务,提高机器人操作的灵活性和多功能性。

② 优化操作性能:通过合理地分配运动控制和力控制,可以在保证操作精度的同时,提高操作效率和质量,如在装配和人机协作任务中。

(2) 挑战

① 任务空间分解难度大:准确地将任务空间分解为运动控制和力控制子空间是实现运动-力混合控制的关键,但在复杂的任务和几何形状下,这种分解可能非常困难,并且需要对任务和环境有深入的了解。

② 控制参数协调复杂:在运动-力混合控制中,运动控制和力控制的参数需要相互协调,不合适的参数可能导致控制性能下降,甚至出现不稳定现象。例如,在快速运动的同时进行精确的力控制,需要精细地调整控制参数。

1.3.4 阻抗控制

1. 定义与应用

阻抗控制是一种基于机器人与环境之间的力学交互特性的控制策略。它的目的是使机器人在与环境接触时表现出期望的力学阻抗特性,即控制机器人的动态响应,使其在受到外力作用时的运动符合预设的阻抗模型。

阻抗控制通常采用由质量、弹簧和阻尼构成的二阶系统模型,通过调整这些参数来控制机器人的力-位移关系。例如,当机器人受到外力时,它的位移响应取决于其等效的弹簧刚度和阻尼系数。在阻抗控制中,机器人的控制目标是使实际的力-位移关系接近预设的阻抗模型,从而实现期望的力学交互行为。

阻抗控制在许多人机协作与柔顺装配等任务中发挥着至关重要的作用。在人机协作场景下,举例来说,当人协助机器人搬运物体时,机器人需要具备一定的柔顺性。当人施加外力时,机器人应根据预设的阻抗特性做出相应的运动,确保与人之间的互动安全,从而避免对人造成伤害。在柔顺装配任务中,例如将销钉插入孔中,机器人利用阻抗控制能够根据孔的位置和尺寸自动调整自身姿态和插入力,从而顺利完成装配过程,确保精度与效率的平衡。

以医疗机器人为例,在手术机器人协助医生进行手术操作时,机器人需要具有适当的阻抗特性。当医生对机器人操作臂施加外力时,机器人能够根据预设的阻抗模型做出柔顺的响应,确保手术操作的安全性和精确性,同时减少医生的操作疲劳。

2. 优势与挑战

（1）优势

① 柔顺的力学交互：能够使机器人在与环境和人类接触时表现出柔顺的力学行为，提高人机协作的安全性和舒适性，以及在装配等任务中的操作精度。

② 对环境不确定性的适应性：通过预设的阻抗模型，机器人可以在一定程度上适应环境的不确定性，如工件形状和位置的偏差，自动调整运动和力。

（2）挑战

① 阻抗参数确定困难：确定合适的阻抗参数需要对任务和环境有充分的了解，并且通常需要通过大量的实验和调试来优化。不合适的阻抗参数可能导致机器人的响应不符合预期，影响操作效果。

② 动力学建模复杂：精确的阻抗控制需要考虑机器人的复杂动力学特性，包括关节摩擦、柔性等因素，这增加了控制算法设计和实现的难度。

1.4 知识拓展

1.4.1 世界主流机器人生产厂商简介

1. 国外主要机器人生产厂商

（1）瑞典 ABB Robotics 公司

ABB 公司是世界上最大的机器人制造公司之一。

在工业机器人方面，ABB 公司提供了一系列多样化的产品，其中 IRB 系列覆盖从轻型到重型负载的各种应用需求。例如，IRB 1200 适合于物料搬运和装配；而像 IRB 6700 这样的大型机器人则适用于重载搬运及焊接等任务。这些机器人以其高精度、稳定性和可靠性著称，在提高生产效率的同时降低了成本。

在协作机器人（Cobots）方面，ABB 推出了 YuMi®，这是一款专为安全地与人类工作者并肩工作设计的双臂协作机器人，非常适合精密装配、测试、包装等需要高度灵活性的任务。此外，还有 SWIFTI™ CRB 1300，它结合了传统工业机器人的速度与精确度以及协作机器人的安全性，适用于快速变化的工作环境。

（2）日本 NACHI 不二越株式会社

NACHI 不二越株式会社总工厂在日本富山，其成立于 1928 年，除了做精密机械、刀具、轴承、油压机等外，做机器人也是该公司的重要工作。该公司起先为日本丰田汽车生产线机器人的专供厂商，专业做大型的搬运机器人、点焊和弧焊机器人、涂胶机器人、无尘室用 LCD 玻璃板传输机器人和半导体晶片传输机器人、高温等恶劣环境中用的专用机器人、与精密机器配套的机器人和机械手臂等。其控制器经历了 AR、AW、AX 系列的发展，控制操作已经完全中文化，编程示教简单。

在工业机器人方面，该公司提供了一系列多样化的产品线，包括但不限于装卸、码垛、无尘车间搬运及焊接等应用领域的机器人。其中，SRA 系列机器人以其快速性与振动控制性能著称，适用于需要高效率工作的场景；而 MZ 系列则专注于精密组装任务，展现了该公司在小型精密装配方面的技术优势。

(3) 日本 Yaskawa 安川电机公司

自 1977 年安川电机研制出第一台全电动工业机器人以来，其已有 48 年的机器人研发生产历史。

安川电机提供了多样化的工业机器人产品线，满足不同行业的需求。其 MOTOMAN 系列机器人覆盖了从轻型到重型的各种应用场景，包括焊接、搬运、装配、喷涂等。例如，MOTOMAN-GP 系列机器人以其卓越的速度与精度而闻名，适用于快速循环时间要求高的生产环境；而 MOTOMAN-HP 系列则专为高速度和高精度的点焊作业设计。与此同时，安川电机推出了 Cobra 系列协作机器人，这些机器人的特点是易于编程且安全可靠，适合在人机共存环境中工作。特别是 Cobras 系列，它结合了传统工业机器人的性能优势与协作机器人的灵活性，能够轻松集成进现有的生产线中，在提高工作效率同时确保操作人员的安全。

(4) 日本 FANUC 公司

FANUC 公司的前身致力于数控设备和伺服系统的研制和生产。1972 年，其从日本富士通公司的计算机控制部门独立出来，成立了 FANUC 公司。FANUC 公司以其高质量的产品、先进的技术和卓越的服务而闻名于世。FANUC 公司包括两大主要业务：一是工业机器人；二是工厂自动化。

FANUC 提供了一系列多样化的工业机器人产品线，能够满足从轻型到重型负载的各种应用需求。其主要产品包括以下系列。

① M 系列：适用于物料搬运、装配等任务。
② R 系列：专为焊接作业设计，具有高精度和稳定性。
③ LR Mate 系列：小型多功能机器人，适合狭小空间内的精密操作。
④ CR 系列：协作机器人，旨在安全地与人类工作者并肩工作。

除了硬件设备外，FANUC 还提供了全面的支持和服务体系（包括 ROBOGUIDE 仿真软件，帮助用户进行虚拟调试以减少实际安装时间），以及远程监控和支持服务（确保机器人的高效运行）。此外，FANUC 持续投资于研发，不断推出新技术和新产品，以适应快速变化的市场需求。总之，凭借强大的技术实力和丰富的产品线，FANUC 不仅在日本国内占有重要地位，在全球市场上也享有很高的声誉，是推动工业自动化发展的重要力量。

(5) 德国 KUKA Roboter Gmbh 公司

KUKA Roboter Gmbh 公司是世界顶级工业机器人制造商之一，该公司成立于 1898 年，总部位于德国奥格斯堡。1973 年，该公司研制开发了 KUKA 的第一台工业机器人。该公司以其创新的技术、高质量的产品和广泛的应用领域而闻名，该公司工业机器人年产量接近 1 万台，至今已在全球安装了 6 万台工业机器人。这些机器人广泛应用在仪器、汽车、航天、食品、制药、医学、铸造、塑料等工业上，主要用于材料处理、机床装料、装配、包装、堆垛、焊接、表面修整等领域。

该公司提供了一系列多样化的工业机器人，以满足不同规模和复杂度的生产需求。

① KR AGILUS 系列:适用于小型部件的高速搬运与装配任务,以灵活性和紧凑设计著称。

② KR CYBERTECH 系列:专为焊接、切割等高精度作业设计,具备卓越的稳定性和可靠性,能够在苛刻的工作环境中长期稳定运行,确保高质量的作业效果。

③ KR QUANTEC 系列:重型负载机器人,专为大型零件的搬运和加工任务而设计,广泛应用于汽车制造等行业。

④ KR IONTEC 系列:结合了高性能与经济性,适用于包装、码垛等多种应用场景。

这些机器人不仅提高了生产效率,还通过其先进的控制系统和传感器技术确保了操作的安全性和准确性。

与此同时,该公司推出了 LBR iiwa(智能工业工作助手),这是一款轻型协作机器人,设计用于与人类工作者并肩工作。LBR iiwa 具备高度敏感性和安全性,能够执行精细的组装任务,并且可以直接与人进行交互,无须额外的安全防护措施。

凭借持续的技术创新和服务优化,该公司不断推动着工业自动化的进步,在帮助企业提高竞争力的同时也关注到了员工安全与工作效率的提升。在全球范围内,该公司拥有广泛的客户基础和市场影响力,特别是在欧洲、亚洲以及美洲等地设有多个生产基地和服务中心。

(6) 意大利 COMAU 公司

意大利 COMAU 公司成立于 1973 年。

COMAU 公司提供多种系列的工业机器人以适应不同应用场景。Smart5 系列机器人以其多功能性著称,适用于弧焊、装配、搬运等多种任务;NJ 系列则专为处理重负载设计,适合铸造和激光切割等高强度作业;PAL 系列专注于高速度和高精度的码垛作业;而 Laser 系列则优化了激光焊接与切割应用中的高精度定位能力。这些机器人以其高效性、可靠性和灵活性助力提高生产效率并降低运营成本。

(7) 史陶比尔(Stäubli)公司

史陶比尔是一家总部位于瑞士的全球性公司,成立于 1892 年。

史陶比尔提供多种工业机器人系列,其中著名的 TX 系列六轴机器人以其卓越的速度、精度和可靠性适用于装配、搬运及包装任务,适应从洁净室到恶劣环境的应用;HE 系列专为电子制造业中的高速拾取与放置设计;SCARA 系列四轴机器人则擅长平面内的快速移动任务,如分拣和包装。这些机器人凭借紧凑设计、高负载能力和出色性能,显著提升了生产效率和质量控制水平。

2. 国内主要机器人公司

(1) 首钢莫托曼(MOTOMAN)机器人有限公司

首钢莫托曼机器人有限公司成立于 1996 年。

首钢莫托曼提供多种工业机器人,覆盖弧焊(EA 系列)、点焊(ES 系列)、搬运(HP 系列)、涂胶、切割及装配等应用领域,以其高精度、稳定性和可靠性在汽车、摩托车、家电等行业广泛应用。这些机器人不仅提高了生产效率,还确保了高质量的作业效果。与此同时,随着对人机协作需求的增长,首钢莫托曼也在积极探索和发展协作机器人技术,通过集成先进的传感器和安全控制系统,致力于开发能够与人类工作者安全共事的协作机器人,以满足未来智能制造的需求。

(2) 中国新松机器人自动化股份有限公司

中国新松机器人自动化股份有限公司(简称"新松")成立于2000年。

新松提供广泛的机器人产品,包括高精度、高速度的SR系列六轴工业机器人(适用于汽车制造和电子装配)、AGV和AMR移动机器人(用于物流仓储)、特种机器人(服务于核电、消防等特殊环境)、服务机器人(覆盖医疗、教育等领域)。新松还推出了多可(DUCO)系列协作机器人,其具备高灵敏度碰撞检测和用户友好的拖动示教功能,适用于多种应用场景。此外,新松还开发了复合机器人,结合机械臂与移动平台,实现更灵活的工作模式。

(3) 埃斯顿自动化公司(ESTUN)

埃斯顿自动化公司(简称"埃斯顿")成立于1993年,是中国领先的工业机器人和自动化解决方案提供商之一。

埃斯顿提供多种工业机器人,包括高精度、稳定的ER系列六轴机器人(适用于焊接、搬运和装配)、高性能的UNO系列机器人(如UNO-15-1430-HP和UNO-8-620-HS,在光伏电池片镀膜和组件串焊中表现出色),以及大型负载机器人UNO-700-2800-AC(可处理高达700 kg的负载)。此外,埃斯顿还推出了CoDroid系列协作机器人,其具备高灵敏度碰撞检测和ISO 13849-1 Cat.3 PLd安全认证,支持拖动示教和低代码图形化编程,确保与人类工作者的安全协作。

1.4.2 世界主流机器人控制器简介

可编程逻辑控制器(programmable logic controller,PLC)是一种具有微处理器的数字电子设备,是用于自动化控制的数字逻辑控制器,可以将控制指令随时加载至存储器内存储与执行。其在工业机器人控制系统中起着至关重要的作用,尤其在执行底层逻辑控制、过程自动化以及与外围设备协同方面有着重要的应用。

1969年美国的数字公司研制成功了世界第一台PLC。目前虽然生产PLC的厂商有很多,但能配套生产大、中、小、微型的厂商不算太多。较有影响的、在中国市场占有较大份额的公司有以下几个。

(1) 德国西门子公司

西门子是世界最大的机电类公司之一,1847年由维尔纳·冯·西门子建立。

西门子的PLC产品包括LOGO、S7-200、S7-300、S7-400、工业网络、HMI人机界面、工业软件等。西门子S7系列PLC体积小、速度快、标准化,具有网络通信能力,功能很强,可靠性很高。S7系列PLC产品可分为微型PLC(如S7-200),小规模性能要求的PLC(如S7-300)以及中、高性能要求的PLC(如S7-400)等。

(2) 日本三菱公司

三菱的PLC主要分类如下。

FX1S系列:一种集成型小型单元式PLC,具有完整的性能和通信功能等扩展性。如果考虑安装空间和成本,它是一种理想的选择。

FX1N系列:三菱电机推出的功能强大的普及型PLC,具有扩展输入输出、模拟量控制和通信、链接功能等,是一款广泛应用于一般的顺序控制的三菱 PLC。

FX2N 系列:FX 家族中最先进的系列,具有高速处理及可扩展大量满足单个需要的特殊功能模块等特点,为工厂自动化应用提供最大的灵活性和控制能力。

FX3U:三菱电机公司推出的新型第三代三菱 PLC,可称得上是小型至尊产品。其基本性能大幅提升,晶体管输出型的基本单元内置了 3 轴独立最高 100 kHz 的定位功能,并且增加了新的定位指令,从而使得定位控制功能更加强大,使用更为方便。

FX1NC、FX2NC、FX3UC 三菱 PLC:在保持了原有强大功能的基础上实现了极为可观的规模缩小,I/O 型接线接口降低了接线成本,并大大节省了时间。

Q 系列三菱 PLC:三菱机公司推出的大型 PLC,具有多种不同的 CPU 类型,包括基本型 CPU、高性能型 CPU、过程控制 CPU、运动控制 CPU、冗余 CPU 等,可以满足各种复杂的控制需求。为了更好地满足国内用户对三菱 PLC Q 系列产品高性能、低成本的要求,三菱电机自动化特推出两款经济型 QUTESET 型三菱 PLC:一款自带 64 点高密度混合单元的 5 槽 Q00JCOUSET;另一款自带 2 块 16 点开关量输入及 2 块 16 点开关量输出的 8 槽 Q00JCPU-S8SET,其性能指标与 Q00J 完全兼容,也完全支持 GX-Developer 等软件,故具有极佳的性价比。

A 系列三菱 PLC:使用三菱专用顺控芯片(MSP),速度/指令可媲美大型三菱 PLC;A2ASCPU 支持 32 个 PID 回路。而 QnASCPU 的回路数目无限制,可随内存容量的大小而改变;程序容量由 8K 步至 124K 步,如使用存储器卡,QnASCPU 的内存量可扩充到 2M 字节;有多种特殊模块可选择,包括网络、定位控制、高速计数、温度控制等模块。

(3)日本 OMRON 公司

日本欧姆龙集团的产品涉及工业自动化控制系统、电子元器件、汽车电子、社会系统以及健康医疗设备等领域。

欧姆龙 PLC 有 CPM1A 型机、P 型机、H 型机、CQM1 机、CVM 机、CV 型机、Ha 型机、F 型机等,涵盖了从大型到微型的多种产品型号。大、中、小、微 PLC 均有,特别在中、小、微 PLC 方面更具特长,其在中国及世界市场都占有相当大的份额。

(4)美国 GEFANUC 公司

GEFANUC 公司由美国通用电气公司(GE)和日本 Fanuc 公司合资组建,提供自动化硬件和软件解决方案,帮助用户降低成本,提高效率并增强盈利能力。

GE Fanuc 的 PLC 产品具有多达 25 项功能特点,包括以软设定替代硬设定、结构化编程、支持多种编程语言等。此外,其产品型号丰富,包括 914、781/782、771/772、731/732 等多个系列。其中,中型机为 90-30 系列,常见型号有 344、331、323、321;小型机为 90-20 系列,型号如 211 等。

(5)德国施耐德-莫迪康公司

全球能效管理专家施耐德电气为 100 多个国家的能源及基础设施、工业、数据中心及网络、楼宇和住宅市场提供整体解决方案。

莫迪康是施耐德电气旗下的一个品牌,莫迪康 PLC 主要包括 ModiconTSXMicro、ModiconM340、ModiconPremium、ModiconQuantum、twido 系列。

(6)日本松下公司

松下 PLC 主要包括 FP-e、FP0、FP0R、FPΣ、FP-X、FP2、FP2SH 等多个系列,并提供相

应的扩展单元。

1.4.3 安川机器人示教系统

1. 机器人操作安全注意事项

现场使用的安川 MOTOMAN-ES165N 机器人负载能力为 165 kg(有效工具负载,实际上各关节力量更大),若操作不慎则会引起严重安全事故,可能导致人员受伤或死亡。

现场示教时,严格控制速度示教机器人,观察清楚机器人各关节的位置、零件的位置再动作,示教前对机器人区域清场,不许无关人员进入。

2. 机器人操作概述

(1) 机器人示教手柄

机器人示教手柄如图 1.42 所示。

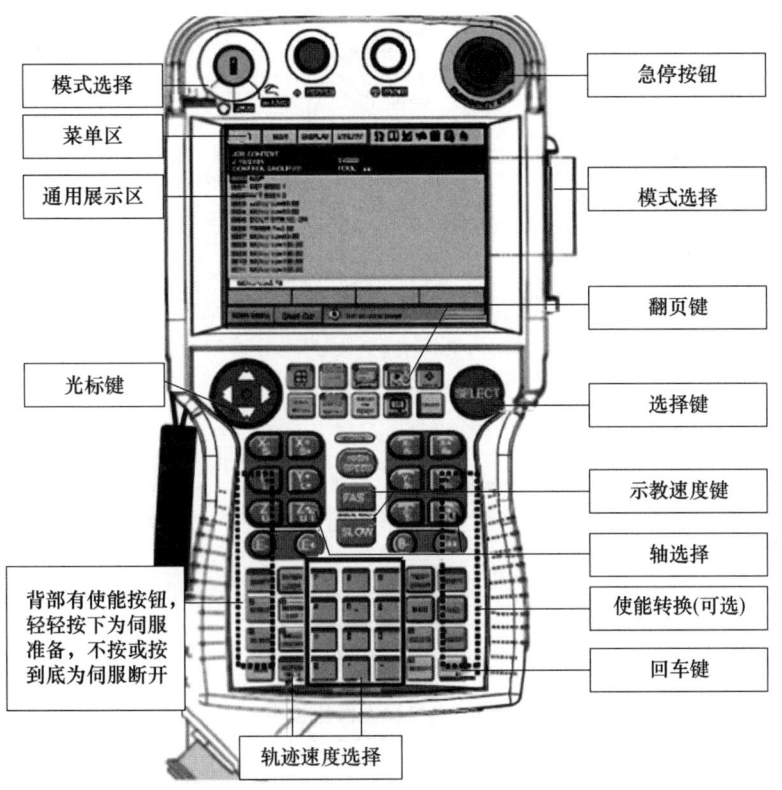

图 1.42 机器人示教手柄

(2) 机器人关节和坐标系

机器人关节和坐标系如图 1.43 所示。

(3) 机器人操作程序

机器人操作程序如图 1.44 和表 1.5 所示。

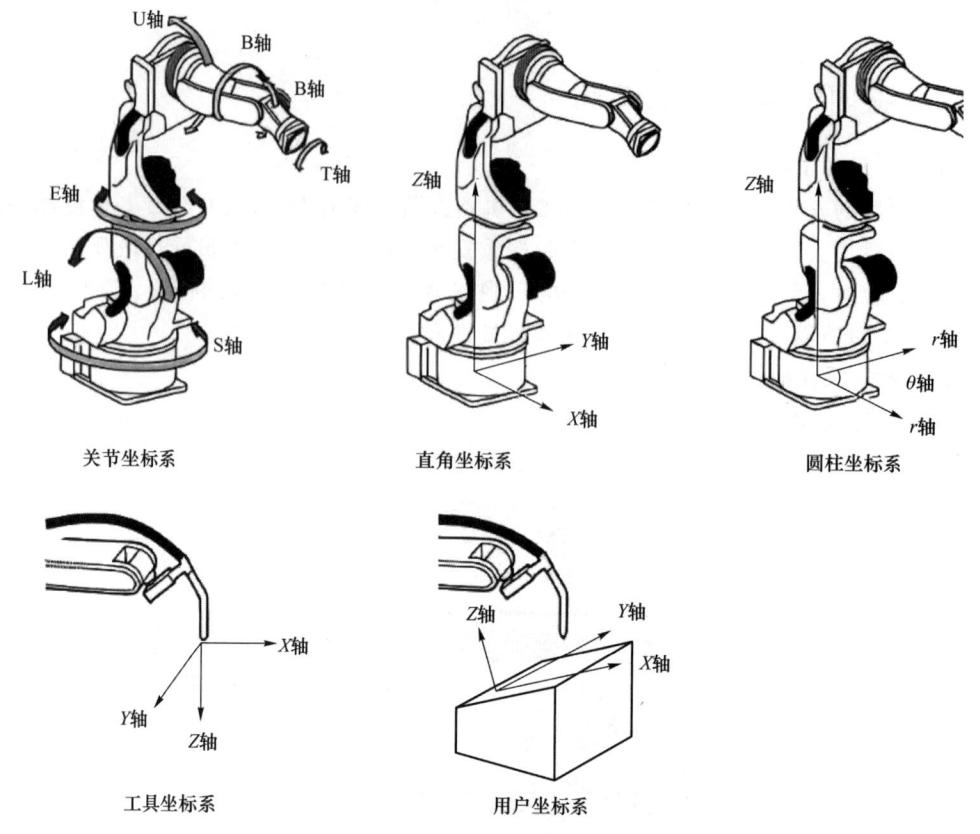

图 1.43　机器人关节和坐标系

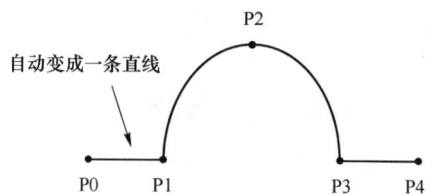

图 1.44　机器人操作程序

表 1.5　机器人操作程序

点	插值类型	指令
P0	关节或线性	MOVJ MOVL
P1 P2 P3	圆弧	MOVC
P4	关节或线性	MOVJ MOVL

注：MOVJ 代表关节移动,速度最快；MOVL 代表直线移动；MOVC 代表圆弧轨迹移动。

(4) 机器人移动指令

机器人移动指令如表 1.6 所示。

表 1.6 机器人移动指令

	功能	以关节插补类型移动到指定点	
MOVJ	附加项	位置数据 基本轴位置数据 短轴位置数据	这些数据不会出现在屏幕上
		VJ=＜运行度＞	VJ:0.01 到 100.00%
		PL=＜位置级别＞	PL:0 到 8
		NWAIT	—
		UNTIL statement	—
		ACC=（加速度调整比）	ACC=20% 到 100%
		DEC=（调整比）	DEC=20% 到 100%
	例子	MOVJ VJ=50.00 PL=2 NWVAIT UNTIL IN(#)=ON	
	功能	以线性插补类型移动到指定点	
MOVJ	附加项	位置数据 基本轴位置数据 短轴位置数据	这些数据不会出现在屏幕上
		V=＜运行速度＞ VR=＜动作的播放速度＞ VE=＜外部轴的运动速度＞	V:0.1 到 1 500.0 mm/s 1 到 9 000.0 cm/min VR:0.1 到 180.0 deg/s VE:0.01 到 100.00%
		PL=＜位置级别＞	PL:0 到 8
		CR=（半径）	CR:1.0 到 6 553.5 mm
		NWAIT	
		UNTIL statement	
		ACC=（加速度调整比）	ACC=20% 到 100%
		DEC=（调整比）	DEC=20% 到 100%
	例子	MOVL V=138 PL=0 NWAIT UNTIL IN#(16)ON	
	功能	以圆弧插补方式移动到指定点	
MOVJ	附加项	位置数据 基本轴位置数据 短轴位置数据	这些数据不会出现在屏幕上
		V=＜运行速度＞ VR=＜动作的播放速度＞	和 MOVL 指令一样
		PL=＜位置级别＞	PL:0 到 8
		NWAIT	
		ACC=（加速度调整比）	ACC=20% 到 100%
		DEC=（调整比）	DEC=20% 到 100%
	例子	MOVC V=138 PL=0 NWAIT	

(5) 机器人手动调用执行程序

1) 选择程序

图 1.45 为 OP120 设备现场的程序清单,图 1.46 为机器人任务选择界面。

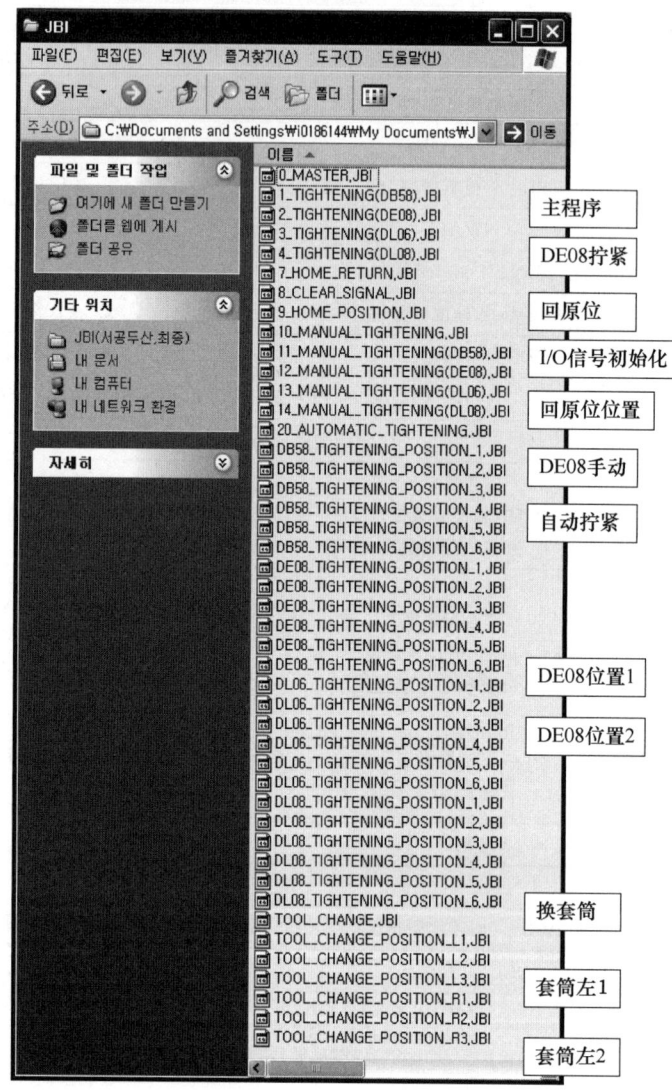

图 1.45　OP120 设备现场的程序清单

当执行某个动作时,按照程序清单选择该程序即可。

2) 手动执行程序

选择程序后,按光标上下键,移动光标到需要执行的程序步(图 1.47)。
按以下操作运行此程序。

① 按下使能按钮,按至中间位置,此时 servo on 灯亮。

② 设定移动速度,设置成 Middle(中速)。某些时候用 Low(低速)。

③ 按下 Interlock 按钮。

1. 在主菜单下选择 {JOB}
2. 选择 {SELECT JOB}。
   -出现 JOB LIST 窗口

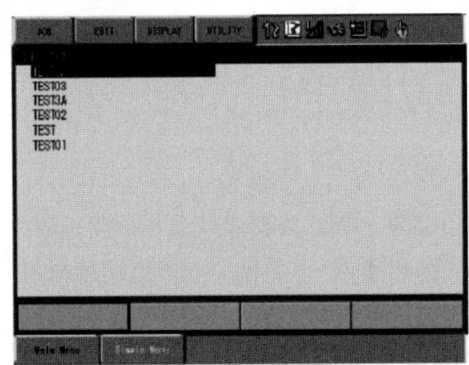

3. 选择所需的工作。

图 1.46　机器人任务选择界面

④ 观察机器人的状态,按下 FWD 机器人执行此步的移动。

⑤ 在机器人移动过程中,发现有问题,需停止。松开 FWD、Interlock 及使能按钮中的任何一个,机器人都会停止。

图 1.47　机器人执行程序

课后思考题

1. 国内机器人技术的发展有何特点?
2. 请你为工业机器人和智能机器人下个定义。
3. 有哪几种机器人分类方法?是否还有其他的分类方法?
4. 试编写一个工业机器人大事年表(从 1954 年起,必要时可查阅有关文献)。
5. 机器人学与哪些学科有密切关系?机器人学及其发展将对这些学科产生什么影响?
6. 编写图表,说明现有工业机器人的主要应用领域(如点焊、装配等)及其所占百分比。

第 2 章　工业机器人的数学基础

工业机器人如何运动起来？"谁"控制其运动？工业机器人是怎样运动的？这些问题就是本章主要阐述的内容。简单来说，工业机器人的运动控制就是工业机器人识别动作、执行动作以及反馈的简单过程。

2.1　机器人运动学

我们可以将工业机器人操作机看作一个开链式多连杆机构，始端连杆就是工业机器人的基座，末端连杆与工具相连，相邻连杆之间用一个关节（轴）连接在一起。一个 6 自由度工业机器人由 6 个连杆和 6 个关节组成。工业机器人的关节运动如图 2.1 所示。

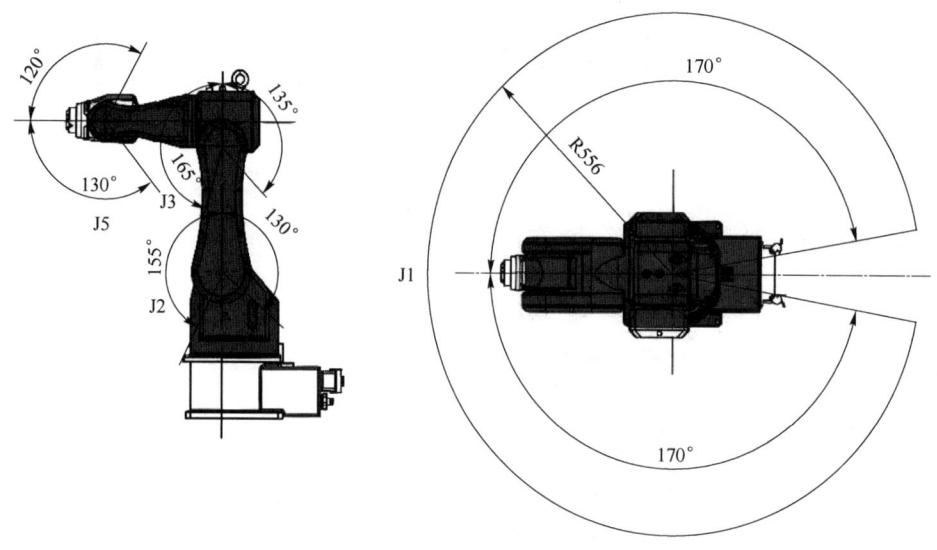

图 2.1　工业机器人的关节运动

在操作机器人时，其末端执行器必须处于合适的空间位置和姿态（以下简称位姿），这些位姿是由机器人若干关节的运动所合成的。可见，要了解工业机器人的运动控制，首先必须知道机器人各关节变量空间和末端执行器位姿之间的关系，即机器人运动学模型。一旦一台机器人操作机的几何结构确定，其运动学模型也就确定下来，这是机器人运动控制的基础。简而言之，在机器人运动学中存在两类基本问题。

① 运动学正问题：对给定的机器人操作机，已知各关节角矢量，求末端执行器相对于参

考坐标系的位姿,我们称之为正向运动学。

② 运动学逆问题:对给定的机器人操作机,已知末端执行器在参考坐标系中的初始位姿和目标位姿,求各关节角矢量,我们称之为逆向运动学。

实际上,工业机器人的很多作业是控制机器人末端执行器的位姿,以实现点位运动或连续路径运动,如图 2.2 所示。

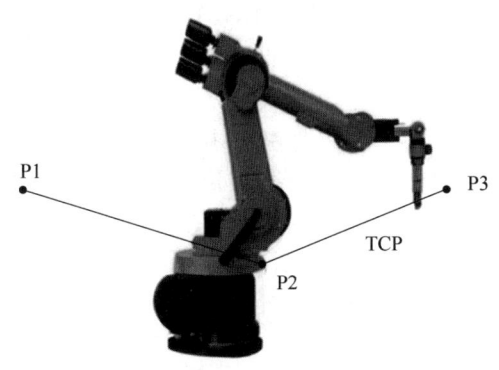

图 2.2 工业机器人的点位运动与连续路径运动

① 点位运动:点位运动只关心机器人末端执行器运动的起点和目标点位姿,而不关心这两点之间的运动轨迹。点位运动比较简单,且容易实现。该运动方式可完成无障碍条件下的点焊、搬运等作业操作。

② 连续路径运动:连续路径运动不仅关心机器人末端执行器达到目标点的精度,而且必须保证机器人能沿所期望的轨迹在一定精度范围内重复运动。利用该控制方式可完成机器人弧焊、涂装等操作。

机器人连续路径运动的实现是以点位运动为基础,通过在相邻两点之间采用满足精度要求的直线或圆弧轨迹插补运算即可实现轨迹的连续化。机器人再现时主控制器从存储器中逐点取出各示教点空间位姿坐标值,通过对其进行直线或圆弧插补运算,生成相应路径规划,然后把各插补点的位姿坐标值通过运动学逆解运算转换成关节角度值,发送给机器人各关节或关节控制器,实现机器人路径的连续运动。

2.2 机械臂运动控制

2.2.1 机械臂运动学

1. 机械臂运动方程的表示

机器人的手臂可看成由一系列杆件组成。描述一个杆件相对于前一个杆件的关系的齐次变换矩阵记为 A 矩阵(平移加旋转)。

令 A_1 表示第一个杆件相对于某个基坐标系,如机座的位姿,则第一个杆件相对于基坐标系的位姿描述为 T_1:

$$T_1 = A_1 \qquad (2.1)$$

令 A_2 表示第二个杆件相对于第一个杆件的位姿,则第二个杆件相对于基坐标系的位姿描述为 T_2:

$$T_2 = A_1 A_2 \tag{2.2}$$

令 A_3 表示第三个杆件相对于第二个杆件的位姿,则第三个杆件相对于基坐标系的位姿描述为 T_3:

$$T_3 = A_1 A_2 A_3 \tag{2.3}$$

令 A_4 表示第四个杆件相对于第三个杆件的位姿,则第四个杆件相对于基坐标系的位姿描述为 T_4:

$$T_4 = A_1 A_2 A_3 A_4 \tag{2.4}$$

令 A_5 表示第五个杆件相对于第四个杆件的位姿,则第五个杆件相对于基坐标系的位姿描述为 T_5:

$$T_5 = A_1 A_2 A_3 A_4 A_5 \tag{2.5}$$

令 A_6 表示第六个杆件相对于第五个杆件的位姿,则第二个杆件相对于基坐标系的位姿描述为 T_6:

$$T_6 = A_1 A_2 A_3 A_4 A_5 A_6 \tag{2.6}$$

一个有 6 个杆件的机器人有 6 个自由度。最后一个杆件(手部)由 3 个自由度来确定其位置,由 3 个自由度来确定其方向。T_6 综合表示机械手的位置与姿态。

规定:向量 Z 在机械手接近物体的方向上,其单位向量为 a,称为接近向量;向量 Y 表示机械手相对物体的左右方向,其单位向量为 o,称为方位向量;向量 X 表示机械手相对物体的前后方向,其单位向量为 n,称为正交向量(法线矢量)。右手矢量积如图 2.3 所示。

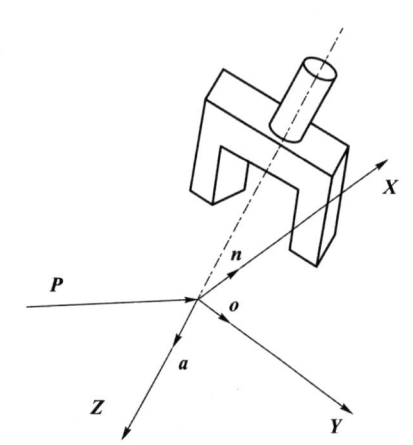

图 2.3 右手矢量积示意图

$$n = o \times a = \begin{vmatrix} i & j & k \\ o_x & o_y & o_z \\ a_x & a_y & a_z \end{vmatrix}$$

$$(o \cdot a = o_x a_x + o_y a_y + o_z a_z) \tag{2.7}$$

我们将描述其位置和方向的坐标系原点定在两个手指的中央,用一个向量 P 来表示。杆件 T_6 可表示为

$$T_6 = \begin{pmatrix} n_x & o_x & a_x & P_x \\ n_y & o_y & a_y & P_y \\ n_z & o_z & a_z & P_z \\ 0 & 0 & 0 & 1 \end{pmatrix} = \begin{pmatrix} n_x & o_x & a_x & 0 \\ n_y & o_y & a_y & 0 \\ n_z & o_z & a_z & 0 \\ 0 & 0 & 0 & 1 \end{pmatrix} \begin{pmatrix} 1 & 0 & 0 & P_x \\ 0 & 1 & 0 & P_y \\ 0 & 0 & 1 & P_z \\ 0 & 0 & 0 & 1 \end{pmatrix} \tag{2.8}$$

其中: $\text{Trans}(P) = \begin{pmatrix} 1 & 0 & 0 & P_x \\ 0 & 1 & 0 & P_y \\ 0 & 0 & 1 & P_z \\ 0 & 0 & 0 & 1 \end{pmatrix}$ 为综合平移变换; $\text{Rot}(n,o,a) = \begin{pmatrix} n_x & o_x & a_x & 0 \\ n_y & o_y & a_y & 0 \\ n_z & o_z & a_z & 0 \\ 0 & 0 & 0 & 1 \end{pmatrix}$ 为综合旋转变换。T_6 可由 16 个元素的数值确定,其中只有 12 个元素有实际含义。

$$n = o \times a \tag{2.9}$$

其中，n、o 与 a 总是正交的单位矢量。

机械臂运动学方程的建立方法就是建立变换阵的方法。T_6 的表达式可由许多基本变换组成，它们可以是纯平移变换、纯旋转变换或二者都有的复合变换。

下面将介绍几种重要的变换。

2. 欧拉角变换

机械手的姿态可以用绕 x 轴、y 轴、z 轴的旋转序列来规定，这种表示方法称为欧拉(Euler)角，是一种由纯旋转变换组成的变换，如图 2.4 所示。首先绕 z 轴旋转角度 φ，然后绕更新后的 y 轴（记为 y'）旋转角度 θ，最后绕新 z 轴（记为 z''）旋转角度 ψ。

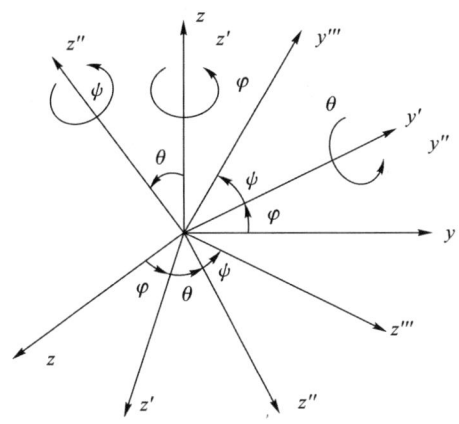

图 2.4 欧拉公式在构件坐标系中的描述

$$\begin{aligned}
\text{Euler}(\phi,\theta,\psi) &= \text{Rot}(z,\phi) \cdot \text{Rot}(y,\theta) \cdot \text{Rot}(z,\psi) \\
&= \begin{pmatrix} c\phi & -s\phi & 0 & 0 \\ s\phi & c\phi & 0 & 0 \\ 0 & 0 & 1 & 0 \\ 0 & 0 & 0 & 1 \end{pmatrix} \begin{pmatrix} c\theta & 0 & s\theta & 0 \\ 0 & 1 & 0 & 0 \\ -s\theta & 0 & c\theta & 0 \\ 0 & 0 & 0 & 1 \end{pmatrix} \begin{pmatrix} c\psi & -s\psi & 0 & 0 \\ s\psi & c\psi & 0 & 0 \\ 0 & 0 & 1 & 0 \\ 0 & 0 & 0 & 1 \end{pmatrix} \\
&= \begin{pmatrix} c\phi c\theta c\psi - s\phi s\psi & -c\phi c\theta s\psi - s\phi c\psi & c\phi s\theta & 0 \\ s\phi c\theta c\psi + c\phi s\psi & -s\phi c\theta s\psi + c\phi c\psi & s\phi s\theta & 0 \\ -s\theta c\psi & s\theta s\psi & c\theta & 0 \\ 0 & 0 & 0 & 1 \end{pmatrix}
\end{aligned} \tag{2.10}$$

其中，c 和 s 为三角函数符号 cos 与 sin 的简写符号，如 $c\phi$ 表示 $\cos\phi$。

在多次旋转的情况下，旋转的次序是很重要的。根据变换的相对性原理，可按照相反顺序解释其为在基坐标系中的旋转：绕 z 轴旋转角度 ψ，绕 y 轴旋转角度 θ，再绕 z 轴旋转角度 φ。

3. 用柱面坐标表示运动位置

有时需在柱面坐标系中确定机械手的位置和方向，如图 2.5 所示。相应于这个坐标系，同时有平移和旋转两个变换，相对基坐标系这些基本的变换顺序为：沿 x 轴平移 r；绕 z 轴转 α；沿 z 轴平移 z。

$$\mathrm{Cyl}(z,\alpha,r) = \mathrm{Trans}(0,0,z)\mathrm{Rot}(z,\alpha)\mathrm{Trans}(r,0,0)$$

$$= \begin{bmatrix} 1 & 0 & 0 & 0 \\ 0 & 1 & 0 & 0 \\ 0 & 0 & 1 & z \\ 0 & 0 & 0 & 1 \end{bmatrix} \begin{bmatrix} c\alpha & -s\alpha & 0 & 0 \\ s\alpha & c\alpha & 0 & 0 \\ 0 & 0 & 1 & 0 \\ 0 & 0 & 0 & 1 \end{bmatrix} \begin{bmatrix} 1 & 0 & 0 & r \\ 0 & 1 & 0 & 0 \\ 0 & 0 & 1 & 0 \\ 0 & 0 & 0 & 1 \end{bmatrix}$$

$$= \begin{bmatrix} c\alpha & -s\alpha & 0 & rc\alpha \\ s\alpha & c\alpha & 0 & rs\alpha \\ 0 & 0 & 1 & z \\ 0 & 0 & 0 & 1 \end{bmatrix} \tag{2.11}$$

有时进行上述变换后,希望只保留平移变换部分,消除旋转变换部分,得到只包含平移变换的变换矩阵。我们可绕 z 轴先旋转 $-\alpha$ 角,即右乘一个绕 z 轴的 $-\alpha$ 角旋转变换：

$$\mathrm{Cyl}(z,\alpha,r) \cdot \mathrm{Rot}(z,-\alpha) = \begin{bmatrix} c\alpha & -s\alpha & 0 & rc\alpha \\ s\alpha & c\alpha & 0 & rs\alpha \\ 0 & 0 & 1 & z \\ 0 & 0 & 0 & 1 \end{bmatrix} \begin{bmatrix} c(-\alpha) & -s(-\alpha) & 0 & 0 \\ s(-\alpha) & c(-\alpha) & 0 & 0 \\ 0 & 0 & 1 & 0 \\ 0 & 0 & 0 & 1 \end{bmatrix}$$

$$= \begin{bmatrix} 1 & 0 & 0 & rc\alpha \\ 0 & 1 & 0 & rs\alpha \\ 0 & 0 & 1 & z \\ 0 & 0 & 0 & 1 \end{bmatrix} \tag{2.12}$$

相当于未移动前,首先在 o 点处绕 z 轴有一个 $-\alpha$ 旋转,然后进行后面的这些变换,最后保持了手部姿态与基坐标系的同向。

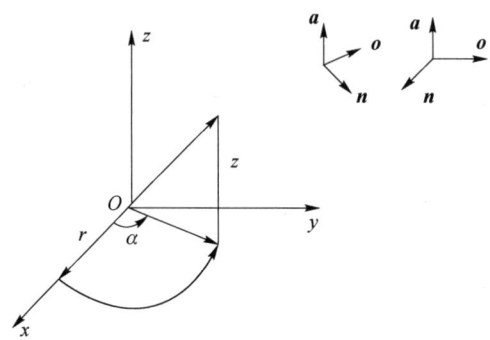

图 2.5 柱面坐标的运动位置表示

4. 连杆变换矩阵及其乘积

A 矩阵(连杆变换矩阵):表示相邻二连杆相对空间关系的矩阵称为 A 矩阵(也叫连杆变换矩阵)。

T 矩阵:二个及以上 A 矩阵的乘积叫作 T 矩阵。

$^2T_4 = A_3 A_4$ 表示连杆 4 对连杆 2 的相对位姿。

$T_6 = {}^0T_6 = A_1 A_2 A_3 \cdots A_6$ 表示连杆 6 对基体的位姿。

(1) 广义连杆

机器人的关节主要有两大类:转动关节（旋转运动)和棱柱关节（平移运动）。规定:n个自由度的机器人有 n 个连杆和 n 个关节。基座是连杆 0，不属于 6 个连杆中的一个。连杆 1 与基座连接。最后一个连杆末端没有关节。

对于一节连杆而言,任何一个两端带关节 n 与 $n+1$ 的连杆 n 可用两个量来描述。两关节轴线的公垂线距离 a_n 称为连杆长,也是 x 轴方向;垂直于 a_n 的平面上的两个轴的夹角 α_n 也叫扭转角。

对于两个连杆而言,通常每个关节上有两个连杆相连。这两个相连的连杆的位置用 d_n、θ_n 表示。d_n 表示的是在 n 关节上,沿 n 关节轴线方向上,n 关节轴线与 $n-1$ 关节轴线及 n 关节轴线与 $n+1$ 关节轴线的公垂线间的距离,或者说是在 z_{n-1} 轴上,z_{n-1} 轴分别与 x_{n-1} 轴、x_n 轴的交点之间的距离（一般为 0），称为连杆间距离。θ_n 表示垂直于这个关节轴平面上,两个被测关节轴线公垂线间的夹角。

(2) 转动关节的坐标确定及其变换关系

杆件 n 的变量与坐标的确定:在转动关节中,θ_n 是关节变量,描述的是连杆 n 相对于连杆 $n-1$ 的角度变化;杆件 n 的坐标原点设在关节 n 和 $n+1$ 的轴公垂线与关节 $n+1$ 轴的交点上（轴相交时在交点上）;杆件 n 的 z_n 轴与 $n+1$ 关节重合;杆件 n 的 x_n 轴与杆件 n 的二轴线的公垂线重合（相交时为 $z_{n-1} \times z_n$ 的方向），并沿着这条直线从 n 关节指向 $n+1$ 关节。转动关节示意如图 2.6 所示。

n 坐标系相对于 $n-1$ 坐标系的变换关系（即连杆 n 的作用产生的坐标变换）有:

① 绕 x_n 旋转一个角度（扭转角）α_n(固有的);

② 沿旋转后的 x_{n-1}（即 x_n）位移一个距离 a_n(固有的);

③ 沿 z_{n-1} 位移一个距离 d_n(固有的);

④ 绕 z_{n-1} 转过一个角度 θ_n(变化的)。

上述步骤可以表示为把杆 n 的坐标系与杆 $n-1$ 的坐标系联接起来的 4 个齐次变换的积,我们称之为 **A** 矩阵,即

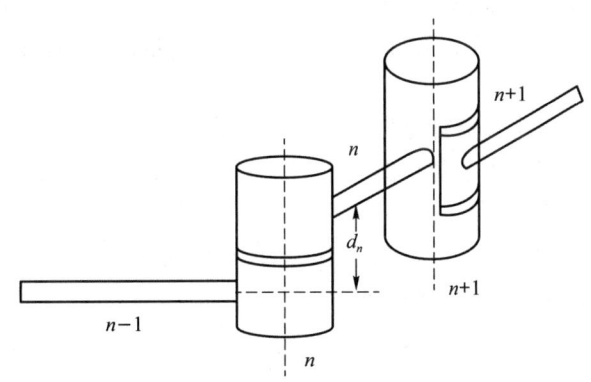

图 2.6 转动关节示意图

$$\begin{aligned}
\boldsymbol{A}_n &= \mathrm{Rot}(z,\theta_n)\mathrm{Trans}(0,0,d_n)\mathrm{Trans}(a_n,0,0)\mathrm{Rot}(x,\alpha_n) \\
&= \begin{bmatrix} c\theta_n & -s\theta_n & 0 & 0 \\ s\theta_n & c\theta_n & 0 & 0 \\ 0 & 0 & 1 & 0 \\ 0 & 0 & 0 & 1 \end{bmatrix} \begin{bmatrix} 1 & 0 & 0 & a_n \\ 0 & 1 & 0 & 0 \\ 0 & 0 & 1 & d_n \\ 0 & 0 & 0 & 1 \end{bmatrix} \begin{bmatrix} 1 & 0 & 0 & 0 \\ 0 & c\alpha_n & -s\alpha_n & 0 \\ 0 & s\alpha_n & c\alpha_n & 0 \\ 0 & 0 & 0 & 1 \end{bmatrix} \\
&= \begin{bmatrix} c\theta_n & -s\theta_n c\alpha_n & s\theta_n s\alpha_n & a_n c\theta_n \\ s\theta_n & c\theta_n c\alpha_n & -c\theta_n s\alpha_n & a_n s\theta_n \\ 0 & s\alpha_n & c\alpha_n & d_n \\ 0 & 0 & 0 & 1 \end{bmatrix}
\end{aligned} \tag{2.13}$$

其中，只有 θ_n 是变量。

2.2.2 机械臂动力学

机器人模型的建立是机器人动力学研究的基础。运动学模型主要描述机器人的位置、姿态及运动轨迹，通常采用关节坐标表示，利用齐次变换矩阵进行描述。动力学模型则考虑了机器人各部件的质量、惯性及摩擦等因素，通过分析机器人在运动过程中的受力和加速度，揭示其动力学特性。机器人是一个复杂的动力学耦合系统。每个控制任务本身就是一个动力学任务。因此，研究机器人机械手的动力学问题，就是为了进一步讨论控制问题。

分析机器人的动态数学模型主要有以下理论：
① 动力学普遍方程；
② 拉格朗日方程；
③ 牛顿-欧拉法；
④ Udwadia-Kalaba 方程法（U-K 方程法）。

其中，利用拉格朗日方程，能以最简单的形式求得非常复杂的动力学系统的动力学方程。

本节将推导拉格朗日方程，举例说明其应用，并给出机器人的一般动力学方程。得到机器人这样复杂系统的动力学方程非常困难，求解更不容易。这些方程都是非线性的微分方程，一般情况下根本没有解析解。为得到控制所需的必要信息，我们将简化这个方程。

1. 动力学普遍方程

将达朗贝尔原理与虚位移原理相结合就可以导出动力学普遍方程。它是分析动力学的基础。由动力学普遍方程导出的拉格朗日方程是解决非自由质点系动力学问题最普遍、最有效的办法。

设由几个质点组成的质点系约束都是理想的，则作用于质点系上的主动力 $\boldsymbol{F}_i$、约束反力 $\boldsymbol{N}_i$ 与惯性力 $\boldsymbol{Q}_i$ 组成平衡力系，即

$$\boldsymbol{F}_i + \boldsymbol{N}_i + \boldsymbol{Q}_i = 0 \tag{2.14}$$

其中，$\boldsymbol{Q}_i = -m_i \boldsymbol{a}_i$，$m_i$ 为质量，$\boldsymbol{a}_i$ 为加速度。应用虚位移原理并求和有

$$\sum_{i=1}^{n}(\boldsymbol{F}_i + \boldsymbol{N}_i + \boldsymbol{Q}_i)\delta\boldsymbol{r}_i = 0 \tag{2.15}$$

其中 $\delta\boldsymbol{r}_i$ 为虚位移。在理想约束条件下，对约束反力有

$$\sum_{i=1}^{n} \boldsymbol{N}_i \cdot \delta \boldsymbol{r}_i = 0 \tag{2.16}$$

$$\sum_{i=1}^{n} (\boldsymbol{F}_i + \boldsymbol{Q}_i) \delta \boldsymbol{r}_i = 0$$

或

$$\sum_{i=1}^{n} (\boldsymbol{F}_i - m_i \boldsymbol{a}_i) \cdot \delta \boldsymbol{r}_i = 0 \tag{2.17}$$

这表明,对具有理想约束的质点系,在运动的任一瞬时,作用于质点系上所有主动力和惯性力的任何虚位移上的元功之和等于零。将

$$\boldsymbol{F}_i = F_{xi}\boldsymbol{i} + F_{yi}\boldsymbol{j} + F_{zi}\boldsymbol{k} \tag{2.18}$$

$$\delta \boldsymbol{r}_i = \delta_{xi}\boldsymbol{i} + \delta_{yi}\boldsymbol{j} + \delta_{zi}\boldsymbol{k} \tag{2.19}$$

$$\boldsymbol{a}_i = \ddot{x}_i\boldsymbol{i} + \ddot{y}_i\boldsymbol{j} + \ddot{z}_i\boldsymbol{k} \tag{2.20}$$

代入式(2.17)得

$$\sum_{i=1}^{n} \left[(F_{xi} - m_i\ddot{x}_i)\delta x_i + (F_{yi} - m_i\ddot{y}_i)\delta y_i + (F_{zi} - m_i\ddot{z}_i)\delta z_i \right] = 0 \tag{2.21}$$

动力学普遍方程与虚位移原理的共同点是方程中都不含约束反力,给求解动力学方程提供了方便。在应用动力学普遍方程解决动力学具体问题时,只要把加在系统上的惯性力视为主动力,其他的方法就和应用虚位移原理求解平衡问题的方法相同了。

2. 拉格朗日方程

动力学普遍方程虽然消除了约束反力,但是在求解复杂的非自由质点系的动力学问题时仍然很麻烦,原因是其采用了非独立的直角坐标系,在求解时还得与一系列的约束方程联立求解,而且还涉及质点系的惯性力和虚位移的分析计算。

如果考虑系统的约束条件,利用广义坐标和动能的概念,将动力学普遍方程用广义坐标的形式表达出来,则可以得到与广义坐标数目相同的一组独立的微分方程组,这样求解就会很方便。这就是我们要研究的拉格朗日方程。拉格朗日方程的特点就是将动力学普遍方程以广义坐标的形式表示出来。

可以求得拉格朗日算子如下:

$$L = K - P \tag{2.22}$$

其中,K 表示系统的动能,P 表示系统的势能(位能)。这些量可用任何方便的坐标系来表示。

拉格朗日方程为

$$\frac{\mathrm{d}}{\mathrm{d}t}\left(\frac{\partial L}{\partial \dot{\boldsymbol{q}}_j}\right) - \frac{\partial L}{\partial \boldsymbol{q}_j} = \boldsymbol{F}_j, \quad j = 1, 2, \cdots, k \tag{2.23}$$

其中,$\boldsymbol{F}_j$ 表示广义力(力或力矩),$\boldsymbol{q}_j$ 表示广义坐标(平移或转动)。

3. 牛顿-欧拉法

图 2.7 所示为机械手的一个连杆及其矢量运动特性。图 2.8 所示为连杆 i 上的力学系统。力 $\boldsymbol{F}_{i-1}$ 和力矩 $\boldsymbol{M}_{i-1}$ 是在关节 i 处连杆 $i-1$ 作用于连杆 i 的合力和合力矩。类似地,$\boldsymbol{F}_i$ 和 $\boldsymbol{M}_i$ 是在关节 $i+1$ 处连杆 i 作用于连杆 $i+1$ 的合力和合力矩。分别在坐标系 B_{i-1} 和坐标系 B_i 的原点处测量并标示力学系统 $(\boldsymbol{F}_{i-1}, \boldsymbol{M}_{i-1})$ 和 $(\boldsymbol{F}_i, \boldsymbol{M}_i)$。作用于连杆 i 上的外部

载荷之和可用 $\sum F_{ei}$ 和 $\sum M_{ei}$ 表示。

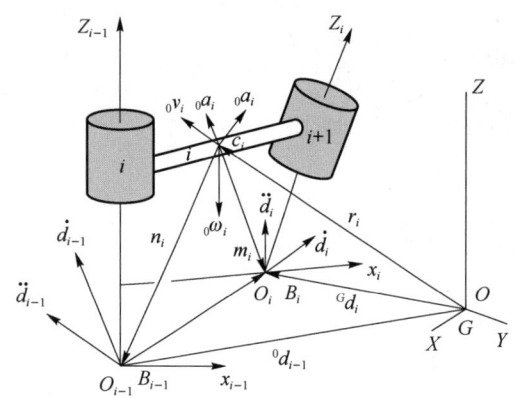

图 2.7 连杆 i 及其矢量运动特性

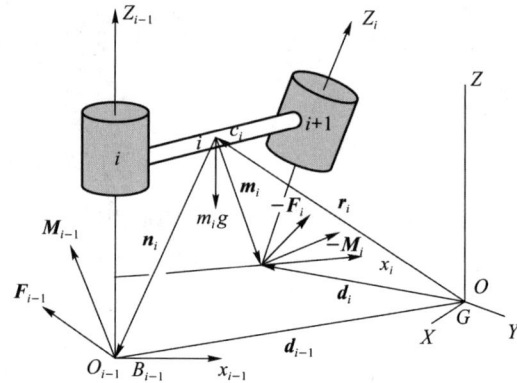

图 2.8 连杆 i 上的力学系统

在全局坐标系中,连杆 i 的牛顿-欧拉方程为

$$F_{i-1} - F_i + \sum_{ei}^{0} F_{ei} = m_{i0} a_i \tag{2.24}$$

$$M_{i-1} - M_i \pm \sum M_k + (^0 d_{i-1} - r_i) \times F_{i-1} - (^0 d_{i-1} - r_i) \times F_i = I_{i0} a_i \tag{2.25}$$

在连杆 i 远端处,力学系统由在坐标系 B_i 原点处所测得的力 F_i 和力矩 M_i 构成。力 F_i、力矩 M_i 的右下标是一个用来说明坐标系 B_i 的数字。

在关节 $i+1$ 处,总是有一个使连杆 i 作用于连杆 $i+1$ 的作用力 F_i,以及将连杆 $i+1$ 作用于连杆 i 的反作用力 $-F_i$。因此,连杆 i 上总有一个来自连杆 $i-1$ 的作用力 F_{i-1},以及来自连杆 $i+1$ 的反作用力 $-F_i$。作用力被称为主动力(driving force),反作用力被称为从动力(driven force)。

类似地,在关节 $i+1$ 处总有一个使连杆 i 作用于连杆 $i+1$ 的作用力矩 M_i,以及将连杆 $i+1$ 作用于连杆 i 的反作用力矩 $-M_i$。因此,在连杆 i 上总是有一个来自连杆 $i-1$ 的作用力矩 M_{i-1},以及来自连杆 $i+1$ 的反作用力矩 $-M_i$。作用力矩被称为主动力矩(driving moment),反作用力矩被称为从动力矩(driven moment)。

因此,在坐标系 B_{i-1} 的原点处有一个主动力系统(F_{i-1}, M_{i-1}),在坐标系 B_i 的原点处有一个从动力系统(F_i, M_i)。主动力系统(F_{i-1}, M_{i-1})使连杆 i 产生运动,从动力系统(F_i, M_i)使连杆 $i+1$ 产生运动。

除了作用力和反作用力系统之外,也可能有一些作用于连杆 i 的外部力,在质心 C_i 处可形成合成力系统($\sum F_{ei}, \sum M_{ei}$)。在机器人应用中,重力通常是在中间连杆上的唯一外部载荷,来自环境的反作用力是基体连杆和末端执行器连杆的附加外部载荷。基体执行器作用于第一个连杆的力和力矩是 F_0 和 M_0,末端执行器作用于环境的力和力矩是 F_n 和 M_n。如果重力是作用于连杆 i 的唯一外部载荷,并且它位于 $-k_0$ 方向上,则有

$$\sum F_{ei} = m_i g = -m_i g k_0 \tag{2.26}$$

$$\sum M_{ei} = r_i \times m_i g = -r_i \times m_i g k_0 \tag{2.27}$$

这里 g 是重力加速度。我们用 r_i 表示连杆质心的全局位置,分别用 ^0d_i 和 $^0d_{i-1}$ 表示刚体坐标 B_i 和 B_{i-1} 原点的全局位置。在质心 C_i 处,可以测量和显示连杆的速度 $_0v_i$、$_0\omega_i$ 和加速度 $_0a_i$。连杆 i 绕着其质心 C_i 的质量 m_i 和惯性矩 I_i 可以确定其物理特性。

由牛顿运动方程可知:在质心 C_i 处,施加于连杆 i 的合力等于连杆质量乘以其加速度。

$$F_{i-1} - F_i + \sum F_{ei} = m_i a_i \tag{2.28}$$

对于欧拉方程,除了作用力矩和反作用力矩,还必须加上绕着质心 C_i 的作用力和反作用力的力矩。力 $-F_i$ 和 $-F_{i-1}$ 的力矩和反作用力矩分别为 $-m_i \times F_i$ 和 $-n_i \times F_{i-1}$,其中 m_i 是点 o_i 距质心 C_i 的位置矢量,n_i 是点 o_{i-1} 距质心 C_i 的位置矢量。因此,连杆的欧拉方程为

$$M_{i-1} - M_i + \sum M_t + r_i \times F_{i-1} - m_i \times F_i = I_i \times_0 a_i \tag{2.29}$$

然而,n_i 和 m_i 可表示为

$$n_i = {}^0d_{i-1} - r_i \tag{2.30}$$

$$m_i = {}^0d_i - r_i \tag{2.31}$$

$$^0d_{i-1} = m_i - n_i \tag{2.32}$$

因为机器人的每根连杆都有一个平动运动方程和一个转动运动方程,因此对于 n 根连杆的机器人,有 $2n$ 个矢量运动方程。然而,由于涉及 $2(n+1)$ 个力和力矩,因此必须确定一组力系统(通常为 F_n 和 M_n),以便求解方程获得关节力和力矩。

4. U-K 方程法

U-K 方程是在分析力学的基础上提出的,在建立该方程时主要运用了高斯最小约束原理、约束系统的性质和类型、约束稳定化和拉格朗日方程等理论。

假设有一个具有 n 个质点的机械系统,其广义坐标可表示为

$$q = (q_1 \quad q_2 \quad \cdots \quad q_n)^T \tag{2.33}$$

每一个质点都有与之对应的广义力 $Q(\dot{q}, q, t)$,则该机械系统的动能可以表示为

$$K(\dot{q}, q, t) = \frac{1}{2} \dot{q}^T M(q, t) \dot{q} + N(q, t) \dot{q} + P(q, t) \tag{2.34}$$

该机械系统的势能可以表示为

$$V = \sum_{i=1}^{n} m_i g h_i \tag{2.35}$$

其中,h_i 表示第 i 个质点的重力势能高度,则拉格朗日函数表示为 $L = K - V$。

$$\frac{d}{dt}\left(\frac{\partial L(\dot{q}, q, t)}{\partial \dot{q}}\right) - \frac{\partial L(\dot{q}, q, t)}{\partial q} = Q(\dot{q}, q, t) \tag{2.36}$$

用矩阵的形式表示为

$$M(q, t) \ddot{q} = Q(q, \dot{q}, t) \tag{2.37}$$

可知该机械系统的广义加速度为

$$\ddot{q} = M^{-1}(q, t) Q(q, \dot{q}, t) \tag{2.38}$$

系统的初始条件定义为

$$q(0) = q_0, \quad \dot{q}(0) = \dot{q}_0 \tag{2.39}$$

当系统受到一组约束时,将约束表示为下列形式:

$$\sum_{i=1}^{n} A_{ki}(\boldsymbol{q},t)\dot{q}_{li} + A_{k}(\boldsymbol{q},t) = 0, \quad k = 1,2,\cdots,m \tag{2.40}$$

进行全微分,得到其普法夫形式为

$$\sum_{i=1}^{n} A_{ki}(\boldsymbol{q},t)\mathrm{d}q_{li} + A_{k}(\boldsymbol{q},t)\mathrm{d}t = 0, \quad k = 1,2,\cdots,m \tag{2.41}$$

求关于时间 t 的导数,得到二阶形式的加速度约束为

$$A(\boldsymbol{q},t)\ddot{\boldsymbol{q}} = \boldsymbol{b}(\boldsymbol{q},\dot{\boldsymbol{q}},t) \tag{2.42}$$

其中,$A(\boldsymbol{q},t) = [A_{ki}]_{m \times n}$ 为约束矩阵,$\boldsymbol{b}(\boldsymbol{q},\dot{\boldsymbol{q}},t) = (b_1, b_2, \cdots, b_m)^{\mathrm{T}}$。

在受到约束后,系统将会受到广义力 $\boldsymbol{Q}$ 和伺服约束力 $\boldsymbol{Q}^c$ 的作用,其运动方程重写为

$$M(\boldsymbol{q},t)\ddot{\boldsymbol{q}} = \boldsymbol{Q}(\boldsymbol{q},\dot{\boldsymbol{q}},t) + \boldsymbol{Q}^c(\boldsymbol{q},\dot{\boldsymbol{q}},t) \tag{2.43}$$

$$\ddot{\boldsymbol{q}} = M(\boldsymbol{q},t)^{-1}\boldsymbol{Q}(\boldsymbol{q},\dot{\boldsymbol{q}},t) + M(\boldsymbol{q},t)^{-1}\boldsymbol{Q}^c(\boldsymbol{q},\dot{\boldsymbol{q}},t) = \boldsymbol{\alpha} + \Delta\ddot{\boldsymbol{q}} \tag{2.44}$$

其中,$\boldsymbol{Q}^c(\boldsymbol{q},\dot{\boldsymbol{q}},t)$ 为满足约束条件的伺服约束力,$\Delta\ddot{\boldsymbol{q}}$ 为约束条件造成的质点的加速度偏差。

2.2.3 机械臂控制概述

1. 机器人控制的特点

① 控制问题与机构运动学及动力学密切相关。机器人控制通常需要求解运动学的正、逆问题,同时还必须考虑惯性力、外力、离心力等因素对系统性能的影响。

② 机器人控制系统是一个多变量控制系统。典型机械臂具备 3～5 个自由度,复杂机型甚至有数十个自由度,每个自由度配备一套伺服系统,所有自由度的运动都必须协调一致,因此控制系统具有高度耦合和复杂性。

③ 机器人控制系统依赖计算机进行集中协调与控制。机器人系统中多个独立的伺服回路需通过计算机系统进行统一调度和协调,计算机的实时控制能力决定了整个系统的执行效率和精度。

④ 机器人运动学和动力学模型具有强非线性和耦合特性。描述机器人状态和运动的数学模型通常是非线性的,多个自由度之间存在显著耦合关系。因此,单纯依赖位置闭环控制无法满足复杂任务需求,通常还需引入速度、加速度闭环等多种补偿机制,使控制策略更加复杂且灵活。

⑤ 机器人任务往往存在多种实现路径,控制中涉及最优性问题。由于同一动作可以通过多种轨迹实现,因此控制系统不仅要完成任务目标,还要优化执行路径,以提升运行效率、节能或避障等性能指标。

⑥ 现有控制理论难以完全适用于机器人系统。受限于非线性、多变量、强耦合等特性,经典控制理论和现代控制理论在机器人上的应用均有局限。目前尚无完善、统一的机器人控制理论框架。因此,在工程实践中,常将机器人控制系统简化为若干低阶子系统进行分析与控制设计。

2. 机器人的控制方式

(1) 点位控制

该控制方式仅要求末端执行器精确到达预定的空间位置,而对到达路径的轨迹和中间

状态不作要求。典型应用包括印刷电路板的元器件插装、点焊及装配等操作。该控制方式算法相对简单,适用于对路径无特殊要求的任务。但在实践中,若需达到微米级(如 2~3 μm)的位置精度,仍存在一定的技术挑战。

(2) 轨迹控制

此类控制方式要求机器人末端执行器按照预设轨迹和时间规律(如速度、加速度)连续、平滑地运动,广泛应用于弧焊、喷涂、切割等对轨迹连续性与动态性能有较高要求的工艺场景。

(3) 力/力矩控制

在某些任务中,除了对位置的控制外,还需控制末端执行器与环境之间的相互作用力(或力矩),以实现柔顺接触或受力协同,如写字、抓取脆弱物体(如鸡蛋等)以及高精度装配等场景。该控制方式通常需配备力/力矩传感器,并结合接触检测、滑动感知等反馈机制实现多模态控制。

(4) 智能控制

在非结构化或未知环境中,机器人需具备自主感知、路径规划与决策能力。智能控制通过集成计算机视觉、模式识别、知识推理及学习算法,使机器人能够在动态环境中完成复杂任务,具有较强的适应性和灵活性。

3. 控制策略

机器人控制系统在实现精确操控和高性能响应的过程中,发展出了多种控制策略。

(1) 重力补偿

机械臂在运动过程中,因其自身质量会对各关节产生位置相关的重力力矩,若不加以补偿,将影响控制精度与系统稳定性。补偿可分为单级或多级,根据结构设计的具体需求而定。若机构在设计时已实现静力平衡,则可适当简化补偿模型。

(2) 前馈控制与双前馈控制

前馈控制是一种根据期望输入信号预先补偿系统响应的控制策略,其基本思想是:将系统的参考输入信号 r,通过前置校正装置进行滤波、整形或建模预测后,注入主反馈环节之前的适当位置,以提升系统的动态响应能力。如图 2.9 所示,前馈通道的信号并不依赖当前输出的反馈值,而是基于对目标轨迹的已知信息(如位置、速度、加速度等)构造补偿信号,从而减小跟踪误差、提高系统稳定性与响应速度。

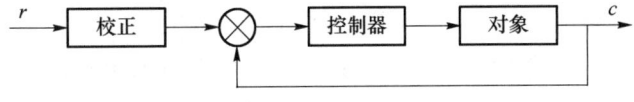

图 2.9 前馈控制

前馈控制的主要作用体现在对期望轨迹导数项(速度、加速度等)的提前施加上。例如,在伺服系统中将期望加速度信号注入力矩控制环节,有助于抵消由于系统惯性引起的动态滞后,从而提高轨迹跟踪的精度。在此基础上,双前馈控制进一步引入了预测机制,以增强控制系统对未来误差的响应能力。如图 2.10 所示,该控制策略在传统前馈结构基础上增加了基于当前状态(位置与速度)对下一时刻可能误差的估计项。该预测误差通过调节控制信号注入主控制环节中,以实现对系统动态行为的超前修正。

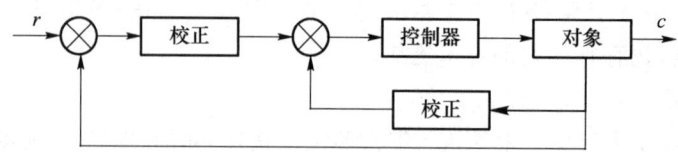

图 2.10 双前馈控制

通常,双前馈控制结构在误差测量点之后、控制器之前。其核心优势在于:系统不仅能根据当前输入状态响应,还能依据运动模型进行趋势判断,提前消除可能出现的偏差,从而在高速操作中显著提升系统的响应速度与控制精度。

(3) 耦合惯量与摩擦力的补偿机制

在高速与高精度操作场景下,机器人多个关节之间的动态耦合问题尤为突出。具体而言,当一个关节运动时,可能引起其他关节的等效转动惯量发生变化,形成所谓的耦合惯量问题。为了保障系统的动态稳定性与精确性,必须引入加速度补偿机制,对由耦合惯量变化引起的扰动进行修正。

同时,在高精度控制中,对于摩擦力尤其是静摩擦与动摩擦之间的显著差异,也需要进行有效建模与补偿。系统启动时的静摩擦力较大,而运行过程中则主要受动摩擦力影响,对二者的补偿策略应区别对待。摩擦力大小可通过模型计算或实测获取,从而提升系统控制的平滑性与响应一致性。

(4) 基于传感器的位置信息反馈

传统开环控制系统难以实现高精度定位,尤其在负载变化或外部干扰作用下,误差积累迅速。而在程序控制基础上引入位置传感器,可构建闭环控制系统,如图 2.11 所示。该方式通过实时测量末端执行器或关节的实际位置并进行反馈调节,不仅显著提高了控制精度,还降低了系统对复杂软件补偿的依赖。

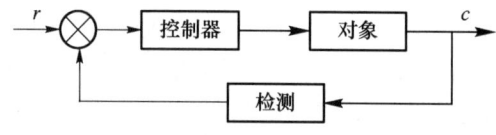

图 2.11 闭环控制系统

(5) 记忆-修正控制

记忆-修正控制是一种利用系统历史数据进行自我改进的策略。此类控制策略通过记录机器人先前执行任务中的运动误差,在下一次相同或相似任务执行中对控制量进行调整,通过多轮迭代修正,系统最终趋于最优轨迹。此类控制策略特别适用于重复性操作场景,如精密装配或轨迹重复训练等。

(6) 触觉反馈控制

触觉控制是通过嵌入式压力或力传感器检测机器人与外界的物理接触信息,从而调节施加的力或判断操作策略。例如:在精密抓取过程中,系统可根据传感器感知的正压力调整握持力;在滑动觉场景下,通过检测切向力变化实现对滑动趋势的判断与响应,从而防止物体滑落。此类控制机制为机器人赋予初步的环境适应能力,是实现智能交互的关键基础。

(7) 听觉感知与控制

听觉感知与控制基于声音信号的识别与解析,使机器人能够通过语音指令实现人机交互。该控制策略依赖语音特征提取与模式识别算法,提取诸如幅度包络、零交叉率、基频周期、线性预测系数及共振峰等声学特征,并与预设模板进行匹配分类。当语音指令被成功识别后,系统可执行相应操作或进行语音反馈,是服务型与交互型机器人不可或缺的组成部分。

(8) 视觉感知与路径控制

视觉感知与路径控制通过图像采集与处理技术,使机器人能够识别目标物体的形状、位置及其与环境的相对关系。双摄像头或多摄像头配置可实现立体视觉重建,支持三维空间定位与路径规划。例如,在机器人足球比赛中,视觉系统用于识别球体、场地边界与对手位置,以指导运动决策。除标准摄像头外,也可采用激光测距、X 射线、超声波等简易视觉手段。该控制策略广泛应用于巡线、避障、迷宫导航等任务中。

(9) 最优控制

在要求快速响应的机器人应用中,最优控制策略被广泛采用。"Bang-Bang 控制"即典型实例:系统首先以最大允许加速度加速,在某一最佳切换点转为最大减速度减速,以在最短时间内完成目标位移。该策略要求对运动轨迹进行闭环时间估计,以确保切换时机最优,从而提高动作效率与系统响应速度。

(10) 自适应控制

在实际作业过程中,机器人的动力学参数(如质量、惯性矩等)常因抓取不同物体或姿态变化而发生变化。此外,还存在环境干扰与外部扰动等不确定性因素。自适应控制通过实时辨识系统参数并动态调整控制模型或增益矩阵,维持控制精度和系统稳定性,是应对复杂、变化环境的核心策略之一。

(11) 解耦控制

机器人多个关节之间的运动存在动态耦合关系,即一个自由度的动作可能影响其他自由度的状态。在耦合影响较小的情形下,可将其视为干扰处理;但在高耦合系统中,必须引入解耦控制策略,通过坐标变换、反馈线性化等方法实现各自由度的独立控制,以降低系统复杂度与设计难度。

(12) 递阶控制

智能机器人系统通常集成了多种类型的感知模块,如视觉、触觉、听觉等,同时具备较多的自由度。为了实现对复杂环境的快速响应与高效决策,各类传感器需对环境信息进行并行采集与实时处理,而各执行关节也需在此基础上实施动态控制。这一过程要求系统内部各模块之间能够高效协调、分工明确,从而形成一个结构有序、任务分层的控制体系。

为此,智能机器人普遍采用递阶控制结构。该结构按照控制功能与信息流向进行多层划分,各层之间上下衔接、信息闭环,从而实现系统的整体协同。

① 低层控制:主要由各关节的伺服驱动系统组成,负责接收目标指令并执行位置、速度或力的精密控制,是实现基础动作的核心模块。

② 中层控制：负责传感器数据融合、路径规划、动作协调与局部策略选择，是感知与执行之间的桥梁。

③ 高层控制：通常由主控制计算机（亦称"协调级"）承担，执行任务规划、行为决策与系统状态监控等全局性管理功能。

各控制层之间通过双向通信协同运行，上层向下层发送任务指令与控制策略，下层则实时反馈自身状态与执行结果。通过这种分层管理、信息闭环的方式，机器人能够在多传感器融合与多自由度控制的复杂背景下，保持任务执行的稳定性、协调性与可扩展性。

2.3 移动机器人运动控制

移动机器人是一个集环境感知、动态决策和规划、运动控制与执行等多种功能于一体的综合系统，如图 2.12 所示。目前其研究在各国受到普遍重视，移动机器人的主要研究内容包括体系结构、环境建模与定位、路径规划、运动控制、故障诊断与容错等。随着世界机器人应用领域的发展从制造业向非制造业转移，机器人技术的研究重点也逐渐从最开始在结构式环境下工作的固定式机械臂和机械手等转向未知环境下的非结构化自主移动式平台和机器人智能化领域。近几十年来，科技产业不断增长，同时人口老龄化问题也日益严峻，第三产业和服务机器人应运而生，服务机器人需求的崛起给机器人技术与产业带来了空前的发展机遇，使家用小型智能机器人成了人们日常生活中重要的一部分。鉴于移动机器人在服务型机器人中的重要地位，深入研究其运动学、动力学描述与轨迹跟踪控制等关键技术，具有重要的理论意义与工程价值。

图 2.12 移动机器人

2.3.1 移动机器人运动学

移动机器人要在由壕沟、台阶、障碍和斜坡等复杂地形上行驶，这就要求机器人在行驶过程中能计算出自己的位置、方向、速度、加速度，从而实现路径跟踪控制和避障。本节采用基于移动机器人几何中心位姿的运动学建模方法,实际上研究的是二维平面的运动学问题,移动机器人在二维平面上的运动学模型如图 2.13 所示。

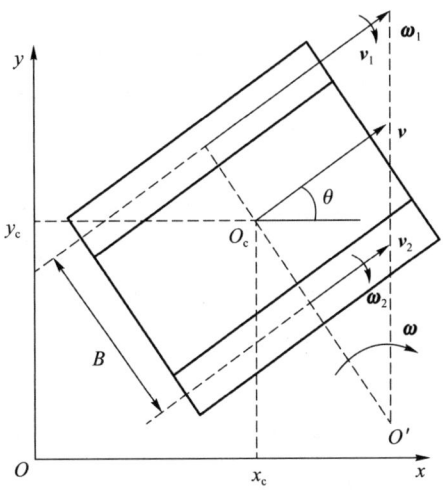

图 2.13 移动机器人运动学模型

其中:xOy 为固连于地面的固定坐标系;O_c 为移动机器人的几何中心;x_c、y_c 分别为点 O_c 对应的坐标值;B 为左右履带中心线之间的距离;v 和 ω 为移动机器人速度瞬心 O' 的线速度和角速度;v_1 和 ω_1 为左驱动带轮的线速度和角速度,v_2 和 ω_2 为右驱动带轮的线速度和角速度;θ 为移动机器人运动方向与 x 坐标轴之间的夹角;移动机器人在固定坐标系 xOy 的位姿用 (x,y,θ) 来表示。

1. 正运动学模型

如图 2.13 所示,由速度瞬心法可得移动机器人几何中心 O_c 的线速度和角速度:

$$\begin{cases} v = \dfrac{r(\omega_1 + \omega_2)}{2} \\ \omega = \dfrac{r(\omega_1 - \omega_2)}{B} \end{cases} \quad (2.45)$$

其中,r 为驱动轮半径。

移动机器人几何中心 O_c 相对于固定坐标系 xOy 的运动方程用矩阵形式表示为

$$\begin{pmatrix} \dot{x} \\ \dot{y} \\ \dot{\theta} \end{pmatrix} = \begin{pmatrix} \dfrac{r\cos\theta}{2} & \dfrac{r\cos\theta}{2} \\ \dfrac{r\sin\theta}{2} & \dfrac{r\sin\theta}{2} \\ \dfrac{r}{B} & -\dfrac{r}{B} \end{pmatrix} \begin{pmatrix} \omega_1 \\ \omega_2 \end{pmatrix} \quad (2.46)$$

通过分析式(2.46)可得

① 当 $\omega_1 = \omega_2$ 时,左右两侧驱动轮角速度相等,移动机器人直线行驶;

② 当 $\omega_1 \neq \omega_2$ 时,为差速转向状态,其中 $\omega_1 > \omega_2$ 为向右行驶,$\omega_1 < \omega_2$ 为向左行驶,若 ω_1、ω_2 其中之一为 0,即左驱动轮或右驱动轮制动,则实现移动机器人制动转向;

③ 当 $\omega_1 = -\omega_2$ 时,移动机器人为原地回转状态,此时转弯半径为 0。

对式（2.46）各项进行积分可得到移动机器人相对固定坐标系 xOy 的位姿：

$$\begin{cases} x = \int_0^t r\cos\theta(\omega_1+\omega_2)\mathrm{d}t \\ y = \int_0^t r\sin\theta(\omega_1+\omega_2)\mathrm{d}t \\ \theta = \dfrac{r}{B}\int_0^t (\omega_1-\omega_2)\mathrm{d}t \end{cases} \quad (2.47)$$

式（2.47）即移动机器人相对固定坐标系 xOy 的正运动学模型。由于移动机器人在实际运行中存在驱动轮的滑移、侧滑等现象，若采用对时间积分的形式，一段时间后会加大累计误差（误差的大小由路面状况决定），因此必须由相应的位置检测装置定时进行校正。

当其运动满足纯滚动而无滑动条件时，机器人的运动满足如下约束：

$$\dot{x}_c\sin\theta - \dot{y}_c\cos\theta = 0 \quad (2.48)$$

定义

$$\dot{\boldsymbol{q}} = \begin{pmatrix} \dot{x}_c & \dot{y}_c & \dot{\theta} \end{pmatrix}^\mathrm{T}$$

$$\boldsymbol{A}(\boldsymbol{q}) = \begin{pmatrix} -\sin\theta & \cos\theta & 0 \end{pmatrix}^\mathrm{T}$$

$$\boldsymbol{S}(\boldsymbol{q}) = \begin{pmatrix} \cos\theta & 0 \\ \sin\theta & 0 \\ 0 & 1 \end{pmatrix}$$

$$\boldsymbol{u} = \begin{pmatrix} r(\omega_1+\omega_2) \\ \dfrac{r}{B}(\omega_1-\omega_2) \end{pmatrix}$$

则式（2.48）可以改写成

$$\dot{\boldsymbol{q}} = \boldsymbol{S}(\boldsymbol{q})\boldsymbol{u} \quad (2.49)$$

则式（2.49）为移动机器人正运动学模型。

2. 逆运动学模型

在实际运动中，移动机器人以期望的前进速度 v 和转向角速度 ω 运动时，需要确定其左右履带驱动轮的角速度 ω_1、ω_2 以避开前进道路上的障碍物，这类问题被称为逆运动学问题。

由式（2.46）可得逆运动学方程：

$$\begin{cases} \omega_1 = \dfrac{2v-\omega B}{2r} \\ \omega_2 = \dfrac{2v+\omega B}{2r} \end{cases} \quad (2.50)$$

对式（2.50）进行分析：

① 当 $v=0,\omega\neq 0$ 时，移动机器人处于原地转向状态；

② 当 $v=0,\omega=0$ 时，移动机器人静止不动；

③ 当 $v\neq 0,\omega=0$ 时，移动机器人处于直线行驶状态。

通过上述正逆运动学方程即可实现对机器人的控制。

2.3.2 移动机器人动力学

利用轮式移动机器人的运动学模型，可以在速度层面解决位姿（或位置）的控制问题，当控制系统需要考虑质量、转动惯量等参数的影响时,就得建立力矩与系统运动之间的关系方程,这就是动力学模型。非完整系统动力学方程的建立与完整系统有所不同,在通过动力学建模方法建立非完整动力学方程的过程中,还得设法消去其中非独立的广义坐标变量,而不同的消除方法可得到不同的方程形式。

差速驱动移动机器人的动力学模型可以由拉格朗日方程描述如下:

$$\frac{\mathrm{d}}{\mathrm{d}t}\left(\frac{\partial L}{\partial \dot{\boldsymbol{q}}}\right)^{\mathrm{T}} - \left(\frac{\partial L}{\partial \boldsymbol{q}}\right)^{\mathrm{T}} = \boldsymbol{E}(\boldsymbol{q})\boldsymbol{\tau} - \boldsymbol{A}^{\mathrm{T}}(\boldsymbol{q})\boldsymbol{\lambda} \tag{2.51}$$

其中:$\boldsymbol{q}=(q_1,q_2,\cdots,q_n)^{\mathrm{T}}$ 为系统的 n 维广义坐标;L 为拉格朗日函数,定义为系统动能与势能的差值;$\boldsymbol{\tau}$ 为 m 维输入;$\boldsymbol{E}(\boldsymbol{q})$ 为 $n\times m$ 维输入变换矩阵;$\boldsymbol{\lambda}$ 为拉格朗日乘子;$\boldsymbol{A}(\boldsymbol{q})$ 为约束矩阵;$\boldsymbol{A}^{\mathrm{T}}(\boldsymbol{q})\boldsymbol{\lambda}$ 表示约束力矢量。

移动机器人的动力学模型一般可以描述为

$$\boldsymbol{M}(\boldsymbol{q})\ddot{\boldsymbol{q}} + \boldsymbol{V}(\boldsymbol{q},\dot{\boldsymbol{q}})\dot{\boldsymbol{q}} + \boldsymbol{G}(\boldsymbol{q}) = \boldsymbol{B}(\boldsymbol{q})\boldsymbol{\tau} - \boldsymbol{A}^{\mathrm{T}}(\boldsymbol{q})\boldsymbol{\lambda} \tag{2.52}$$

其中,$\boldsymbol{M}(\boldsymbol{q})$ 为对称正定矩阵,$\boldsymbol{V}(\boldsymbol{q},\dot{\boldsymbol{q}})$ 为哥氏力和向心力,$\boldsymbol{G}(\boldsymbol{q})$ 为重力项。

对式(2.49)求导可得

$$\ddot{\boldsymbol{q}} = \dot{\boldsymbol{S}}(\boldsymbol{q})\boldsymbol{u} + \boldsymbol{S}(\boldsymbol{q})\dot{\boldsymbol{u}} \tag{2.53}$$

将式(2.53)代入式(2.52)可得

$$\boldsymbol{M}(\boldsymbol{q})[\dot{\boldsymbol{S}}(\boldsymbol{q})\boldsymbol{u} + \boldsymbol{S}(\boldsymbol{q})\dot{\boldsymbol{u}}] + \boldsymbol{V}(\boldsymbol{q},\dot{\boldsymbol{q}})\boldsymbol{S}(\boldsymbol{q})\boldsymbol{u} + \boldsymbol{G}(\boldsymbol{q}) = \boldsymbol{B}(\boldsymbol{q})\boldsymbol{\tau} - \boldsymbol{A}^{\mathrm{T}}(\boldsymbol{q})\boldsymbol{\lambda} \tag{2.54}$$

上式两边同时左乘 $\boldsymbol{S}^{\mathrm{T}}(\boldsymbol{q})$,其中 $\boldsymbol{S}^{\mathrm{T}}(\boldsymbol{q})\boldsymbol{A}^{\mathrm{T}}(\boldsymbol{q})\boldsymbol{\lambda}=0$,消去拉格朗日乘子 $\boldsymbol{\lambda}$ 后整理得

$$\boldsymbol{S}^{\mathrm{T}}(\boldsymbol{q})\boldsymbol{M}(\boldsymbol{q})\boldsymbol{S}(\boldsymbol{q})\dot{\boldsymbol{u}} + \boldsymbol{S}^{\mathrm{T}}(\boldsymbol{q})(\boldsymbol{M}(\boldsymbol{q})\dot{\boldsymbol{S}}(\boldsymbol{q}) + \boldsymbol{V}(\boldsymbol{q},\dot{\boldsymbol{q}})\boldsymbol{S}(\boldsymbol{q}))\boldsymbol{u} = \boldsymbol{S}^{\mathrm{T}}(\boldsymbol{q})\boldsymbol{B}(\boldsymbol{q})\boldsymbol{\tau} \tag{2.55}$$

取 $\overline{\boldsymbol{M}}=\boldsymbol{S}^{\mathrm{T}}(\boldsymbol{q})\boldsymbol{M}(\boldsymbol{q})\boldsymbol{S}(\boldsymbol{q})$,$\overline{\boldsymbol{V}}=\boldsymbol{S}^{\mathrm{T}}(\boldsymbol{q})(\boldsymbol{M}(\boldsymbol{q})\dot{\boldsymbol{S}}(\boldsymbol{q}) + \boldsymbol{V}(\boldsymbol{q},\dot{\boldsymbol{q}})\boldsymbol{S}(\boldsymbol{q}))$,$\overline{\boldsymbol{B}}=\boldsymbol{S}^{\mathrm{T}}(\boldsymbol{q})\boldsymbol{B}(\boldsymbol{q})$ 可得

$$\overline{\boldsymbol{M}}\dot{\boldsymbol{u}} + \overline{\boldsymbol{V}}\boldsymbol{u} = \overline{\boldsymbol{B}}\boldsymbol{\tau} \tag{2.56}$$

其中,$\overline{\boldsymbol{M}}$ 为 m 维正定对称方阵,$\overline{\boldsymbol{B}}$ 为 m 维方阵。

结合式(2.49)和式(2.56),可得移动机器人的动力学模型如下:

$$\begin{cases} \dot{\boldsymbol{q}} = \boldsymbol{S}(\boldsymbol{q})\boldsymbol{u} \\ \dot{\boldsymbol{u}} = \overline{\boldsymbol{M}}^{-1}\overline{\boldsymbol{V}} + \overline{\boldsymbol{M}}^{-1}\overline{\boldsymbol{B}}\boldsymbol{\tau} \end{cases} \tag{2.57}$$

2.3.3 移动机器人轨迹跟踪控制

根据非完整移动机器人的运动学模型和动力学模型,对具有非完整特性的移动机器人轨迹跟踪控制进行研究。采用 Back-stepping 算法,分别设计轨迹跟踪控制算法,并构造 Lyapunov 函数证明系统的全局稳定性。

1. Back-stepping 算法概述

Back-stepping 算法是在 20 世纪 80 年代由 A. Saberi、P. V. Kokotovic 和 H. J. Sussmann 等人提出的一种非线性系统稳定设计理论。它主要针对非线性系统存在的参数不确定性,对控制器进行系统的设计,通过逐步修正算法,设计镇定的控制器,从而实现系统的全局调节或跟踪。该算法在每一步,把状态坐标的变化、不确定参数的自适应调节函数和一个已知的 Lyapunov 函数的虚拟控制系统的镇定函数联系起来,适用于可状态线性化或参数严反馈的不确定系统。其本质上是一种由前向后递推的设计方法。在 Back-stepping 算法中,引进的虚拟控制本质上是一种静态补偿思想,即位于前面的子系统必须通过后面的子系统的虚拟

控制才能镇定,因此设计中一般都会要求系统结构满足严参数反馈或者能够通过变换转化为满足严参数反馈的非线性系统。Back-stepping 算法通过反向设计使系统的 Lyapunov 函数和控制器的设计过程系统化、结构化,现已被广泛应用于非线性系统稳定控制器的设计中。

2. 采用 Back-stepping 算法设计基于运动学模型的轨迹跟踪控制律

根据式(2.49)得到移动机器人坐标系下的位姿误差,其位姿误差如图 2.14 所示。

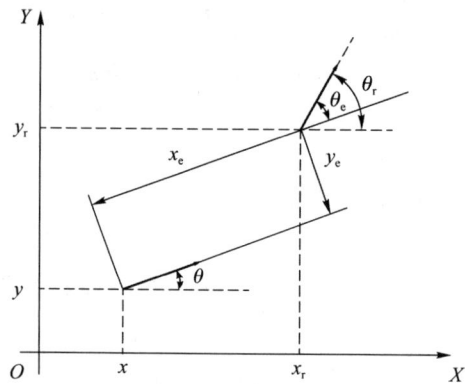

图 2.14 移动机器人位姿误差图

$$\begin{pmatrix} x_e \\ y_e \\ \theta_e \end{pmatrix} = \begin{pmatrix} \cos\theta & \sin\theta & 0 \\ -\sin\theta & \cos\theta & 0 \\ 0 & 0 & 1 \end{pmatrix} \begin{pmatrix} x_r - x \\ y_r - y \\ \theta_r - \theta \end{pmatrix} \tag{2.58}$$

对上式微分,可得位姿误差的微分方程为

$$\begin{pmatrix} \dot{x}_e \\ \dot{y}_e \\ \dot{\theta}_e \end{pmatrix} = \begin{pmatrix} y_e\omega - v + v_r\cos\theta_e \\ -\omega x_e + v_r\sin\theta_e \\ \omega_r - \omega \end{pmatrix} \tag{2.59}$$

取 Lyapunov 函数

$$V = \frac{K_x}{2}(x_e^2 + y_e^2) + \frac{\theta_e^2}{2} \tag{2.60}$$

其中,$K_x \geq 0$ 为控制增益,对上式求导,并将式(2.59)代入得

$$\begin{aligned}
\dot{V} &= K_x(\dot{x}_e x_e + \dot{y}_e y_e) + \dot{\theta}_e \theta_e V \\
&= K_x(y_e\omega - v + v_r\cos\theta_e)x_e + K_x(-\omega x_e + v_r\sin\theta_e)y_e + (\omega_r - \omega)\theta_e \\
&= -vK_x x_e + v_r\cos\theta_e K_x x_e + v_r\sin\theta_e K_x y_e + (\omega_r - \omega)\theta_e
\end{aligned} \tag{2.61}$$

因此设计运动学控制律为

$$\begin{aligned}
v &= v_r\cos\theta_e + K_x x_e \\
\omega &= \omega_r + \frac{K_y y_e v_r \sin\theta_e}{\theta_e} + K_\theta \theta_e
\end{aligned} \tag{2.62}$$

其中,K_y、K_θ 为控制增益,将式(2.62)代入式(2.61)可得

$$\dot{V} = -K_x x_e^2 - K_y \sin\theta_e^2/K_x \leq 0 \tag{2.63}$$

根据 Lyapunov 稳定性判定方法可知,系统是稳定的。

3. 采用 Back-stepping 算法设计基于动力学模型的轨迹跟踪控制律

考虑一个在水平面上运动的移动机器人。驱动轮半径为 r，后轮中心轴的距离为 $2l$。系统的输入为两个力矩 T_1 和 T_2，分别由后轮的两个电机供给。其动力学方程可以表示为

$$\begin{cases} \ddot{x} = \dfrac{\lambda}{m}\sin\theta + b_1 u_1 \cos\theta \\ \ddot{y} = -\dfrac{\lambda}{m}\cos\theta + b_1 u_1 \sin\theta \\ \ddot{\theta} = b_2 u_2 \end{cases} \tag{2.64}$$

其中，$b_1 = \dfrac{l}{rm}$，$b_2 = \dfrac{l}{rI}$。m、I 分别表示机器人的质量和转动惯量。$u_1 = T_1 + T_2$，$u_2 = T_1 - T_2$ 分别为控制输入，λ 为拉格朗日乘子。轨迹跟踪的目标是使跟踪误差趋于零，在前面的误差微分方程中没有出现动力学方程的输入量 u_1 和 u_2，暂时认定输入为 v 和 ω。因此，将式(2.62)所得的速度控制律记为 v_d 和 ω_d，将其作为期望的控制输入，从而定义虚拟控制误差：

$$\begin{cases} \tilde{v} = v_d - v \\ \tilde{\omega} = \omega_d - \omega \end{cases} \tag{2.65}$$

利用 Back-stepping 算法得系统的控制律为

$$\begin{cases} u_1 = \dfrac{-c_1 \tilde{v} + x_e + \dot{v}_d}{b_1} \\ u_2 = \dfrac{-c_2 \tilde{\omega} + \sin\theta_e / K_y + \dot{\omega}_d}{b_2} \end{cases} \tag{2.66}$$

其中，c_1、c_2 为正定常数。

选取 Lyapunov 函数：

$$V = \frac{1}{2}(x_e^2 + y_e^2) + \frac{1}{K_y}(1 - \cos\theta_e) + \frac{1}{2}(\tilde{v}^2 + \tilde{\omega}^2) \tag{2.67}$$

对式(2.67)求微分得

$$\dot{V} = \dot{x}_e x_e + \dot{y}_e y_e + \frac{1}{K_y}\dot{\theta}_e \theta_e + \tilde{v}\dot{\tilde{v}} + \tilde{\omega}\dot{\tilde{\omega}} \tag{2.68}$$

其中：

$$\dot{\tilde{v}} = \dot{v} - \dot{v}_d = \ddot{x}\cos\theta + \ddot{y}\sin\theta - \dot{v}_d = b_1 u_1 - \dot{v}_d \tag{2.69}$$

$$\dot{\tilde{\omega}} = \dot{\omega} - \dot{\omega}_d = \ddot{\theta} - \dot{\omega}_d = b_2 u_2 - \dot{\omega}_d$$

将式(2.66)、式(2.69)代入式(2.68)可得

$$\dot{V} = -K_x x_e^2 - \frac{K_\theta}{K_y}\sin\theta_e^2 - c_1 \tilde{v}^2 - c_2 \tilde{\omega}^2 \tag{2.70}$$

根据 Lyapunov 稳定性判定方法可知，系统是稳定的。

2.4 机器人协同控制方法

随着机器人技术的不断发展和机器人任务复杂度的不断提高，人们对机器人提出了更

高的要求。一方面,由于工作任务越来越复杂,有些任务仅靠单机器人难以完成;另一方面,虽然有些任务单机器人就可以完成,但是其实现工作目标的代价相对昂贵,这就使得多机器人协同成为未来发展的必然趋势。

多机器人系统不仅可以发挥个体的功能,而且可以根据环境和任务的变化灵活、高效、快捷地组织多个机器人协同完成任务。与单机器人系统相比,其具体优势如下。

① 设备的简易性和经济性:单机器人系统通常集成多种传感器,致使其机械结构、电气系统及智能控制系统较为复杂。相较之下,设计与制造多个结构简单的机器人,往往比打造单一复杂机器人更为简便且具有经济效益。

② 可靠性:单机器人系统一旦发生故障,整个任务将无法继续执行,任务失败不可避免。而多机器人系统因具备机器人间的互换性和冗余机制,显著提升了系统的整体可靠性。

③ 容错能力:在路径规划与未知区域地图构建中,多机器人可并行分担不同子任务,成员间通过信息共享实现更高效且精准的定位。当个别机器人发生定位误差时,不会对全局任务产生重大影响,群体智能显著增强了系统的容错能力与鲁棒性。

④ 任务扩展性:尽管单机器人系统具备较强的感知与执行能力,但面对空间分布广泛或需求多样的复杂任务时,单机器人系统难以胜任。多机器人系统凭借其分布式特性,能够将复杂任务划分为若干简单子任务,显著降低任务的复杂度,提高执行效率。

综上所述,与单机器人系统相比,多机器人系统不仅能够以更高的可靠性、更快的速度和更低的成本完成既定任务,还能承担单机器人无法完成的复杂任务,展现出更强的适应性和实用价值。

2.4.1 协同行为建模理论方法与技术

在生物学发现的基础上,根据协同的应用环境和任务需求,通过分析一些典型生物群体(如蚂蚁、蜜蜂、鸟群、鱼群等)的个体行为和群体行为,掌握协同的仿生机理,建立个体的协同仿生行为模型。在充分挖掘生物群体编队特性的基础上,给出基于仿生群体行为的编队控制方法。

1. 协同行为建模理论

(1) 海豚协作围捕鱼群行为特征分析

海豚协作围捕鱼群行为涉及多机器人协同控制问题的诸多方面。具体来说,海豚通过4个阶段来协作围捕鱼群,即搜索、驱赶、环绕收缩、猎食等,如图2.15所示。在搜索阶段,海豚形成一条搜索线来搜索潜在的鱼群;海豚发现鱼群后则进入驱赶阶段,迅速收拢来驱赶目标鱼群;之后进入环绕收缩阶段,海豚环绕着鱼群形成一个环绕圈,同时逐渐收缩环绕半径;等环绕半径缩小到一定程度之后则进入猎食阶段,这个时候在环绕圈中相对的两个海豚开始捕食鱼类,同时其余海豚继续环绕鱼群。这种围捕鱼群的方式十分高效,通过环绕的形式可以防止鱼群逃跑,同时通过收缩半径的方式来增加鱼群的密度以提高捕食成功率。最后,海豚依次进入鱼群内捕食而其余海豚继续环绕,这样可以保证所有的海豚都有机会获得食物且能够继续保持鱼群的密度。这4个阶段都对应着分布式多机器人协同控制的相关问题,在搜索阶段对应多机器人的编队控制问题,从搜索阶段到驱赶阶段的变换对应了编队变换的问题,环绕收缩阶段则涉及环航编队控制问题,最后的猎食阶段则涉及时变编队及队形优化的问题。

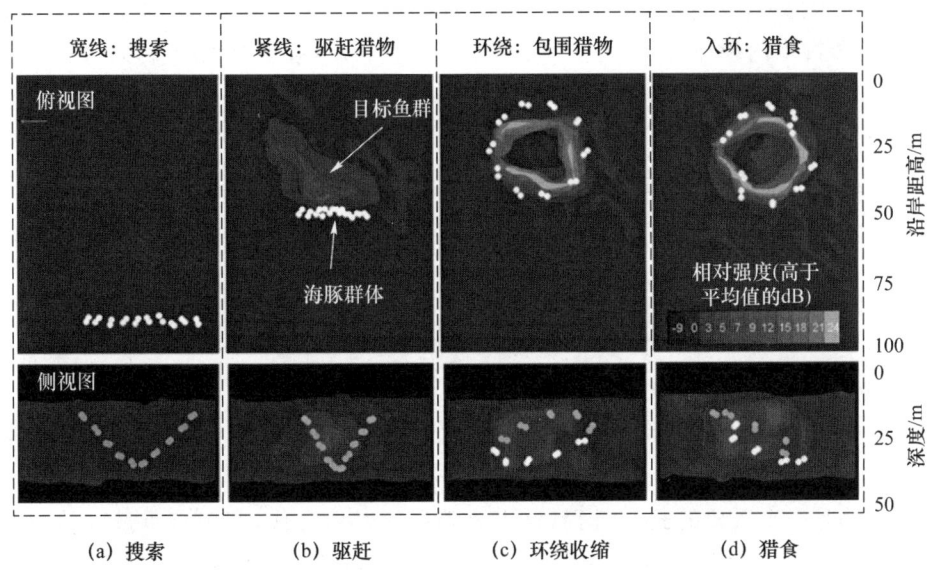

图 2.15　海豚针对目标鱼群进行协同围捕的水下声呐图

(2) 灰狼协作围捕猎物行为特征分析

灰狼优化算法(GWO)是由 Mirjalili 等人于 2014 年提出的,主要模仿自然界中灰狼群体捕食的过程,如图 2.16 所示,这个过程主要包括 3 个部分:①跟踪、追逐和接近猎物(图 2.16(a));②追捕、包围和骚扰猎物,直到停止移动(图 2.16(b)~图 2.16(d));③攻击猎物(图 2.16(e))。

图 2.16　灰狼群体捕食过程

灰狼群体内部遵循严格的等级制度行为,如图 2.17 所示。其主要分为以下 4 个等级。
Alpha:狼群中的领导者,带领整个狼群进行捕食行动,起到决策和管理作用。
Beta:Alpha 的助手,负责协助 Alpha 并管理 Delte 和 Omega,传达上级命令,训练下级。
Delte:监视边界,保证狼群的安全,照顾弱小或生病的狼,提供食物。
Omega:最底层,稳定狼群包围结构。

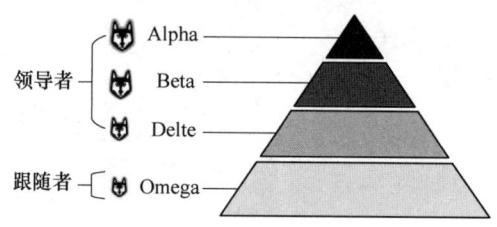

图 2.17 灰狼的等级结构(优势地位自上而下下降)

追踪猎物是一个重要的狩猎过程,这需要狼群的密切合作,灰狼狩猎过程的描述如图 2.18 所示。在追踪过程中,灰狼发现、定位、接近和包围它们的猎物,这些跟随者是由 Alpha、Beta 和 Delte 引导的。跟踪的主要步骤如下。

Step1:划分等级。

根据狼群中等级的更新规律,每只狼都有自己的等级标签。这确保了它们各司其职。在跟踪猎物过程中,每个级别都要履行自己的职责。此外,社会等级制度在狩猎活动结束后会更新。

Step2:定位猎物。

从 Omega 的角度来看,前 3 个层次是领导者,而 Omega 是跟随者。在发现猎物后,具有更好定位猎物能力的领导者会决定猎物的位置。

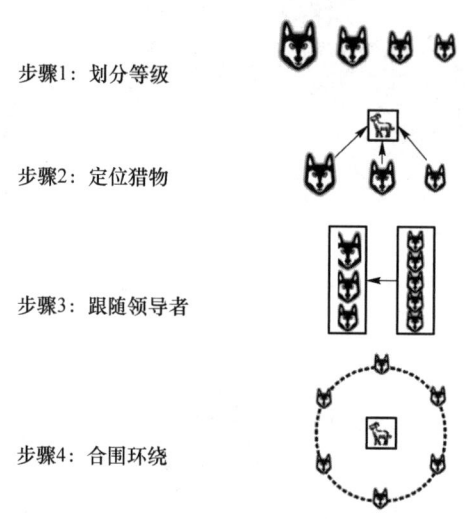

图 2.18 灰狼狩猎过程的描述

Step3:跟随领导者。

为了接近猎物,跟随者会根据领导者的位置更新自己的位置。追踪猎物这一目的是通过跟随者和领导者的合作来实现的。

Step4：合围环绕。

跟随者最终围绕着猎物形成了一个圆圈。领导者也在这个圈子里，因为他们比跟随者更接近猎物。跟踪的过程完成后，开启攻击模式。

2. 协同行为建模方法与技术

（1）代数图理论

不同的机器人如何建立联系？这种联系如何通过数学来描述？这就需要图论这个重要工具了。

假设有一个由 n 个机器人组成的多机器人系统，该系统的通信拓扑（图 2.19）可以用一个图 $\mathcal{G}=\{\mathcal{N},\mathcal{E},\mathcal{A}\}$ 来表示，其中 $\mathcal{N}=\{1,2,\cdots,n\}$ 表示节点集，$\mathcal{E}\subseteq\{(i,j)|i\neq j,i,j\in v\}$ 表示边集，$\mathcal{A}=[a_{ij}]_{n\times n}\in\mathbb{R}^{n\times n}$ 表示邻接矩阵。邻接矩阵 $\mathcal{A}$ 描述了两个顶点 i 和 j 之间是否存在边的关系：如果从顶点 j 到 i 之间有一个有向连接，则 $a_{ij}\geqslant 0$，否则 $a_{ij}=0$。另外，我们不考虑顶点的自环，因此 $a_{ii}=0$。如果图是无向的，即当 $(i,j)\in\varepsilon$ 时，有 $(j,i)\in\varepsilon$，因此 $a_{ij}=a_{ji}\geqslant 0$。否则，该图是有向的。如果有向图中的每个节点总是有一个指向其他节点的有向路径，则该有向图是强连通的。

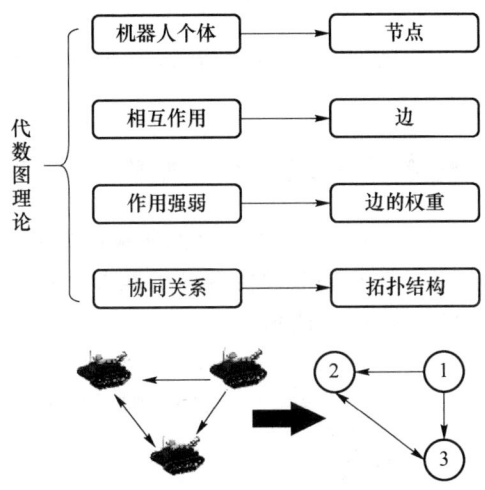

图 2.19 基于代数图理论的多机器人系统的通信拓扑结构

与邻接矩阵 $\mathcal{A}$ 相关的拉普拉斯矩阵为 $\mathcal{L}=[l_{ij}]_{n\times n}$，被定义为

$$l_{ij}=\begin{cases}\sum_{j=1,i\neq j}^{n}a_{ij}, & i=j \\ -a_{ij}, & i\neq j\end{cases} \quad (2.71)$$

显然，拉普拉斯矩阵每一行的和均为 0，即 $\sum_{j=1}^{n}l_{ij}=0$，$i=1,2,\cdots,n$，或 $\mathcal{L}\mathbf{1}=\mathbf{0}$，其中，**1** 和 **0** 分别为所有元素均为 1 和 0 的向量。

一般用对角矩阵 $\mathcal{D}=[d_{ij}]_{n\times n}$ 表示 n 维有向图的入度矩阵，其对角元素定义为

$$d_{ij}=\sum_{j\neq i}a_{ij} \quad (2.72)$$

结合邻接矩阵 $\mathcal{A}$ 和入度矩阵 $\mathcal{D}$，拉普拉斯矩阵 $\mathcal{L}$ 可以重新定义为

$$\mathcal{L}=\mathcal{D}-\mathcal{A} \tag{2.73}$$

(2) 李亚普洛夫稳定性定理

设系统状态方程为 $\dot{x}=f(x,t), t \geqslant 0$，其平衡状态满足 $f(\mathbf{0},t)=\mathbf{0}$，把状态空间原点作为平衡状态，并设系统在原点的领域存在一个李亚普洛夫函数 $V(x,t)$ 的一阶连续偏导数 $\dot{V}(x,t)$。

定理1： 若 $V(x,t)$ 正定，$\dot{V}(x,t)$ 负定，则系统是渐进稳定的。$\dot{V}(x,t)$ 负定表示能量随着时间递增在单调衰减。

定理2： 若 $V(x,t)$ 正定，$\dot{V}(x,t)$ 半负定，且在非零状态不恒为 0，则系统是渐进稳定的。$\dot{V}(x,t)$ 半负定表示系统在非零状态下存在 $\dot{V}(x,t)\equiv 0$ 的情况，但从初始状态出发的轨迹 $x(t;x_0,t_0)$ 上不存在 $\dot{V}(x,t)\equiv 0$ 的情况，于是系统将继续运行至原点，状态轨迹仅是经历能量不变的状态，而不会维持在该状态。

定理3： 若 $V(x,t)$ 正定，$\dot{V}(x,t)$ 半负定，且在非零状态恒为 0，则系统是在原点下稳定的。

定理4： 若 $V(x,t)$ 正定，$\dot{V}(x,t)$ 正定，则系统是不稳定的。

$\dot{V}(x,t)$ 正定表示能量函数随时间递增而增大，系统状态轨迹在原点的领域内是发散的。

2.4.2 基于虚拟领航者-领航者-跟随者的多机器人编队控制方法

以消防机器人协同灭火为例，通过上述对海豚和灰狼追踪策略的群体行为分析，建立多消防机器人协同仿生行为模型。为更高效地协调各机器人之间的作业任务，将多消防机器人协同灭火作业分为两个阶段，如图 2.20 所示。

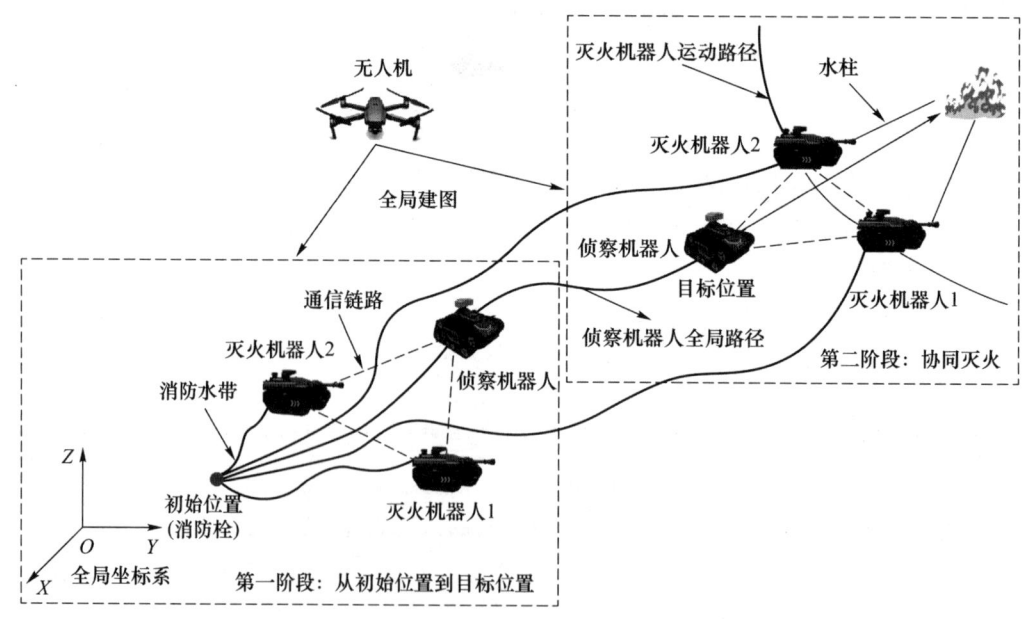

图 2.20 多消防机器人协同灭火作业示意图

① 第一阶段:从初始位置到目标位置,类比于海豚或灰狼围捕猎物的搜索和追逐阶段。目的是实现编队快速准确地到达火场,并且能在较短时间内完成编队的避障。

② 第二阶段:协同灭火阶段,类比于海豚或灰狼围捕猎物的驱赶、环绕收缩、猎食等阶段。目的是依据火情的不断变化,优化队形,进而高效灭火,并有效避免编队变换和行进过程中出现消防水带多次交叉缠绕问题。

1. 履带式机器人的运动学和动力学分析

(1) 运动学分析

在对履带式消防机器人进行运动状态分析之前,为简化分析过程,先做出如下假设:

① 将履带式消防机器人视作刚体,运动过程中履带和轮子不发生形变;

② 机器人质心与几何中心重合,在平面上运动;

③ 不考虑履带式消防机器人内部的阻力影响,如主动轮与履带间的啮合阻力等;

④ 在运动过程中,消防机器人的履带与地面间的接触呈均匀分布,且左右两条履带的长度、宽度均相等,受到地面的阻力也相等;

⑤ 履带的宽度远小于履带的长度,从而忽略由于履带自重导致履带变形的影响。

为方便对履带式消防机器人建立运动模型,消防机器人在二维平面上的运动简化模型如图 2.21 所示,其中质心处 p_c 的速度为 v,角速度为 ω,位置为 $\boldsymbol{p}_c$。从实际工程角度来看,由于安装位置空间的限制,定位传感器很难完全安装在机器人的质心位置处,本节选取从质心沿着机器人的方向轴距离为 $d \neq 0$ 的一个偏置点 p 表示机器人的位置 $\boldsymbol{p}$。设 r 为机器人驱动轮的半径,B 为两驱动轮轮轴长。

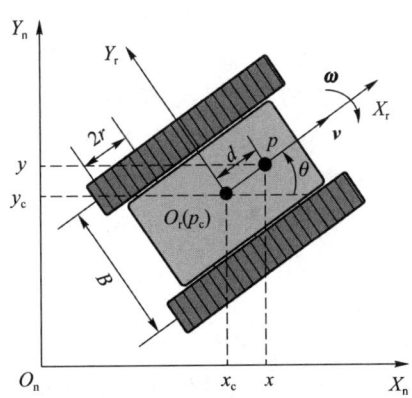

图 2.21 履带式消防机器人在二维平面上的运动简化模型

从图 2.21 可得,机器人沿着 X_r 方向的速度 $\dot{\boldsymbol{p}}(\dot{x}, \dot{y})$ 与机器人前进方向速度的关系为

$$\dot{x}\cos\theta + \dot{y}\sin\theta = v \tag{2.74}$$

其中,$\dot{x}$ 为机器人偏置点 p 沿着惯性坐标系 X_r 方向的速度;$\dot{y}$ 为机器人偏置点 p 沿着惯性坐标系 Y_r 方向的速度;$\dot{\theta}$ 为机器人绕着质心 p_c 的角速度。

由于消防机器人属于非完整约束系统,即纵向速度分量为零,则机器人偏置点的约束方程满足以下关系:

$$\dot{y}\cos\theta - \dot{x}\sin\theta - d\dot{\theta} = 0 \tag{2.75}$$

式(2.75)可以写成矩阵形式为

$$(-\sin\theta, \cos\theta, -d)\dot{\boldsymbol{q}} = \boldsymbol{A}(\boldsymbol{q})\dot{\boldsymbol{q}} = 0 \tag{2.76}$$

其中，$\boldsymbol{A}(\boldsymbol{q})$ 为系统约束矩阵。

偏置点的位置 $\boldsymbol{p}$ 由质心位置 $\boldsymbol{p}_c$ 可得

$$\boldsymbol{p} = \boldsymbol{p}_c + d\begin{pmatrix}\cos\theta\\ \sin\theta\end{pmatrix} \tag{2.77}$$

式(2.77)两边相对于时间的导数为

$$\begin{pmatrix}\dot{x}\\ \dot{y}\end{pmatrix} = \begin{pmatrix}v\cos\theta\\ v\sin\theta\end{pmatrix} + d\begin{pmatrix}-\dot{\theta}\sin\theta\\ \dot{\theta}\cos\theta\end{pmatrix} \tag{2.78}$$

故可得机器人以偏置点为基点的运动学方程为

$$\dot{\boldsymbol{q}} = \begin{pmatrix}\dot{x}\\ \dot{y}\\ \dot{\theta}\end{pmatrix} = \begin{pmatrix}\cos\theta & -d\sin\theta\\ \sin\theta & d\cos\theta\\ 0 & 1\end{pmatrix}\begin{pmatrix}v\\ \omega\end{pmatrix} = \boldsymbol{S}(\boldsymbol{q})\boldsymbol{\eta} \tag{2.79}$$

其中，$v \in [v_{\min}, v_{\max}]$，$\omega \in [\omega_{\min}, \omega_{\max}]$。

由式(2.79)可以得到机器人的线速度和角速度与偏置点之间的关系为

$$\begin{pmatrix}v\\ \omega\end{pmatrix} = \begin{pmatrix}\cos\theta & \sin\theta\\ -\sin\theta/d & \cos\theta/d\end{pmatrix}\begin{pmatrix}\dot{x}\\ \dot{y}\end{pmatrix} \tag{2.80}$$

(2) 动力学分析

机器人的运动学建模是为了研究机器人的运动状态，如位姿、速度、加速度与运动轨迹之间的关系。而动力学建模为了研究作用力对机器人运动状态的影响，以便更好地通过作用力来控制机器人的运动，使其运动更加平稳、有效。

首先分析履带式机器人在平面上的受力情况：竖直方向受到重力 $\boldsymbol{G}$ 和地面对机器人的支持力 $\boldsymbol{F}_N$，水平方向受到内外侧驱动电机的牵引力 $\boldsymbol{F}_1$ 和 $\boldsymbol{F}_2$，两侧履带与地面的摩擦力 $\boldsymbol{f}_1$ 和 $\boldsymbol{f}_2$，机器人转向阻力 $\boldsymbol{F}_Z$，空气阻力 $\boldsymbol{F}_W$。

当机器人做直线运动时，由于横向上没有力的作用，也就是转向阻力 $\boldsymbol{F}_Z = 0$。根据牛顿第二定律可得

$$(\boldsymbol{F}_1 + \boldsymbol{F}_2) - (\boldsymbol{f}_1 + \boldsymbol{f}_2) = m\boldsymbol{a} \tag{2.81}$$

其中，m 为机器人的质量，$\boldsymbol{a}$ 为机器人的加速度。

履带式机器人驱动电机的驱动力经减速器传递给驱动轮，驱动轮与履带齿轮啮合带动履带转动，从而控制机器人的运动状态。假设两侧电机的输出力矩为 $\boldsymbol{T}_1$ 和 $\boldsymbol{T}_2$，减速器的减速比为 ζ，传动效率为 η，驱动轮半径为 r，则机器人做直线运动时的牵引力可以表示为

$$\boldsymbol{F}_1 = \boldsymbol{F}_2 = \frac{\boldsymbol{T}_1 \zeta \eta}{r} \tag{2.82}$$

假设机器人做直线运动时履带与地面的纵向摩擦阻力系数为 μ_y，则机器人做直线运动时的摩擦阻力为

$$\boldsymbol{f}_1 = \boldsymbol{f}_2 = \frac{1}{2}\mu_y \boldsymbol{G} \tag{2.83}$$

考虑到机器人体积不大，运动速度较慢，可忽略空气阻力的影响，则式(2.81)可转化为

$$\frac{2\boldsymbol{T}_1 \zeta \eta}{r} - \mu_y \boldsymbol{G} = m\boldsymbol{a} \tag{2.84}$$

当机器人做转向运动时,履带两侧输出驱动力不相等,即 $F_1 \neq F_2$。与做直线运动相比,机器人还受到一个转向阻力 F_z 的影响。转向阻力包括两个部分:一部分是机器人转向过程中受到外侧履带和内侧履带与地面的横向摩擦力 f_x;另一部分是由于惯性的影响,机器人受到与转向方向相反的离心力 F_C 的作用。离心力的横向分力使得车辆转弯时横向合力失衡,从而导致车辆横向打滑,当机器人速度较低时,可忽略离心力的影响,不考虑履带的横向滑移,此时履带式机器人转向理想受力如图 2.22(a)所示,而实际转向中履带式机器人转弯受力如图 2.22(b)所示。

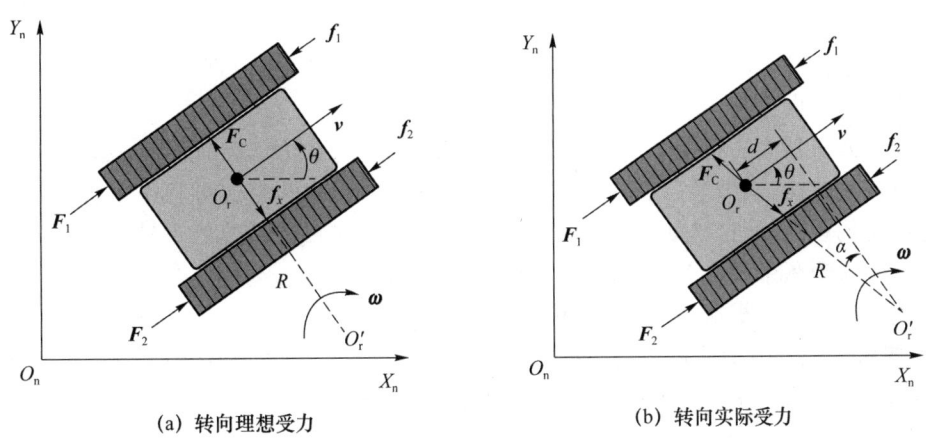

(a) 转向理想受力　　　　　　(b) 转向实际受力

图 2.22　履带式机器人转向理想受力与实际受力示意图

为简化分析,假设机器人转向时水平纵向受到的摩擦阻力与直线运动时相等,履带与地面的接地压力和水平横向受到的阻力分布均匀,不考虑地面质量的变化。当机器人转向时,由于离心力 F_C 的作用,机器人的瞬时转向中心 O'_r 会发生纵向偏移,转向半径 R 增大,偏移距离用 d 表示。

根据力学原理,机器人转向所受离心力 F_C 为

$$\boldsymbol{F}_C = m\boldsymbol{\omega}^2 R \tag{2.85}$$

履带式机器人运动时单侧履带与地面的接地压强 P 为

$$P = \frac{\boldsymbol{G}}{2bl} \tag{2.86}$$

其中,b 为单侧履带的宽度,l 为履带与地面的接触长度。

结合式(2.83),履带式机器人转向时所受的横向摩擦阻力 f_x 为

$$\boldsymbol{f}_x = -2\int_0^{\frac{l}{2}-d} \mu_y P b \, \mathrm{d}x + 2\int_0^{\frac{l}{2}+d} \mu_y P b \, \mathrm{d}x = \frac{2\mu_y \boldsymbol{G} d}{l} \tag{2.87}$$

横向摩擦阻力引起的转向阻力矩 T_x 为

$$\boldsymbol{T}_x = 2\int_0^{\frac{l}{2}-d} \mu_x P b x \, \mathrm{d}x + 2\int_0^{\frac{l}{2}+d} \mu_x P b x \, \mathrm{d}x \tag{2.88}$$

其中,μ_x 为横向摩擦阻力系数。将式(2.86)代入式(2.88)可得

$$\boldsymbol{T}_x = \frac{\mu_x \boldsymbol{G} l}{4}\left[1 + \left(\frac{2d}{l}\right)^2\right] \tag{2.89}$$

离心力引起的转向阻力矩 T_C 为

$$T_C = F_C d\cos\alpha = m\omega^2 R d\cos\alpha \tag{2.90}$$

其中，α 为侧向滑移角。

由图 2.22 可知，T_C 和 T_x 方向相反，则履带式机器人转向时受到的总转向阻力矩 T_z 为

$$T_Z = T_x - T_C = \frac{\mu_x Gl}{4}\left[1+\left(\frac{2d}{l}\right)^2\right] - m\omega^2 R d\cos\alpha \tag{2.91}$$

假设转向时两侧履带所受的纵向阻力相等，即 $f_1 = f_2$，则履带式机器人的驱动力矩 T_d 如下所示：

$$T_d = (F_1 - F_2)\frac{B}{2} + (f_1 - f_2)\frac{B}{2} = (F_1 - F_2)\frac{B}{2} \tag{2.92}$$

根据力学原理可知，只有当转向驱动力矩大于总转向阻力矩（即 $T_d > T_Z$）时，履带式机器人才能进行转向运动。

对履带式机器人进行受力分析后，接下来将对其进行动力学建模。目前系统动力学建模主要有两种方法：动力学普遍方程和拉格朗日方程。动力学普遍方程采用直角坐标的形式描述系统的运动，而拉格朗日方程采用广义坐标的形式描述系统的运动。这里采用拉格朗日方程来实现履带式机器人的动力学建模。

在进行动力学分析前，先假设以下条件成立：

① 履带式机器人的速度方向与两侧主动轮轴心连线始终相互垂直；

② 履带式机器人的运动为平面运动，忽略地面不平对势能的影响。

由图 2.22 通过偏置点的位置 p 得到机器人质心位置 p_c 为

$$\boldsymbol{p}_c = \begin{pmatrix} x_c \\ y_c \end{pmatrix} = \begin{pmatrix} x \\ y \end{pmatrix} - d\begin{pmatrix} \cos\theta \\ \sin\theta \end{pmatrix} \tag{2.93}$$

则 $\boldsymbol{p}_c$ 的速度为

$$\dot{\boldsymbol{p}}_c = \begin{pmatrix} \dot{x}_c \\ \dot{y}_c \end{pmatrix} = \begin{pmatrix} \dot{x} \\ \dot{y} \end{pmatrix} - d\dot{\theta}\begin{pmatrix} -\sin\theta \\ \cos\theta \end{pmatrix} \tag{2.94}$$

根据拉格朗日函数可知，系统的动力学模型可以表示为

$$L(\boldsymbol{q}, \dot{\boldsymbol{q}}) = T(\boldsymbol{q}, \dot{\boldsymbol{q}}) - U(\boldsymbol{q}, \dot{\boldsymbol{q}}) \tag{2.95}$$

其中，$L(\boldsymbol{q}, \dot{\boldsymbol{q}})$ 为拉格朗日函数，$T(\boldsymbol{q}, \dot{\boldsymbol{q}})$ 表示系统的动能，$U(\boldsymbol{q}, \dot{\boldsymbol{q}})$ 表示系统的势能。

系统的动能为

$$\begin{aligned} T(\boldsymbol{q}, \dot{\boldsymbol{q}}) &= \frac{1}{2}mv^2 + \frac{1}{2}J\omega^2 = \frac{1}{2}m(\dot{x}_c^2 + \dot{y}_c^2) + \frac{1}{2}J_c\dot{\theta}^2 \\ &= \frac{1}{2}m[(\dot{x} + d\dot{\theta}\sin\theta)^2 + (\dot{y} - d\dot{\theta}\cos\theta)^2] + \frac{1}{2}J_c\dot{\theta}^2 \\ &= \frac{1}{2}m\dot{x}^2 + \frac{1}{2}m\dot{y}^2 + m\dot{x}d\dot{\theta}\sin\theta - m\dot{y}d\dot{\theta}\cos\theta + \frac{1}{2}J_c\dot{\theta}^2 \end{aligned} \tag{2.96}$$

其中，J_c 和 $J = md^2 + J_c$ 分别为机器人在 p_c 和 p 处的转动惯量。

考虑到机器人在平面上运动，因此势能为 0，则式(2.95)可以写为

$$L(\boldsymbol{q}, \dot{\boldsymbol{q}}) = T(\boldsymbol{q}, \dot{\boldsymbol{q}}) = \frac{1}{2}m\dot{x}^2 + \frac{1}{2}m\dot{y}^2 + m\dot{x}d\dot{\theta}\sin\theta - m\dot{y}d\dot{\theta}\cos\theta + \frac{1}{2}J\dot{\theta}^2 \tag{2.97}$$

由于履带式机器人属于非完整约束系统，因此该系统的拉格朗日方程完整形式为

$$\frac{\mathrm{d}}{\mathrm{d}t}\left(\frac{\partial L}{\partial \dot{\boldsymbol{q}}}\right) - \frac{\partial L}{\partial \boldsymbol{q}} = \frac{\mathrm{d}}{\mathrm{d}t}\left(\frac{\partial T}{\partial \dot{\boldsymbol{q}}}\right) - \frac{\partial T}{\partial \boldsymbol{q}} = \boldsymbol{B}(\boldsymbol{q})\boldsymbol{\tau} + \boldsymbol{A}^\mathrm{T}(\boldsymbol{q})\boldsymbol{\lambda} \tag{2.98}$$

其中，$\dfrac{\mathrm{d}}{\mathrm{d}t}\left(\dfrac{\partial T}{\partial \dot{\boldsymbol{q}}}\right)=\boldsymbol{M}(\boldsymbol{q})\ddot{\boldsymbol{q}}+\dot{\boldsymbol{M}}(\boldsymbol{q})\dot{\boldsymbol{q}}$，$\dfrac{\partial T}{\partial \boldsymbol{q}}=\dfrac{1}{2}\dot{\boldsymbol{q}}^{\mathrm{T}}\dfrac{\partial \boldsymbol{M}(\boldsymbol{q})}{\partial \boldsymbol{q}}\dot{\boldsymbol{q}}$，$\dot{\boldsymbol{q}}$ 为偏置点的速度，$\boldsymbol{A}^{\mathrm{T}}(\boldsymbol{q})\boldsymbol{\lambda}$ 为对应于偏置点的广义力，$\boldsymbol{\lambda}$ 为拉格朗日乘子，$\boldsymbol{A}(\boldsymbol{q})$ 为约束矩阵。

考虑未知有界的外部干扰影响下的履带式消防机器人的动力学方程为

$$\boldsymbol{M}(\boldsymbol{q})\ddot{\boldsymbol{q}}+C(\boldsymbol{q},\dot{\boldsymbol{q}})\dot{\boldsymbol{q}}+G(\boldsymbol{q})+\boldsymbol{\tau}_{\mathrm{d}}=\boldsymbol{B}(\boldsymbol{q})\boldsymbol{\tau}+\boldsymbol{A}^{\mathrm{T}}(\boldsymbol{q})\boldsymbol{\lambda} \tag{2.99}$$

其中：$\boldsymbol{M}(\boldsymbol{q})$ 为对称正定惯性矩阵；$C(\boldsymbol{q},\dot{\boldsymbol{q}})=\dot{\boldsymbol{M}}(\boldsymbol{q})-\dfrac{1}{2}\dot{\boldsymbol{q}}^{\mathrm{T}}\dfrac{\partial \boldsymbol{M}(\boldsymbol{q})}{\partial \boldsymbol{q}}$ 为向心力和哥氏力矩阵；$G(\boldsymbol{q})=\dfrac{\partial P}{\partial \boldsymbol{q}}$ 为重力向量；$\boldsymbol{\tau}_{\mathrm{d}}$ 为外部有界扰动；$\boldsymbol{\tau}$ 为控制输入力矩。以上各个矩阵和向量的具体表示如下：

$$\boldsymbol{M}(\boldsymbol{q})=\begin{pmatrix} m & 0 & md\sin\theta \\ 0 & m & -md\cos\theta \\ md\sin\theta & -md\cos\theta & J \end{pmatrix}$$

$$C(\boldsymbol{q},\dot{\boldsymbol{q}})=\begin{pmatrix} 0 & 0 & md\dot{\theta}\cos\theta \\ 0 & 0 & md\dot{\theta}\sin\theta \\ 0 & 0 & 0 \end{pmatrix}$$

$$G(\boldsymbol{q})=\begin{pmatrix} 0 \\ 0 \\ 0 \end{pmatrix}$$

$$\boldsymbol{B}(\boldsymbol{q})=\dfrac{1}{r}\begin{pmatrix} \cos\theta & \cos\theta \\ \sin\theta & \sin\theta \\ R & -R \end{pmatrix}$$

$$\boldsymbol{\tau}=\begin{pmatrix} \tau_{\mathrm{R}} \\ \tau_{\mathrm{L}} \end{pmatrix}$$

$$\boldsymbol{A}^{\mathrm{T}}(\boldsymbol{q})=\begin{pmatrix} -\sin\theta \\ \cos\theta \\ -d \end{pmatrix}$$

由于 $\boldsymbol{S}^{\mathrm{T}}(\boldsymbol{q})\boldsymbol{A}^{\mathrm{T}}(\boldsymbol{q})=\boldsymbol{0}$，故对式(2.99)两边同时左乘 $\boldsymbol{S}^{\mathrm{T}}(\boldsymbol{q})$ 可去掉约束力项，则履带式机器人的动力学方程等效为

$$\overline{\boldsymbol{M}}(\boldsymbol{q})\dot{\boldsymbol{\eta}}+\overline{C}(\boldsymbol{q},\dot{\boldsymbol{q}})\boldsymbol{\eta}+\overline{\boldsymbol{\tau}}_{\mathrm{d}}=\overline{\boldsymbol{B}}(\boldsymbol{q})\boldsymbol{\tau} \tag{2.100}$$

其中，$\overline{\boldsymbol{M}}(\boldsymbol{q})=\begin{pmatrix} m & 0 \\ 0 & J-md^2 \end{pmatrix}$，$\overline{C}(\boldsymbol{q},\dot{\boldsymbol{q}})=\begin{pmatrix} 0 & md\dot{\theta}-md \\ 0 & 0 \end{pmatrix}$，$\overline{\boldsymbol{\tau}}_{\mathrm{d}}=\boldsymbol{S}^{\mathrm{T}}(\boldsymbol{q})\boldsymbol{\tau}_{\mathrm{d}}$，$\overline{\boldsymbol{B}}(\boldsymbol{q})=\dfrac{1}{r}\begin{pmatrix} 1 & 1 \\ R & -R \end{pmatrix}$。

履带式机器人的运动学和动力学方程为

$$\begin{cases} \dot{\boldsymbol{q}}=\boldsymbol{S}(\boldsymbol{q})\boldsymbol{\eta} \\ \overline{\boldsymbol{M}}(\boldsymbol{q})\dot{\boldsymbol{\eta}}+\overline{C}(\boldsymbol{q},\dot{\boldsymbol{q}})\boldsymbol{\eta}+\overline{\boldsymbol{\tau}}_{\mathrm{d}}=\overline{\boldsymbol{B}}(\boldsymbol{q})\boldsymbol{\tau} \end{cases} \tag{2.101}$$

2. 多机器人编队的几何结构

领航跟随法的基本思想是：在由多智能体组成的群组中，其中某个智能体被指定为领航

者,其余的智能体被指定为跟随领航者运动的跟随者,跟随者以设定的距离或速度等参量跟踪领航者的位置和方向。进一步来讲,对同一个多智能体系统,领航者可以仅仅指定一个,也可以存在多个,但控制群组编队形状的领航者只能有一个。通过设定领航者与跟随者间不同的位置关系,便可得到不同的网络拓扑结构,即不同的编队队形。该方法的突出特点在于,智能体群组成员间的协作作用是通过对领航者状态信息的共享来实现的。

考虑一个由 $n(n \geqslant 2)$ 台消防机器人组成的多机器人系统。由于在传统的领航者-跟随者模式中跟随者对领航者的过度依赖,这种链式结构容易造成跟踪误差累积以及领航者出现故障会导致整个系统崩溃等问题,采用基于虚拟领航者-领航者-跟随者的偏队几何结构,如图 2.23 所示。

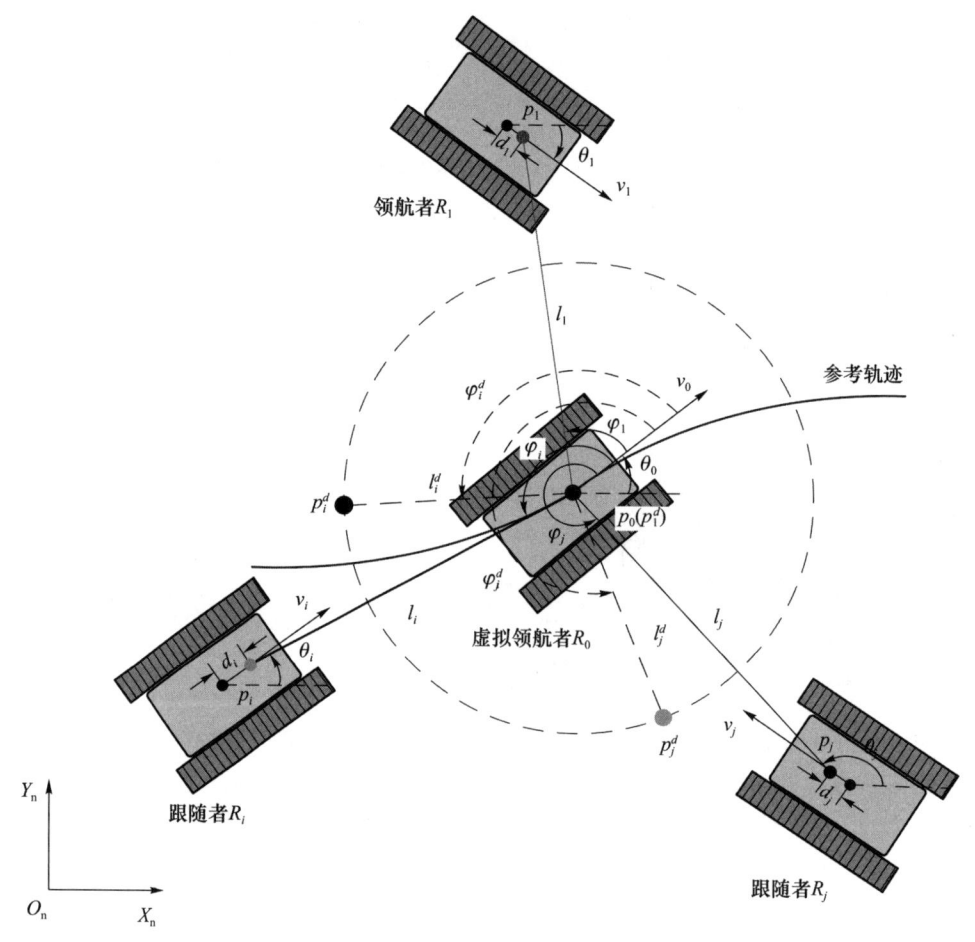

图 2.23 基于虚拟领航者-领航者-跟随者的编队几何结构示意图

虚拟领航者 R_0 由一系列连续可导的轨迹点组成,指定其中一台机器人为领航者 R_1,实时跟踪虚拟领航者的位置,即保证领航者与虚拟领航者之间的期望距离和方位角收敛到零,即 $\lim_{t \to \infty} l_1(t) = 0$,$\lim_{t \to \infty} \varphi_1(t) = 0$。另外,其他机器人为跟随者 $R_i (i \geqslant 2)$,将各跟随者与领航者 R_1 之间保持期望的距离 l_i^d 和方位角 φ_i^d 转换到与虚拟领航者 R_0 之间保持相应的期望值。这种编队结构设计的好处在于领航者 R_1 既负责整个系统的规划和协调,又不影响其他机器人的运动状态。定义机器人 i 与虚拟领航者之间的距离为 $l_i \geqslant 0$,方位角为 $\varphi_i \in (0, 2\pi]$,其计算公式为

$$l_i = \sqrt{(x_i - x_0)^2 + (y_i - y_0)^2} \tag{2.102}$$

$$\varphi_i = g(\text{atan}2(\tilde{y}_i, \tilde{x}_i)) = \begin{cases} \text{atan}2(\tilde{y}_i, \tilde{x}_i), & \text{atan}2(\tilde{y}_i, \tilde{x}_i) \geqslant 0 \\ 2\pi + \text{atan}2(\tilde{y}_i, \tilde{x}_i), & \text{atan}2(\tilde{y}_i, \tilde{x}_i) < 0 \end{cases} \tag{2.103}$$

其中,

$$\begin{pmatrix} \tilde{x}_i \\ \tilde{y}_i \end{pmatrix} = \begin{pmatrix} \cos\theta_0 & \sin\theta_0 \\ -\sin\theta_0 & \cos\theta_0 \end{pmatrix} \begin{pmatrix} x_i - x_0 \\ y_i - y_0 \end{pmatrix}$$

$$\text{atan}2(\tilde{y}_i, \tilde{x}_i) = \begin{cases} \arctan(\tilde{y}_i/\tilde{x}_i), & \tilde{x}_i > 0 \\ \arctan(\tilde{y}_i/\tilde{x}_i) + \pi, & \tilde{x}_i < 0, \tilde{y}_i \geqslant 0 \\ \arctan(\tilde{y}_i/\tilde{x}_i) - \pi, & \tilde{x}_i < 0, \tilde{y}_i < 0 \\ \pi/2, & \tilde{x}_i = 0, \tilde{y}_i > 0 \\ -\pi/2, & \tilde{x}_i = 0, \tilde{y}_i < 0 \\ \text{不确定}, & \tilde{x}_i = 0, \tilde{y}_i = 0 \end{cases}$$

根据机器人 i 与虚拟领航者的相对位置,利用光滑的反正切函数 $\text{atan}2(y, x)$ 得到范围为 $[-\pi, \pi]$ 的唯一值,再利用 $g(\text{atan}2(y, x))$ 函数将 $\text{atan}2(y, x)$ 的范围转换到 $[0, 2\pi)$。

将每个机器人建模成一阶积分器模型:

$$\dot{\boldsymbol{p}}_i = \boldsymbol{u}_i, \quad i = 1, 2, \cdots, n \tag{2.104}$$

其中, $\boldsymbol{p}_i = (x_i, y_i)^T \in \mathbb{R}^2$ 为机器人 i 在惯性坐标系下的位置。$\boldsymbol{u}_i = [u_{ix}, u_{iy}]^T \in \mathbb{R}^2$ 为机器人 i 的控制输入,其中 u_{ix} 和 u_{iy} 为它在惯性坐标系下 X_n 方向和 Y_n 方向的控制输入分量。

将虚拟领航者也建模成一阶积分器模型:

$$\dot{\boldsymbol{p}}_0 = \boldsymbol{v}_0 \tag{2.105}$$

其中, $\boldsymbol{p}_0 = (x_0, y_0)^T \in \mathbb{R}^2, \boldsymbol{v}_0 = (v_{0x}, v_{0y})^T \in \mathbb{R}^2$ 为虚拟领航机器人在惯性坐标系下的位置和速度。

定义机器人 i 与虚拟领航者之间的相对位移为

$$\bar{\boldsymbol{p}}_i = \boldsymbol{p}_i - \boldsymbol{p}_0 \tag{2.106}$$

定义机器人 i 与虚拟领航者之间的相对速度为

$$\bar{\boldsymbol{v}}_i = \boldsymbol{v}_i - \boldsymbol{v}_0 \tag{2.107}$$

定义机器人 i 与虚拟领航者之间的距离为 $l_i = \|\bar{\boldsymbol{p}}_i\| \geqslant 0$,方位角为 $\varphi_i \in [0, 2\pi)$。定义机器人 i 与虚拟领航者之间的期望距离为 $l_i^d > 0$,期望方位角为 $\varphi_i^d \in [0, 2\pi)$,将机器人 i 与虚拟领航者之间的期望距离和方位角写成向量形式为

$$\boldsymbol{l}^d = (l_1^d, l_2^d, \cdots, l_i^d, \cdots, l_n^d)^T \in \mathbb{R}^n \tag{2.108}$$

$$\boldsymbol{\varphi}^d = (\varphi_1^d, \varphi_2^d, \cdots, \varphi_i^d, \cdots, \varphi_n^d)^T \in \mathbb{R}^n \tag{2.109}$$

如果满足 $l_i^d > 0, \varphi_i^d \in [0, 2\pi)$,则设计的编队结构为 $(\boldsymbol{l}^d, \boldsymbol{\varphi}^d)$。

3. 多机器人编队队形知识库建立

建立多消防机器人系统的队形结构是研究多机器人编队变换的基础,通过对一些典型队形结构建立空间位置上的数学关系,可以大大简化多机器人编队变换过程中的数学计算。在构建队形时主要考虑一字形 (line)、楔形 (wedge)、柱形 (columnar)、三角形 (triangle)、

菱形（diamond）、圆形（circular）等，如图 2.24 所示。

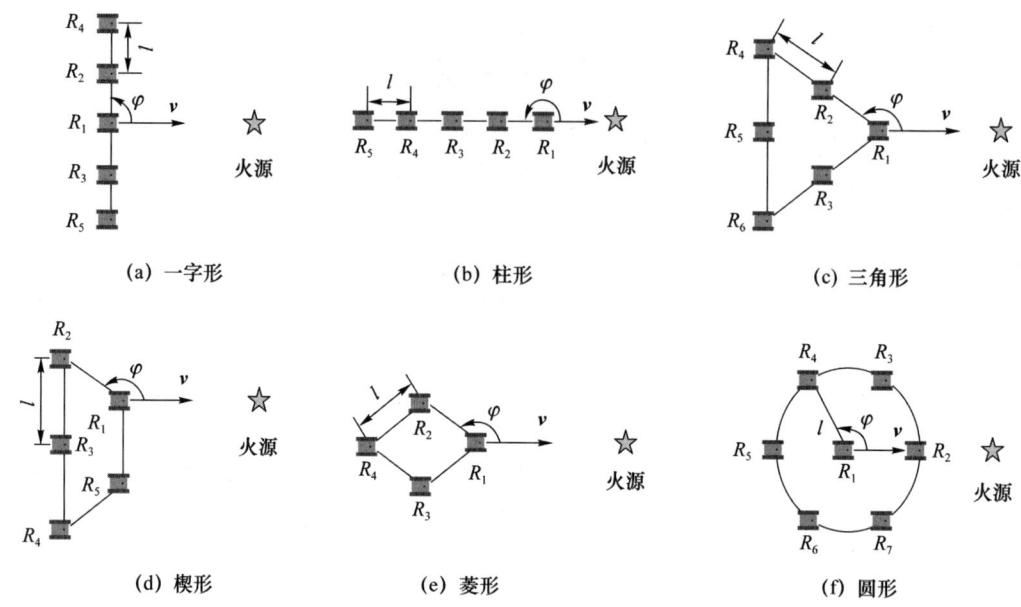

图 2.24　典型多机器人编队队形

首先，假设有 n 台消防机器人和一条规划的参考轨迹（虚拟领航者），我们指定编队中某一机器人为编队的领航者，其余机器人为跟随者。采用图论中的有向无环图来描述一个可伸缩的队形，将每个机器人都看作一个顶点，将两个机器人之间的关系看作边。每个机器人都有唯一的 ID 号，这里将虚拟领航者设为 R_0，领航者设为 R_1，其余跟随者依次设为 R_2，R_3，$\cdots$，R_n。为了表示机器人之间的相互关系及队形的形状参数，定义队形参数矩阵的通式为

$$\boldsymbol{F}^d = (\boldsymbol{F}_1^d, \boldsymbol{F}_2^d, \cdots, \boldsymbol{F}_n^d)^{\mathrm{T}} \tag{2.110}$$

$$\boldsymbol{F}_i^d = (f_{i1}, f_{i2}, f_{i3}) \tag{2.111}$$

其中，$\boldsymbol{F}^d$ 为某个队形形状的参数信息矩阵，$i \in \mathbb{N}^+$ 为机器人的 ID 号。每个机器人用 3 组参数表示，f_{i1} 为机器人 i 的编号，f_{i2} 为机器人 i 与虚拟领航者之间需要保持的期望距离 $l_i^d \geqslant 0$，f_{i3} 为机器人 i 与虚拟领航者之间的期望方位角 $\varphi_i^d \in [0, 2\pi)$，则消防机器人编队的队形形状可以描述为

$$\boldsymbol{F}^d = \begin{pmatrix} 1 & 0 & 0 \\ 2 & l_1^d & \varphi_1^d \\ \vdots & \vdots & \vdots \\ i & l_i^d & \varphi_i^d \\ \vdots & \vdots & \vdots \\ n & l_n^d & \varphi_n^d \end{pmatrix} \tag{2.112}$$

针对上述几种典型的编队队形形状，通过不同的队形参数矩阵建立队形知识库，其期望队形参数矩阵表示如下。

① 一字形

$$\boldsymbol{F}_{\text{line}}^d = \begin{pmatrix} 1 & 0 & 0 \\ 2 & l & \dfrac{\pi}{2} \\ 3 & l & \dfrac{3\pi}{2} \\ 4 & 2l & \dfrac{\pi}{2} \\ 5 & 2l & \dfrac{3\pi}{2} \end{pmatrix}$$

② 柱形

$$\boldsymbol{F}_{\text{col}}^d = \begin{pmatrix} 1 & 0 & 0 \\ 2 & l & \pi \\ 3 & 2l & \pi \\ 4 & 3l & \pi \\ 5 & 4l & \pi \end{pmatrix}$$

③ 三角形

$$\boldsymbol{F}_{\text{tri}}^d = \begin{pmatrix} 1 & 0 & 0 \\ 2 & l & \dfrac{5\pi}{6} \\ 3 & l & \dfrac{7\pi}{6} \\ 4 & 2l & \dfrac{5\pi}{6} \\ 5 & \sqrt{3}l & \pi \\ 6 & 2l & \dfrac{7\pi}{6} \end{pmatrix}$$

④ 楔形

$$\boldsymbol{F}_{\text{wed}}^d = \begin{pmatrix} 1 & 0 & 0 \\ 2 & l & \dfrac{5\pi}{6} \\ 3 & l & \dfrac{7\pi}{6} \\ 4 & \sqrt{3}l & \dfrac{4\pi}{3} \\ 5 & l & \dfrac{3\pi}{2} \end{pmatrix}$$

⑤ 菱形

$$\boldsymbol{F}_{\text{dia}}^d = \begin{pmatrix} 1 & 0 & 0 \\ 2 & l & \dfrac{5\pi}{6} \\ 3 & l & \dfrac{7\pi}{6} \\ 4 & \sqrt{3}l & \pi \end{pmatrix}$$

⑥ 圆形

$$\boldsymbol{F}_{\mathrm{cir}}^{d}=\begin{pmatrix} 1 & 0 & 0 \\ 2 & l & 0 \\ 3 & l & \dfrac{\pi}{3} \\ 4 & l & \dfrac{2\pi}{3} \\ 5 & l & \pi \\ 6 & l & \dfrac{4\pi}{3} \\ 7 & l & \dfrac{5\pi}{3} \end{pmatrix}$$

上述建立的期望队形参数矩阵并不能表示这类队形所有的结构,只是这类形状的一个特例,比如一字形,通过调整机器人的顺序或者各机器人与虚拟领航者之间的距离可以得到新的一字形,所有的队形都可以通过调整 l_i^d 和 φ_i^d 得到。若要实现多消防机器人系统以指定队形运动,并且能根据感知到的环境变化进行有效的队形变换,则需要设计具有反馈控制的编队控制器,使得领航机器人能够跟踪提前规划好的一系列轨迹点,各机器人与虚拟领航者之间保持期望的距离和方位角,即满足 $\lim\limits_{t\to\infty} l_i(t) = l_i^d$,$\lim\limits_{t\to\infty} \varphi_i(t) = \varphi_i^d$。

4. 多机器人编队控制器设计及仿真实验

为了使多个消防机器人能够以期望的队形对虚拟领航者进行跟随控制,有必要设计一个有效的编队控制律。为此,我们提出了一个由两个部分耦合而成的编队控制器,使得多个消防机器人能以期望的距离和方位角对虚拟领航者进行跟随运动控制。图 2.25 为多机器人编队控制器结构框图。

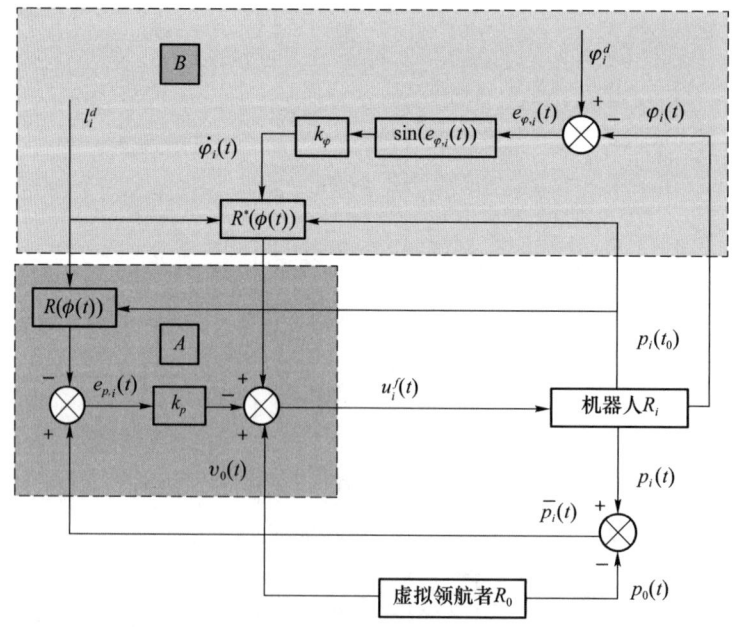

图 2.25 多机器人编队控制器结构框图

(1) 圆形运动控制

首先,我们提出一个圆周运动控制律,引导每个机器人收敛到以虚拟领航者为中心所形成的圆上,而不考虑圆上具体的相位位置。该控制方案的设计思想是通过旋转一个固定的参考矢量来实现以目标点 p_0 为中心逆时针旋转,可以得到一个旋转变化的圆形轨迹。然后,将这个旋转变化轨迹作为参考轨迹,就能得到圆形参考轨迹,机器人跟踪这条轨迹做圆周运动。控制目标可描述为

$$\overline{p}_i(t) \rightarrow R(\phi_i(t))p_i(t_0)l_i^d, \quad t \rightarrow \infty \tag{2.113}$$

式中, $R(\phi_i(t)) \in \mathbb{R}^{2\times 2}$ 是旋转角为 $\phi_i(t) \in [0, 2\pi)$ 的旋转矩阵, $p_i(t_0) \in \mathbb{R}^2$ 为初始时刻 t_0 由目标指向机器人 i 的单位向量,定义

$$\phi_i(t) = \varphi_i(t) - \varphi_i(t_0), \quad t \geqslant t_0 \tag{2.114}$$

$$p_i(t_0) = \frac{\overline{p}_i(t_0)}{\|\overline{p}_i(t_0)\|} = \frac{\overline{p}_i(t_0)}{l_i(t_0)} \tag{2.115}$$

$$R(\phi_i(t)) = \begin{pmatrix} \cos\phi_i(t) & -\sin\phi_i(t) \\ \sin\phi_i(t) & \cos\phi_i(t) \end{pmatrix} \tag{2.116}$$

则圆形运动控制器设计为

$$u_i^f(t) = v_0(t) - k_p(\overline{p}_i(t) - R(\phi_i(t))p_i(t_0)l_i^d) + \dot{R}(\phi_i(t))p_i(t_0)l_i^d \tag{2.117}$$

其中, $k_p > 0$ 为位置调节参数,用于调整机器人圆形轨迹跟踪的收敛速度。

定理 1:设 $\phi_i(t)$ 为一阶连续可导函数,在控制律(2.117)作用下,机器人 i 最终能跟踪上半径为 l_i^d、方向为 $\dot{\phi}_i(t)$ 的圆形轨迹,并围绕目标环绕运动,即 $t \rightarrow \infty$ 时, $\overline{p}_i(t) \rightarrow R(\phi_i(t))p_i(t_0)l_i^d$,并且有 $\lim_{t \rightarrow \infty} l_i(t) = l_i^d$。

证明:定义位置跟踪误差为

$$e_i(t) = \overline{p}_i(t) - R(\phi_i(t))p_i(t_0)l_i^d \tag{2.118}$$

如果式(2.118)收敛到零,则误差的差分方程可以写为

$$\dot{e}_i(t) = -k_p e_i(t) \tag{2.119}$$

则可以将其继续展开为要使得误差收敛到零,误差动态方程可写成

$$\dot{p}_i(t) = v_0(t) - k_p(\overline{p}_i(t) - R(\phi_i(t))p_i(t_0)l_i^d) + \dot{R}(\phi_i(t))p_i(t_0)l_i^d \tag{2.120}$$

其中,

$$\dot{R}(\phi_i(t)) = \dot{\phi}_i(t)\begin{pmatrix} -\sin\phi_i(t) & -\cos\phi_i(t) \\ \cos\phi_i(t) & -\sin\phi_i(t) \end{pmatrix} \tag{2.121}$$

由误差的一阶微分方程可得 $e_i(t) = \exp(-k_p t)e_i(t_0)$,则当 $t \rightarrow \infty$ 时,误差 $e_i(t)$ 收敛到 0,有控制目标 $\overline{p}_i(t) = R(\phi_i(t))p_i(t_0)l_i^d$,即 $\lim_{t \rightarrow \infty} l_i(t) = l_i^d$。特别地,当 $\dot{\phi}_i(t) \neq 0$ 时,机器人可匀速环绕目标运动。

(2) 方位角定位控制

为了确保机器人能够运动到圆上指定位置,可以通过改变转向角来实现期望队形的角

间距自定义分配。根据式（2.114），我们可以得到 $\dot{\phi}_i(t)=\dot{\varphi}_i(t)$，则控制律（2.117）可以改写为

$$u_i^f(t)=v_0(t)-k_p(\overline{p}_i(t)-R(\phi_i(t))p_i(t_0)l_i^d)+\dot{\varphi}_i(t)R^*(\varphi_i(t))p_i(t_0)l_i^d \quad (2.122)$$

其中，

$$R^*(\phi_i(t))=\begin{bmatrix} -\sin\phi_i(t) & -\cos\phi_i(t) \\ \cos\phi_i(t)_i & -\sin\phi_i(t) \end{bmatrix} \quad (2.123)$$

考虑到实际应用，有时有必要确定机器人在自身圆上的具体位置。例如，用一个多机器人系统监控感兴趣的区域，需要预先规划每个机器人的准确位置，以确保它们能够有效监视各自指定的区域。因此，有必要设计一种相位间距分配控制律，使机器人能够到达圆上指定的位置。我们在控制律（2.122）中引入一个非线性函数：

$$\dot{\varphi}_i(t)=k_\varphi \sin(\varphi_i^d-\varphi_i(t)) \quad (2.124)$$

其中，k_φ 是一个相位调节常数，用于调整机器人相位角和角间距的收敛速度。

定理 2：在圆形运动控制律（2.122）下，所有机器人的相位定位控制律均满足式（2.124）。圆上所有机器人的相位角都可以收敛到所期望的相位值，即 $\lim_{t\to\infty}\varphi_i(t)=\varphi_i^d$。

证明：选择一个正定的李亚普洛夫函数

$$V=k_\varphi[1-\cos(\varphi_i^d-\varphi_i(t))] \quad (2.125)$$

式（2.125）两端对时间求导，得到差分方程为

$$\dot{V}=-k_\varphi \sin(\varphi_i^d-\varphi_i(t))\dot{\varphi}_i(t)=-k_\varphi^2 \sin^2(\varphi_i^d-\varphi_i(t))\leqslant 0 \quad (2.126)$$

对于式（2.126），$\dot{V}\leqslant 0$ 保证是负定的。设 $\dot{V}=0$，有相对平衡点 $\varphi_i(t)=\varphi_i^d$，这表明每个机器人的相位收敛是由控制律（2.124）保证的。综上所述，控制律（2.117）和控制律（2.122）证明了圆形运动控制器是稳定的。

（3）仿真实验与分析

为了验证本研究提出的多消防机器人编队控制律的有效性，首先利用 MATLAB 进行了 3 组仿真实验，实验结果如图 2.26 至图 2.28 所示。编队形状分别为一字形、柱形和三角形，3 组仿真实验的参数设置如表 2.1 所示。为了便于直观展示，本节使用虚线连接各机器人的偏置点位置，所形成的几何图形即编队的形状。例如，图 2.26(a)对应的编队形状为一字形，图 2.27(a)对应的编队形状为柱形，图 2.28(a)对应的编队形状为三角形。在这些实验中，领航者实时跟踪虚拟领航者的位置，而其他两台机器人——跟随者 1 和跟随者 2 则分别跟踪以虚拟领航者为中心形成的圆上期望位置。从图 2.26(b)、图 2.27(b)和图 2.28(b)可以看出，3 组仿真实验中的编队距离误差和方位角误差均能渐进收敛至零，机器人也最终收敛到期望位置。此外，由图 2.26(c)、图 2.27(c)和图 2.28(c)可以看出，机器人的线速度都能较快地收敛到虚拟领航者的线速度，角速度都能较快地收敛到 0，并且能满足速度约束 $v\in[0,1]$m/s，$\omega\in[-1,1]$rad/s。

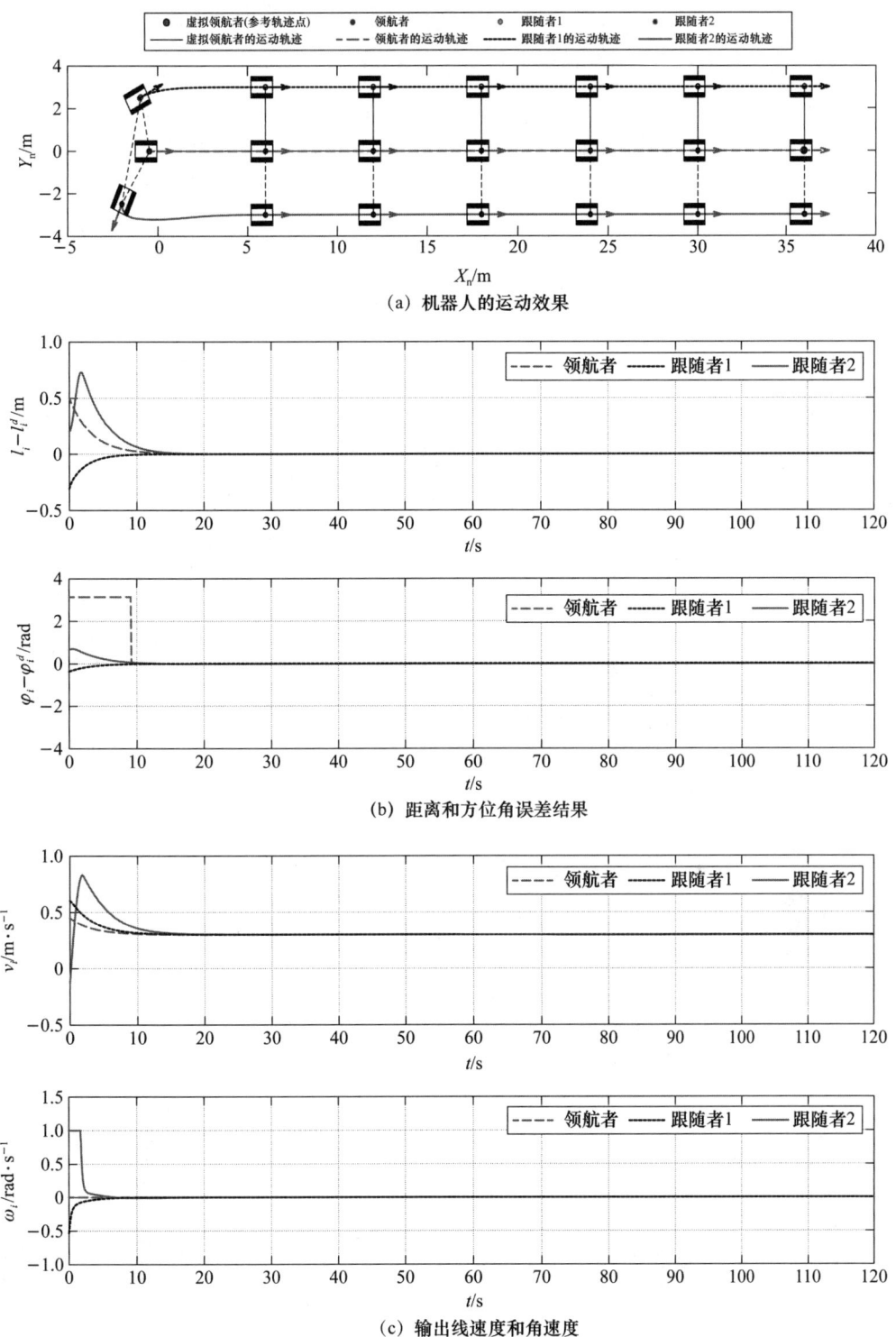

图 2.26 一字形仿真实验结果

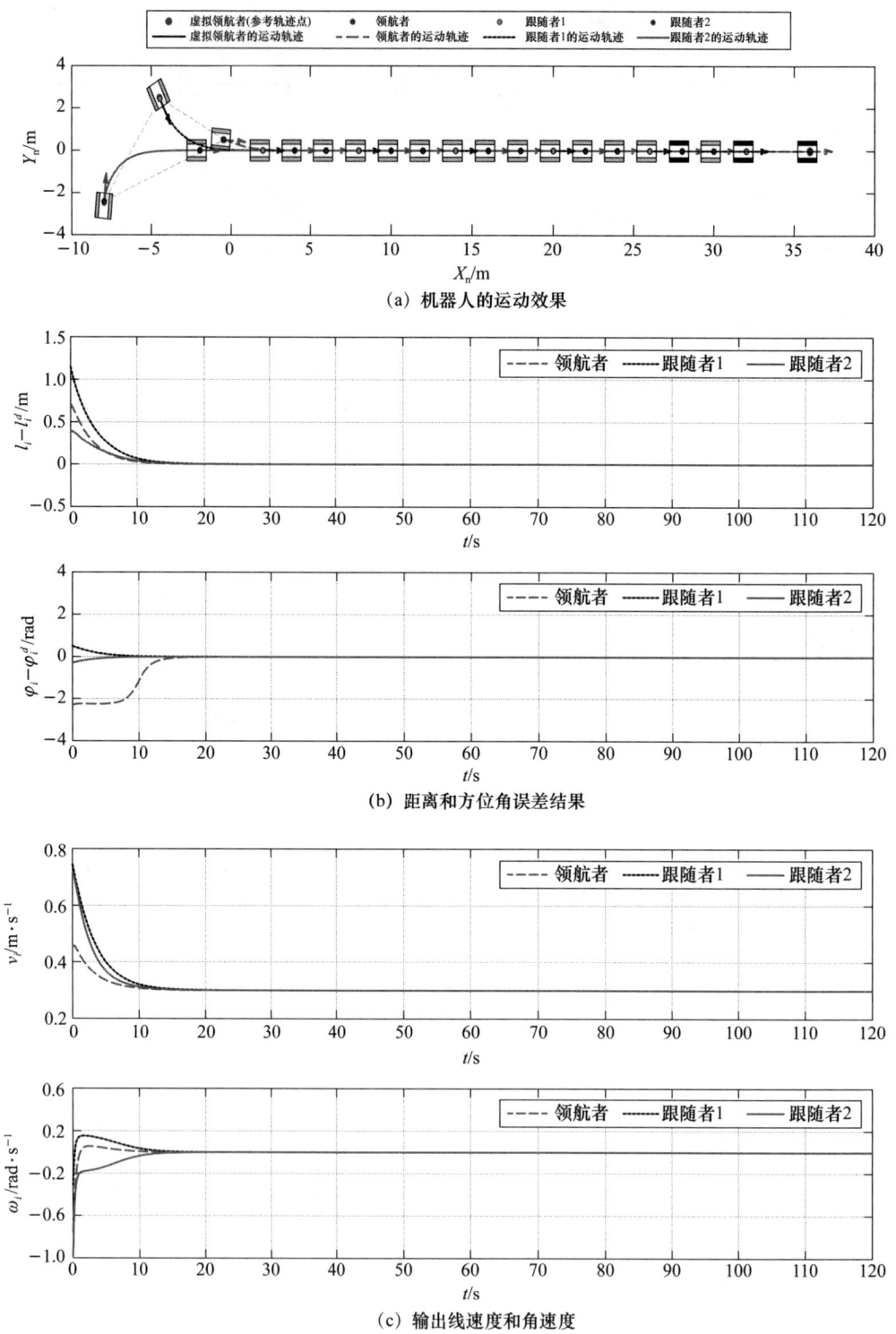

图 2.27 柱形仿真实验结果

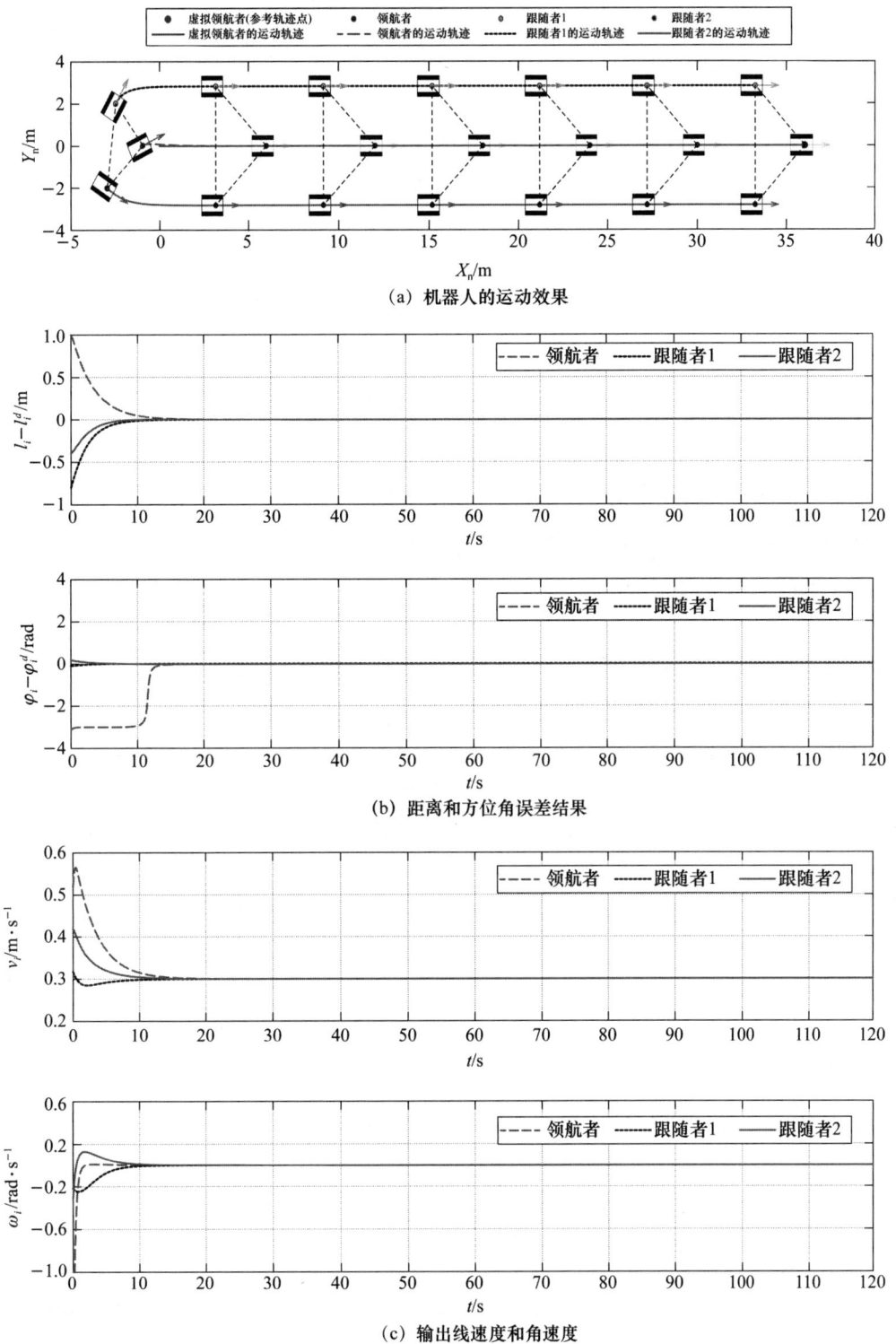

图 2.28 三角形仿真实验结果

表 2.1 3 组仿真实验的参数设置

参数	一字形	柱形	三角形
$\boldsymbol{v}_0(0)$	$(0.3,0)^{\mathrm{T}}$	$(0.3,0)^{\mathrm{T}}$	$(0.3,0)^{\mathrm{T}}$
$\boldsymbol{q}_0(0)$	$(0,0,0)^{\mathrm{T}}$	$(0,0,0)^{\mathrm{T}}$	$(0,0,0)^{\mathrm{T}}$
$\boldsymbol{q}_1(0)$	$(-0.5,0,0)^{\mathrm{T}}$	$(-0.5,0.5,0)^{\mathrm{T}}$	$(-1,0,\pi/6)^{\mathrm{T}}$
$\boldsymbol{q}_2(0)$	$(-1,2.5,\pi/6)^{\mathrm{T}}$	$(-4.5,2.5,-\pi/3)^{\mathrm{T}}$	$(-2.5,2,\pi/3)^{\mathrm{T}}$
$\boldsymbol{q}_3(0)$	$(-2,-2.5,-2\pi/3)^{\mathrm{T}}$	$(-8,-2.5,\pi/2)^{\mathrm{T}}$	$(-3,-2,-\pi/6)^{\mathrm{T}}$
$\boldsymbol{l}^d$	$(0,3,3)^{\mathrm{T}}$	$(0,4,8)^{\mathrm{T}}$	$(0,4,4)^{\mathrm{T}}$
$\boldsymbol{\varphi}^d$	$(0,\pi/2,3\pi/2)^{\mathrm{T}}$	$(0,\pi/2,\pi/2)^{\mathrm{T}}$	$(0,3\pi/4,5\pi/4)^{\mathrm{T}}$
k_p	0.3	0.3	0.3
k_φ	0.3	0.3	0.3
d	0.2	0.2	0.2

5. 基于改进人工势场法的多机器人编队避障控制

(1) 避障控制器设计

考虑到编队成员运动过程中将不可避免地与环境中的障碍物或其他成员发生碰撞，有必要设计一个有效的避障控制律，不仅使机器人能够有效避开障碍物，同时也保证队形的稳定性。人工势场法作为一种经典的避障控制方法，广泛应用于机器人的运动控制中。在本节讨论的人工势场法中，没有必要设置额外的引力场函数产生吸引力，因为每个机器人都有自己的轨迹需要跟踪，这种由目标位置牵引的作用表现可以看作引力势场产生"引力速度"，所以仅通过设置斥力场势场产生排斥力来避开障碍物，传统的斥力场函数定义为

$$U_i^{\mathrm{obs}}(t) = \begin{cases} \dfrac{1}{2}k_\circ \sum_{k=1}^{m}\left(\dfrac{1}{\rho_k^{\mathrm{obs}}(t)} - \dfrac{1}{\rho_0}\right), & \rho_k^{\mathrm{obs}}(t) \leqslant \rho_0 \\ 0, & \rho_k^{\mathrm{obs}}(t) > \rho_0 \end{cases} \quad (2.127)$$

其中，$k_\circ$ 是一个排斥增益系数，$\rho_0>0$ 是避障响应距离，$m\in\mathbb{N}$ 是避障区域 ρ_0 内的障碍物数量。定义 $\boldsymbol{\rho}_i^{\mathrm{obs}}(t)=\boldsymbol{p}_i(t)-\boldsymbol{p}_k^{\mathrm{obs}}(t)$，其中 $\rho_i^{\mathrm{obs}}(t)=\|\boldsymbol{\rho}_i^{\mathrm{obs}}(t)\|$，$\boldsymbol{p}_i^{\mathrm{obs}}(t)$ 是障碍物 k 在导航坐标系下的位置。

然后，由于机器人接收到的斥力沿斥力场函数的负梯度，因此避障控制律表示如下：

$$\boldsymbol{u}_i^{\mathrm{obs}}(t) = -\nabla U_i^{\mathrm{obs}}(t) = \begin{cases} k_\circ \sum_{k=1}^{m}\left(\dfrac{1}{\rho_k^{\mathrm{obs}}(t)} - \dfrac{1}{\rho_0}\right)\dfrac{\boldsymbol{\rho}_i^{\mathrm{obs}}(t)}{\rho_i^{\mathrm{obs}}(t)^2}, & \rho_i^{\mathrm{obs}}(t) \leqslant \rho_0 \\ 0, & \rho_i^{\mathrm{obs}}(t) > \rho_0 \end{cases} \quad (2.128)$$

由于传统人工势场法存在局部极小值陷阱及目标不可达的问题(图 2.29)，本节引入一种改进的人工势场法。该方法通过构建道路边界的"斥力速度"来限制机器人行驶区域，并调整道路边界及障碍物所产生的"斥力合速度"的方向，来解决局部极小值和目标不可达问题。这里假设建立的惯性坐标系位于道路中间位置，即道路两端关于 X_n 对称。基于改进的人工势场法的避障方法如图 2.30 所示。

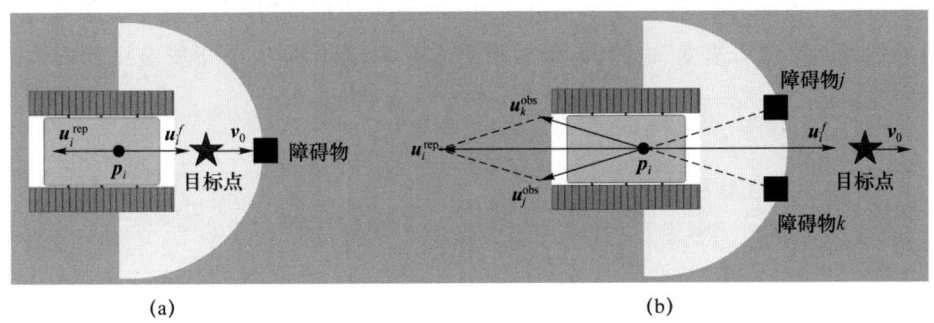

图 2.29 传统人工势场法存在局部最优和目标不可达的问题

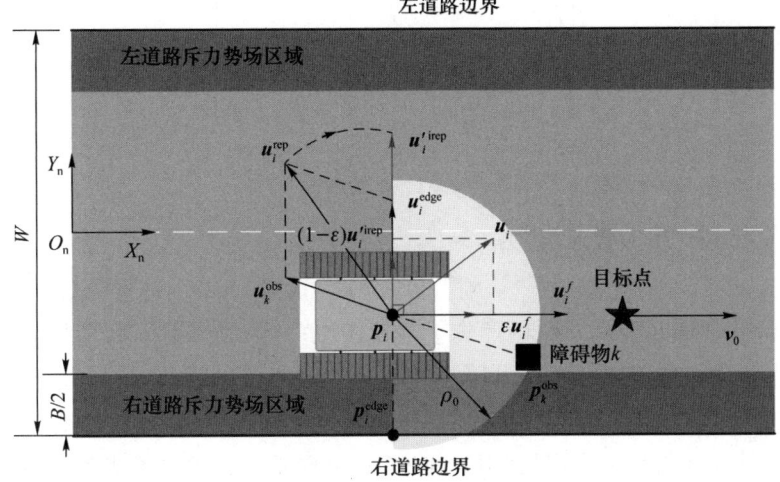

图 2.30 基于改进的人工势场法的避障方法示意图

设置道路边界作用的"斥力速度"为

$$\boldsymbol{u}_i^{\text{edge}} = k_\text{e} \xi_i \frac{\boldsymbol{\rho}_i^{\text{edge}}}{\|\boldsymbol{\rho}_i^{\text{edge}}\|} \tag{2.129}$$

$$\xi_i = \begin{cases} \dfrac{1}{2}\ln\left(\dfrac{\dfrac{B}{2}+\left(y_i-\dfrac{W}{2}+B\right)}{\dfrac{B}{2}-\left(y_i-\dfrac{W}{2}+B\right)}\right), & \dfrac{W}{2}-B \leqslant y_i < \dfrac{W}{2}-\dfrac{B}{2} \\ \dfrac{1}{2}\ln\left(\dfrac{-\dfrac{B}{2}+\left(y_i+\dfrac{W}{2}-B\right)}{-\dfrac{B}{2}-\left(y_i+\dfrac{W}{2}-B\right)}\right), & -\dfrac{W}{2}+\dfrac{B}{2} \leqslant y_i < -\dfrac{W}{2}+B \\ 0, & -\dfrac{W}{2}+B \leqslant y_i < \dfrac{W}{2}-B \end{cases} \tag{2.130}$$

式中,$k_\text{e} > 0$ 是道路边界作用的斥力增益系数,W 为道路宽度,B 为机器人宽度(假设两驱动轮轴心距等于机器人车体宽度)。定义 $\boldsymbol{\rho}_i^{\text{edge}} = \boldsymbol{p}_i - \boldsymbol{p}_i^{\text{edge}}$,$\boldsymbol{p}_i^{\text{edge}}$ 是机器人 i 的偏置点 $\boldsymbol{p}_i$ 距离道路边界上最近点的位置。ξ_i 为对称对数障碍函数,其图形如图 2.31 所示。可以看出,当

机器人靠近道路势场区域时,受到来自道路边界的法向方向的"斥力速度",并随着机器人离道路边界越近,其"斥力速度"也越大,最后趋于无穷大;当机器人处于安全区域内,其"斥力速度"为 0。

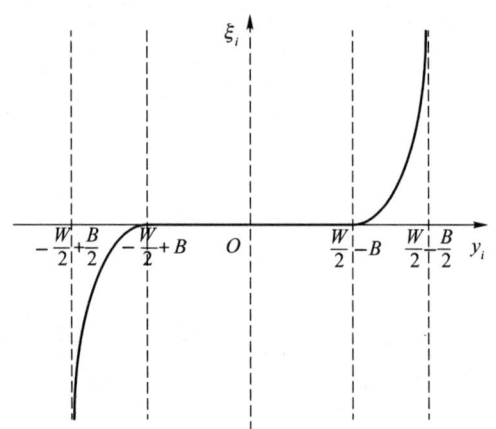

图 2.31 ξ_i 的图形

机器人 i 受到的"斥力合速度"为

$$u_i^{\text{rep}} = u_i^{\text{obs}} + u_i^{\text{edge}} \tag{2.131}$$

从图 2.31 可以看出"斥力速度"产生了两种作用:一是使机器人前往目标方向加减速;二是使机器人产生转弯的切向力绕开障碍物。因此,存在机器人在目标方向上合速度为 0 的情况,这时机器人容易陷入局部最优和目标不可达的问题。本节通过调整"斥力合速度" u_i^{rep} 的方向,使其变为与目标作用的"引力速度" u_i^f 方向垂直且远离障碍物的方向,使得斥力只改变运动方向,不改变前往目标的速度。因此,设置新的"斥力合速度"为

$$u_i'^{\text{rep}} = \begin{cases} R\left(\dfrac{\pi}{2}\right) \dfrac{u_i^f}{\|u_i^f\|} \|u_i^{\text{rep}}\|, & \|u_i^f \times u_i^{\text{rep}}\| \geqslant 0 \\ R\left(-\dfrac{\pi}{2}\right) \dfrac{u_i^f}{\|u_i^f\|} \|u_i^{\text{rep}}\|, & \|u_i^f \times u_i^{\text{rep}}\| < 0 \end{cases} \tag{2.132}$$

其中,$\|u_i^f \times u_i^{\text{rep}}\| \geqslant 0$ 表示原"斥力合速度" u_i^{rep} 与"引力速度" u_i^f 之间夹角 $\langle u_i^f, u_i^{\text{rep}} \rangle \in [0, \pi]$;$\|u_i^f \times u_i^{\text{rep}}\| < 0$ 表示原"斥力合速度" u_i^{rep} 与"引力速度" u_i^f 之间夹角 $\langle u_i^f, u_i^{\text{rep}} \rangle \in [-\pi, 0]$。旋转矩阵 $R(\phi) = \begin{pmatrix} \cos\phi & -\sin\phi \\ \sin\phi & \cos\phi \end{pmatrix}$,$\phi = \dfrac{\pi}{2}$ 或 $-\dfrac{\pi}{2}$。

最后,本节采用的基于改进人工势场法的多机器人编队避障控制器为

$$u_i = \varepsilon u_i^f + (1-\varepsilon) u_i'^{\text{rep}} \tag{2.133}$$

其中,$\varepsilon = \|u_i^f\| / (\|u_i^f\| + \|u_i'^{\text{rep}}\|) \in [0,1]$ 是动态权重因子,用于调整机器人控制输入的内部比值。

(2) 避障仿真实验与分析

为了验证本节采用的多机器人编队避障算法的有效性,首先利用 MATLAB 建立了一条宽度为 $W = 8\,\text{m}$,并关于 X_n 对称的可通行道路,同时构建了 3 台宽度为 $B = 1\,\text{m}$ 的履带式

移动机器人的仿真模型,道路两侧边界膨胀区域的宽度为 0.5 m。然后分别对基于传统人工势场法和基于动态权重的改进人工势场法的编队避障控制器进行了两组仿真对比实验,实验参数设置如表 2.2 所示。另外,考虑到机器人实际运动时需满足速度约束条件,其控制器输出的线速度满足 $v\in[0,1]$ m/s,角速度满足 $w\in[-1,1]$ rad/s。从定性角度得到两组仿真结果如图 2.32 和图 2.33 所示。从图 2.32(a)可以看出,两台跟随机器人在初始时间内的运动轨迹出现振荡,这是因为如果两台跟随机器人在初始时刻处于道路边界的斥力势场影响范围内,道路边界斥力势场设置和障碍物一样,导致边界斥力势场对机器人产生的"斥力速度"和编队控制器产生的"引力速度"共同作用的"合速度"变化过大,从图 2.33(c)可以看出,两台跟随者在初始时间 0~10 s 内线速度和角速度出现反复振荡。另外,从图 2.33(a)还可以看出,两台跟随者较长时间陷入局部极小值,并和障碍物发生碰撞。从图 2.33(b)可以看出,跟随者 2 的距离误差发散,出现了目标不可达的问题。而基于改进人工势场法的编队避障算法很好地解决了传统人工势场法存在的局部最优和目标不可达的问题。从图 2.33(a)可以看出,3 台机器人能很好地避开障碍物并且不与边界发生碰撞,编队避完障碍物后能迅速地恢复原队形继续执行编队跟随任务。从图 2.33(b)可以看出,机器人的距离误差和方位角误差在机器人避障完后能快速地收敛到零。

表 2.2 两组仿真实验的参数设置

参数	传统人工势场法	改进人工势场法
$v_0(0)$	$(0.3,0)^T$	$(0.3,0)^T$
$q_0(0)$	$(0,0,0)^T$	$(0,0,0)^T$
$q_1(0)$	$(-0.5,0,0)^T$	$(-0.5,0,0)^T$
$q_2(0)$	$(-2.5,2,\pi/3)^T$	$(-2.5,2,\pi/3)^T$
$q_3(0)$	$(-3,-2,-\pi/6)^T$	$(-3,-2,-\pi/6)^T$
l^d	$(0,4,4)^T$	$(0,4,4)^T$
φ^d	$(0,3\pi/4,5\pi/4)^T$	$(0,3\pi/4,5\pi/4)^T$
k_p	0.3	0.3
k_φ	0.3	0.3
k_o	1.5	0.8
k_e	—	0.6
d	0.2	0.2
ρ_0	2	2

基于改进人工势场法的编队避障算法通过设置道路边界和障碍物对机器人的不同作用效果,并且改变斥力合速度的作用方向,再通过动态权重因子自适应调节斥力合速度与引力速度的比值,使其得到较优的合速度大小及方向,很好地解决了传统人工势场法的局部极小值和目标不可达的问题。

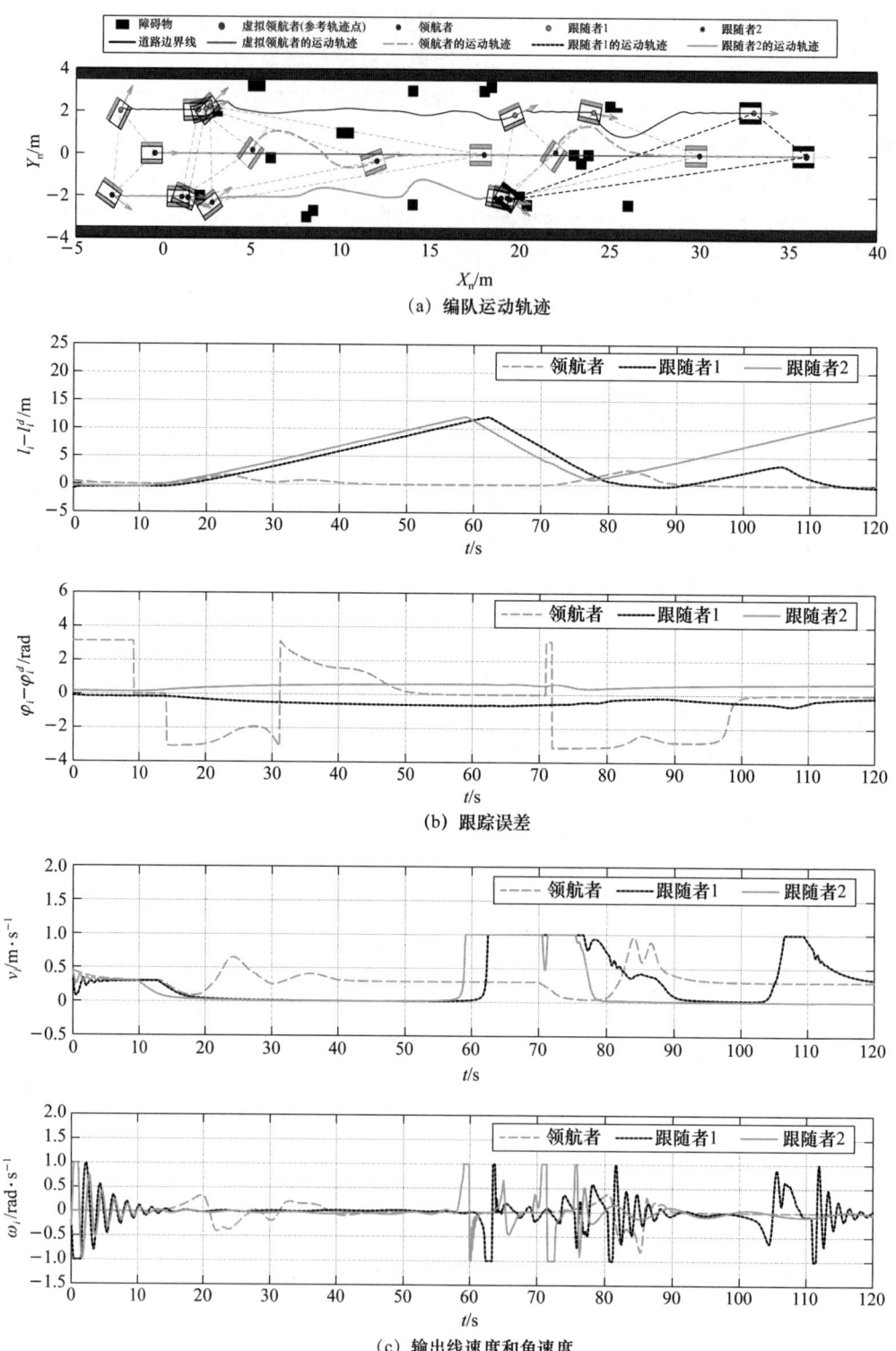

图 2.32 基于传统人工势场法的多消防机器人编队避障仿真结果

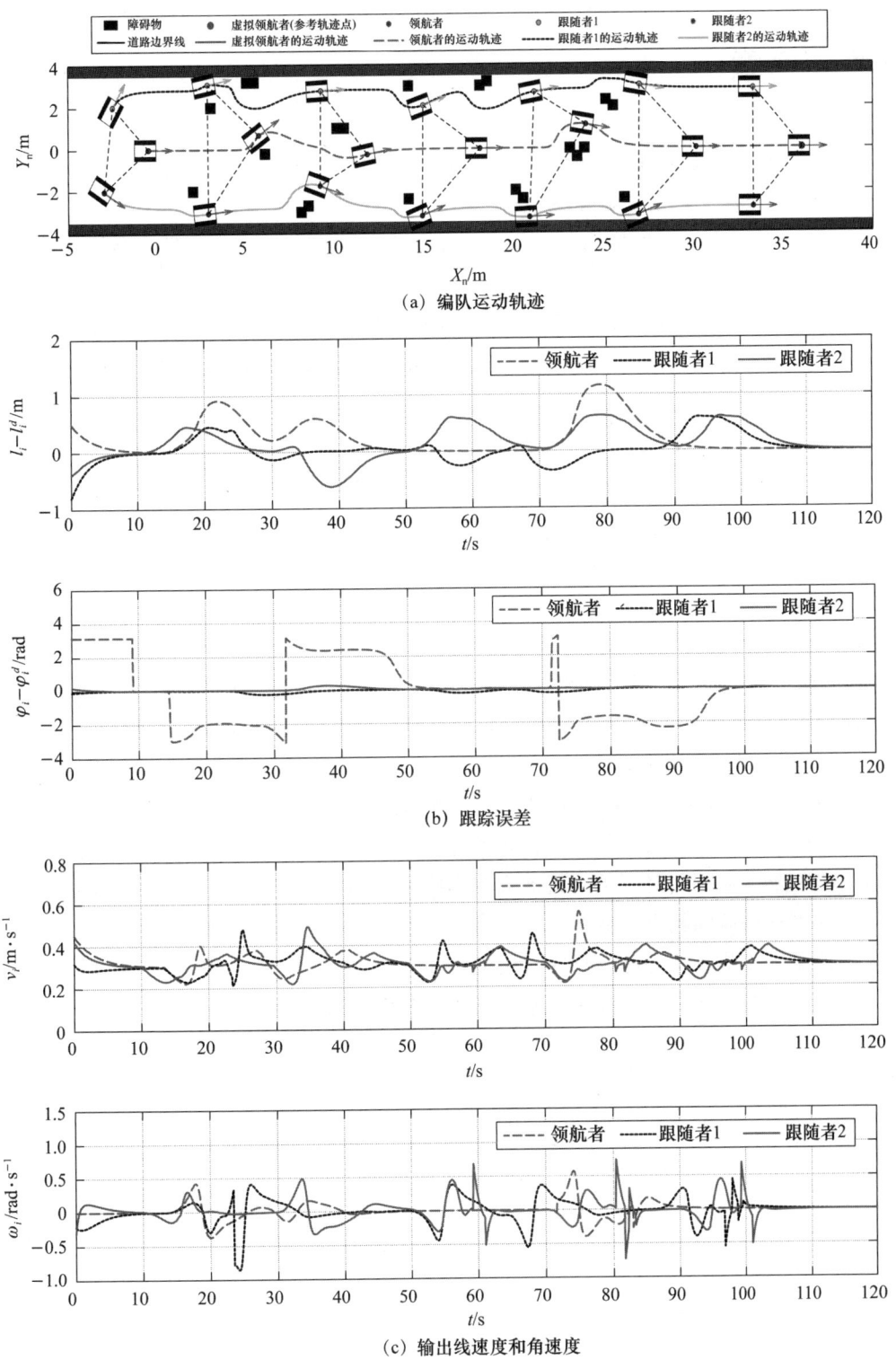

图 2.33 基于改进的人工势场法的多消防机器人编队避障仿真结果

课后思考题

1. 用一个描述旋转与平移的变换来左乘或者右乘一个表示坐标系的变换,所得到的结果是否相同?为什么?试举例作图说明。

2. 在坐标系$\{A\}$下,矢量$^A p$轴先绕Z_A轴旋转θ角,再绕X_A轴旋转ϕ角。试给出依次按上述次序完成旋转的旋转矩阵。

3. 坐标系$\{B\}$的位置变换如下:初始时,坐标系$\{A\}$与$\{B\}$重合,先让坐标系$\{B\}$绕Z_B轴旋转θ角,再绕X_B轴旋转ϕ角。请给出将矢量$^B p$的描述转换为矢量$^A p$的描述所对应的旋转矩阵。

4. 已知矢量$u = 3i + 2j + 2k$和坐标系

$$F = \begin{bmatrix} 0 & -1 & 0 & 10 \\ 1 & 0 & 0 & 20 \\ 0 & 0 & 1 & 1 \\ 0 & 0 & 0 & 1 \end{bmatrix}$$

u为F所描述的一点。

(1) 确定表示同一点但由基坐标系描述的矢量v。

(2) 设坐标系F首先绕基坐标系的y轴旋转$90°$,然后沿基坐标系x轴方向平移20个单位,求变换所得到新坐标系F'。

(3) 确定表示同一点但由坐标系F'所描述的矢量v'。

(4) 作图表示u、v、v'、F和F'之间的关系。

5. 多机器人协同相对于单个机器人有哪些优势?

6. 典型的编队结构有哪些?

7. 除了人工势场法外还有哪些常用的避障方法?

8. 试思考多机器人协同控制技术在未来的应用场景。

第 3 章　机器人常用传感器

3.1　机器人传感器概述

传感器是一种能够探测外部环境信息并按照特定规则将其转化为有用输出信号的设备或组件。简而言之,传感器的作用在于将外部信号转换为电信号。更具体地说,传感器是一种探测装置,可以感知位置变化、速度、力、温度、湿度、流体流量、光线以及化学物质等非电物理量,并按照一定规律将这些物理量转换为电压、电流等形式的电信号,或转化为电路的开/关状态,以满足信息的传输、处理、存储、显示、记录和控制等需求。传感器是实现自动化检测和控制过程的不可或缺的关键环节。传感器具有以下几个特点:属于知识密集型产品,涉及多个学科领域的知识;技术复杂,生产工艺要求较高;功能优异,性能稳定;种类繁多,应用范围广泛。

由于传感器种类繁多,工作原理各异,检测对象涉及多个领域,因此传感器的分类方法也多种多样。通常,人们会根据不同的需求进行分类。表 3.1 列出了常见的分类方法。

表 3.1　传感器的分类方法

分类方法	类型	说明
按构成原理分类	结构型	以转化元件结构参数变化实现信号转换的传感器,如应变式压力传感器、电容式压力传感器等
	物理型	以转换元件物理特性变化实现信号转换的传感器,如压电式压力传感器、光电式传感器等
按基本效应分类	物理型	采用物理效应,如力、热、光、电、磁、声、气、速度、流量等效应进行转换的传感器
	化学型	采用化学效应,如化学吸附、电化学反应等效应进行转换的传感器
	生物型	采用生物效应,如基于酶、抗体和激素等分子识别功能进行转换的传感器
按工作原理分类	电阻式	利用电阻参数变化实现信号转换的传感器
	电容式	利用电容参数变化实现信号转换的传感器
	电感式	利用电感参数变化实现信号转换的传感器
	压电式	利用压电效应实现信号转换的传感器
	磁电式	利用电磁感应原理实现信号转换的传感器
	热电式	利用热电效应实现信号转换的传感器
	光电式	利用光电效应实现信号转换的传感器
	光纤式	利用光纤特性参数变换实现信号转换的传感器

续表

分类方法	类型	说明
按输出量分类	模拟式	输出量为模拟信号（电压、电流）的传感器
	数字式	输出量为数字信号（脉冲、编码）的传感器
按被测量类别分类	热工量	用于测量温度、热量、比热、压力、压差、真空度、流量、流速、风速等热工参数的传感器
	机械量	用于测量位移（线位移、角位移）、尺寸、形状、力、力矩、应力、质量、转速、线速度、振动幅度、频率、加速度、噪声等机械参数的传感器
	成分量	用于测量气体化学成分、液体化学成分、酸碱度、盐度、浓度、黏度、密度、相对密度等物理、化学成分的传感器
	状态量	用于测量颜色、透明度、磨损量、材料内部裂缝或缺陷、气体泄漏、表面质量等状态参数的传感器

按照传感器的用途，可以将其分为位置传感器、力传感器、液面传感器、能耗传感器、速度传感器、温度传感器、流量传感器、加速度传感器、角度传感器、距离传感器、气敏传感器、位敏传感器以及生物传感器等类型。根据传感器的技术类型，可以将其划分为激光传感器、红外传感器、智能传感器、微型传感器、网络传感器、超声波传感器和生物传感器等类型。机器人所配置传感器的种类和规格因其任务需求的不同而有所差异，通常可分为内部传感器和外部传感器两大类。表3.2和表3.3列出了机器人内部传感器和外部传感器的基本种类。

表3.2　机器人内部传感器的基本种类

内部传感器	基本种类
位置传感器	电位器，旋转变压器，码盘
速度传感器	测速发电机，码盘
加速度传感器	应变片式，伺服式，压电式，电动式
倾斜角传感器	液体式，垂直振子式
力（力矩）传感器	应变式，压电式

表3.3　机器人外部传感器的基本种类

外部传感器	功能	基本种类
视觉传感器	测量传感器	光学式（点状，线状，圆形，螺旋形，光束）
	识别传感器	光学式，声波式
触觉传感器	触觉传感器	单点式，分布式
	压觉传感器	单点式，高密度集成，分布式
	滑觉传感器	点接触式，线接触式，面接触式
接近度传感器	接近度传感器	空气式，磁场式，电场式，光学式，声波式
	距离传感器	光学式（反射光量，定时，相位信息） 声波式（反射音量，传输时间信息）

内部传感器是测量机器人自身状态的功能元件，具体检测目标对象关节的线位移、角位

移等几何量,整体速度、角速度、加速度等运动量,还有倾斜角、方位角、振动等物理量等,将所有信息综合即可得到来自机器人内部的信息。而外部传感器则主要用来采集机器人和外部环境以及工作对象之间相互作用的信息。内部传感器常在控制系统中用作反馈元件,检测机器人自身的状态参数,如关节运动的位置、速度、加速度等;外部传感器主要用来测量机器人周边环境参数,通常跟机器人的目标识别、作业安全等因素有关,如视觉传感器,它既可以用来识别工作对象,也可以用来检测障碍物。从机器人系统的观点来看,外部传感器的信号一般用于规划决策层,也有一些外部传感器的信号被底层的伺服控制层所利用。

内部传感器和外部传感器式是根据传感器在系统中的作用来划分的,某些传感器既可以当作内部传感器使用,又可以当作外部传感器使用。例如,力传感器用于末端执行器或操作臂的自重补偿时,是内部传感器;用于测量操作对象或障碍物的反作用力时,是外部传感器。

3.2 位置传感器

3.2.1 电位器

电位器通过电阻将位置信息转换为随位置变化的电压。当滑动触头因位置变化在电阻上滑动时,触头接触点前后对应的电阻值与总电阻值的比例会发生变化,其工作原理如图3.1所示。从功能上来讲,电位器相当于一个分压器,因此其输出电压与电阻成比例。

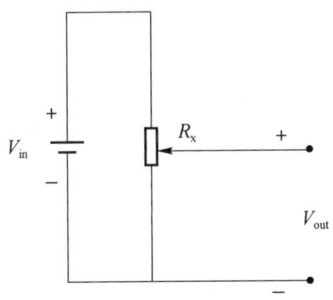

图 3.1　电位器工作原理示意图

电位器是一种重要的传感器,可以用于测量旋转运动和直线运动,具体分为旋转式电位器和直线式电位器。旋转式电位器能够通过设计为多圈型,允许用户对多个旋转圈数进行测量,满足更复杂的运动需求。

电位器的构造主要有两种类型:绕线式和薄膜(也称为导电塑料)式。绕线式电位器是通过在绝缘基材上缠绕线圈形成的电阻导体,可以实现电阻的变化。而薄膜式电位器则是在绝缘基材表面喷镀一层阻性材料,形成均匀的导电薄膜。薄膜式电位器的显著优点在于其输出信号连续且噪声低,因此在进行信号处理时,可以对其输出进行微分,以计算相关的速度或加速度。这使得薄膜式电位器在高速动态测量中表现出色。相比之下,绕线式电位器的输出为步进式,变化较为粗糙,不适合进行微分运算,因而在某些高精度应用中效果较差。

电位器通常用作内部反馈传感器,以检测关节和连杆的位置。它们可以单独使用,也可以与其他传感器(如编码器)配合使用。在此情况下,编码器负责检测关节和连杆的当前位置,而电位器检测其起始位置。这两种传感器的组合可在输入要求较低的情况下实现较高的精度。后续将对此进行更详细的讨论。

3.2.2 光电编码器

光电编码器是目前在对精度要求较高的应用场景中最常使用的传感器,如图 3.2 所示。其主要工作原理是:在码盘的一侧设置光源,经过码盘分割的光束会照射到另一侧的光敏传感器上,通过检测光束的通断状态,可以判断出不同的位置状态。根据码盘的不同类型,光电编码器可分为增量式编码器和绝对式编码器两种。

图 3.2 光电编码器

1. 增量式编码器

增量式编码器的码盘由透光与不透光的弧段交替组成,且这两类弧段的尺寸相同。因此,每个弧段对应相同的角度,分割的弧段数量越多,编码器的角度分辨率就越高。假设码盘仅分为两个弧段,则每个弧段对应 180°,分辨率为 180°。在实际应用中,典型的码盘通常被分为 512 到 1 024 个弧段,对应的分辨率为 0.7°至 0.35°。

一般情况下,编码器的码盘包含三圈光学信号通道,分别用于产生三相信号,如图 3.3 所示。最外圈为 A 相,其弧段分割对应不同的位置;中间圈为 B 相,与 A 相之间具有半个弧段的相位差,可用于判断旋转方向;最内圈为 Z 相,每转一圈仅输出一个脉冲信号,用于位置校准与累计。

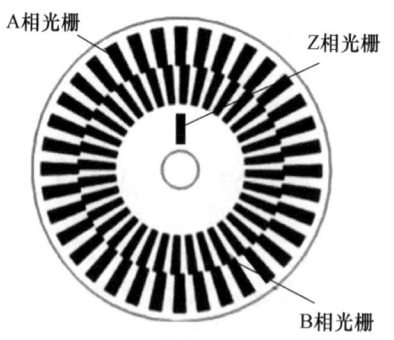

图 3.3 增量式编码器码盘

2. 绝对式编码器

绝对式编码器的码盘设计使其每一个弧段对应一个唯一的位置编码。为了实现这一特性，通常采用格雷码进行编码，其具体编码分布如图 3.4 所示。格雷码也称为反射二进制码，是一种特殊的二进制编码方式，其特点是相邻数值之间仅有一位二进制位发生变化。这一特性显著降低了由于多位同时变化可能引发的读数误差，因此其广泛应用于对抗干扰能力要求较高的应用场景，如旋转编码器、模数转换器等。

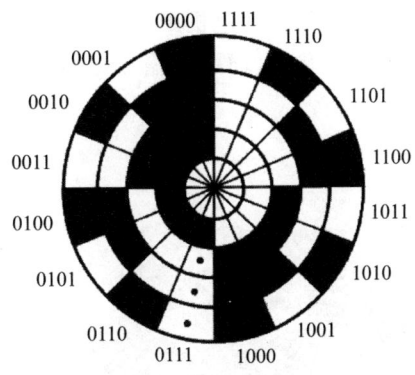

图 3.4 绝对式编码器码盘

在格雷码中，任意两个相邻数值之间的最小汉明距离为 1，即它们之间只有一个比特位不同。这种单位变化的特性有助于提升系统在高速或干扰条件下的稳定性与可靠性，尤其适用于位置检测、数据通信、错误检测等需要高精度和高稳定性的应用领域。

生成 n 位格雷码的一种常用方法如下：保留原始二进制数的最高位作为格雷码的首位，其后的每一位由该位与其前一位进行异或运算（XOR）得到。常用的十进制数、自然二进制数与格雷码的对应关系如表 3.4 所示。

表 3.4 常用的十进制数、自然二进制数与格雷码的对应关系

十进制数	自然二进制数	格雷码	十进制数	自然二进制数	格雷码
0	0000	0000	8	1000	1100
1	0001	0001	9	1001	1101
2	0010	0011	10	1010	1111
3	0011	0010	11	1011	1110
4	0100	0110	12	1100	1010
5	0101	0111	13	1101	1011
6	0110	0101	14	1110	1001
7	0111	0100	15	1111	1000

在使用绝对式编码器的应用中，通常期望系统在重新上电后能够立即获得当前位置的绝对位置信息。标准的绝对式编码器通常仅提供单圈绝对位置，然而在实际工程中，电机或机构往往需要获取多圈位置信息。为此，系统通常配备专用的圈数计数寄存器，用于记录电机所经历的完整转数。考虑到器件寿命及成本因素，这类寄存器通常采用断电后不保存数据的易失性存储器。为了保障断电期间的数据保持能力，系统需通过外接电源为寄存器提

供不间断电力供应,从而实现对多圈位置的持续记录。

3.2.3 霍尔传感器

霍尔传感器如图3.5所示,具有安装简便、线性度良好、体积小巧等优点。然而,其测量精度通常低于光电编码器,因此多用于对位置精度要求不高的应用场景。

霍尔传感器的工作原理基于霍尔效应:载流导体处于垂直磁场中时,会在垂直于电流与磁场的方向上产生电势差,即霍尔电压。在电机中,当转子上的永磁体或产生磁通量的线圈靠近霍尔传感器时,感应磁场发生变化,进而引起输出电压的变化,据此可推算出电机的位置状态。

图3.5 霍尔传感器

在实际应用中,通常布置3个霍尔传感器,彼此相隔120°电角度,如图3.6所示。电机运行时,3个传感器输出相位相差120°的模拟电压信号。这些模拟信号经过阈值比较处理后,转化为3路高低电平的数字方波信号,构成图3.7所示的三相信号波形。

可以观察到,每转过60°电角度,至少有一个霍尔传感器的方波状态发生变化。通过读取3路霍尔信号的组合状态,可以精确判断电机转子当前所处的电角度区间。至于每个区间内部更精确的位置信息,则可通过线性插值等方法进一步估算。

图3.6 霍尔传感器分布情况

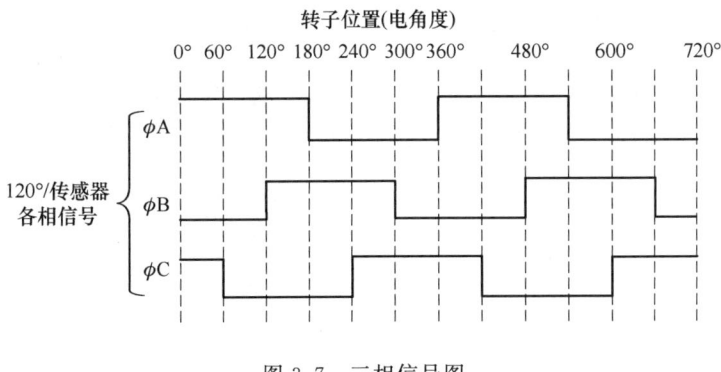

图 3.7　三相信号图

3.2.4　线位移差动变压器

差动变压器的工作原理是将位移等非电量的变化转换为线圈之间的互感变化,本质上属于一种互感式变压器。其工作原理如图 3.8 所示。当位移发生变化时,变压器的互感量随之改变,从而带来输出电压的变化。

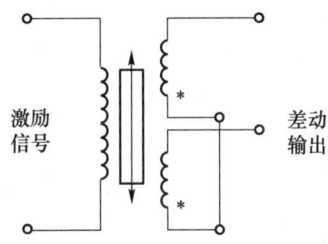

图 3.8　线位移差动变压器工作原理图

常用的螺旋式差动变压器主要由衔铁、一次线圈、二次线圈和线圈骨架构成。一次线圈作为激励线圈,用于向系统输入交流信号;二次线圈由两个结构参数和电气参数完全一致的线圈反向串联组成。由于这种差动连接方式,位移引起的感应电压变化可以通过输出电压的变化准确反映出来,从而实现高灵敏度的位移检测。

3.2.5　旋转变压器

旋转变压器由 3 个绕组构成,包括一个转子绕组和两个定子绕组,其中两个定子绕组相互正交,即呈 90°角布置,其工作原理如图 3.9 所示。该结构构成了一个对转角敏感的变压器系统。在运行过程中,系统通过向转子绕组施加正弦载波信号,从而在两个定子绕组中感应出调制信号。由于定子绕组的空间正交布置,这两个输出信号在幅值上分别与转子角度的正弦与余弦函数成正比,且彼此之间具有 90°的相位差。

通过对这两个信号进行解调处理,可以获取转子的角度位置信息。具体方法为:首先分别提取两个调制信号中的正弦波和余弦波分量,然后通过它们的比值计算出角度的正切值,最后利用反正切函数求得转子当前的角度。

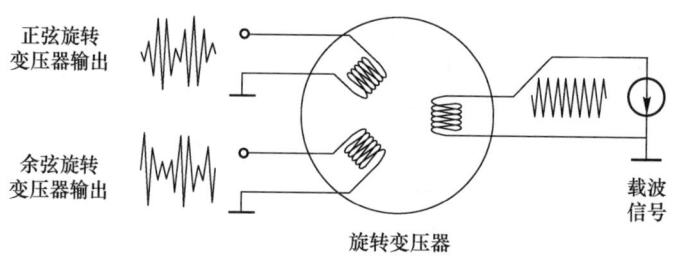

图 3.9 旋转变压器工作原理图

3.3 力传感器

力传感器是将力或力矩的物理量转换为电信号的关键部件。其基本结构通常由敏感元件和转换元件构成,能够将感知到的物理信息按照一定的规律转换为可输出的电信号,以满足信息的传输、处理、存储、显示、记录与控制等功能需求。2019年实施的推荐性国家标准 GB/T 36378.1—2018《传感器分类与代码 第1部分:物理量传感器》对传感器按照所测量的物理量进行了系统的分类。其中,力学量传感器包括但不限于以下几类:压力传感器、重力传感器、应力传感器、力矩传感器、位置传感器、速度传感器以及加速度传感器等。

从产业链上游来看,根据测量原理的不同,力传感器上游材料均为半导体材料、金属材料、有机材料等。目前上游材料的供应商竞争充分,市场供应充足。从产业链下游来看,力传感器是众多机械和电子设备不可或缺的感知元件,其产业链下游应用广泛,包括汽车电子、通信电子、消费电子、专用设备等多个领域。

3.3.1 力传感器的分类方式

力传感器的分类方式多种多样,常见的分类方式包括根据测量原理、测量维数、输出方式和所测量力的种类等进行划分。

1. 根据测量原理分类

根据测量原理,力传感器可分为应变式力传感器、压电式力传感器、电容式力传感器、光学式力传感器等类型。

(1) 应变式力传感器

应变式力传感器通过将力转化为电阻变化来进行测量。其核心组件是电阻应变片,通常由金属或硅材料制成,可以将力引起的应变转化为电阻的变化,即应变效应。应变式力传感器由粘贴在弹性元件上的电阻应变敏感元件构成。当待测力作用在弹性元件上时,弹性元件的变形会导致敏感元件的阻值发生变化,随后转换电路将其转换为电信号输出,从而可以根据电信号推算出力的大小。除了力和力矩的测量外,应变式力传感器还可以利用相似原理测量加速度、位移等其他物理量。应变式力传感器具有精度高、技术成熟、测量范围广和频响特性良好等优点,是当前应用非常广泛的力传感器类型之一。

(2) 压电式力传感器

压电式力传感器通过将力的变化转化为电荷变化来进行测量。其核心组件是压电材料,如石英、压电陶瓷等。当压电材料在特定方向上受到外力作用时,会发生变形,并在材料内部产生极化现象,同时在其两个相对表面上形成正负相反的电荷。电路将这些电荷变化转化为电信号输出,从而可以根据电信号推算出力的大小。压电式力传感器具有出色的动态响应性能、较高的精度和分辨率,且结构紧凑、尺寸小、刚度强。这些优点使其在需要高频响应和精确测量的应用中具有显著优势。

(3) 电容式力传感器

电容式力传感器将力的变化转化为电容变化来进行测量。电容式力传感器的核心组件是电容器。电容式力传感器一般采用圆形金属薄膜或镀金属薄膜作为电容器的一个电极,当薄膜感受到压力而变形时,薄膜与固定电极之间的电容量发生变化,通过测量电路即可输出与电压成一定关系的电信号,据此推算力的大小。电容式力传感器具有灵敏度和分辨率高、频率范围宽、结构简单、环境适用性强等特点。

(4) 光学式力传感器

光学式力传感器将力的变化转化为光强变化来进行测量。光学式力传感器的核心组件是光纤。光学式力传感器由弹性体和光纤构成。当待测力作用在弹性体上时,弹性体形变使得光纤发生弯曲,导致经过光纤的光强发生变化,用光传感器检测这一信号,据此可以推算出力的大小。光学式力传感器具有可靠性高、测量范围广、动态响应好等特点。

力传感器的性能指标有稳定性、刚度、成本、信噪比、动态特性等。其中,稳定性是指传感器在不同环境或条件下保持测量结果一致的能力。刚度是指传感器抵抗形变的能力,高刚度意味着在受力时形变小。成本是指传感器的制造和采购成本。信噪比表示传感器输出信号与内部噪声的比值,高信噪比意味着传感器能提供更清晰的信号。动态特性是指传感器响应快速变化的能力,包括响应时间和频率响应范围等。

2. 根据测量维数分类

根据测量维数,力传感器可分为一维至六维传感器。从主流力传感器的测量维数来看,一维、三维和六维力传感器是常见的产品,如表 3.5 所示,二维、四维和五维力传感器则相对较为少见。

(1) 一维力传感器

一维力传感器用于测量一个方向的力。如果待测力的方向能完全与标定坐标轴重合,那么用一维力传感器就能完成测量任务;如果待测力与标定坐标轴成一定夹角,或作用点不在标定参考点,那么会产生测量偏差。常见的压力传感器、称重传感器都属于一维力传感器。

(2) 三维力传感器

三维力传感器用于测量 3 个正交方向的力。如果待测力的方向变化,但力的作用点保持不变,与传感器的标定参考点重合,那么用三维力传感器就能完成测量任务。三维力传感器将给出待测力在 x、y、z 轴的 3 个分量 F_x、F_y、F_z。如果待测力的作用点不在标定参考点，那么会产生测量偏差。

（3）六维力传感器

六维力传感器用于测量 3 个正交方向的力和 3 个正交方向的力矩。即使待测力的方向任意变化，作用点不在标定参考点，六维力传感器也能完成测量任务。六维力传感器将给出待测力在 x、y、z 轴的 3 个分量 F_x、F_y、F_z 和待测力矩的 3 个分量 M_x、M_y、M_z。

表 3.5　常见的一维、三维、六维力传感器

种类	力的方向	力的作用点	示意图
一维力传感器	与标定坐标轴重合	位于标定参考点	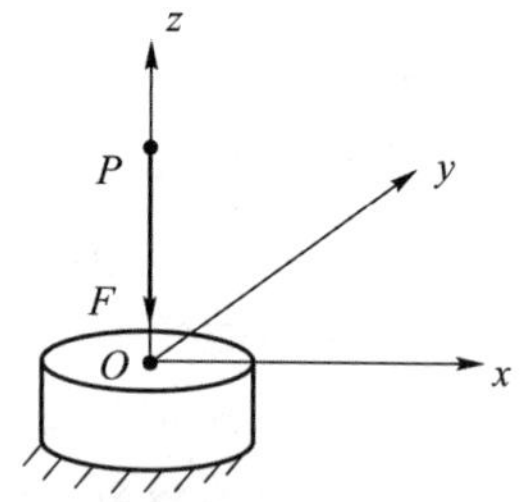 O—力传感器标定参考点 P—力的作用点 $O\text{-}xyz$—传感器标定坐标系
三维力传感器	无限制	位于标定参考点	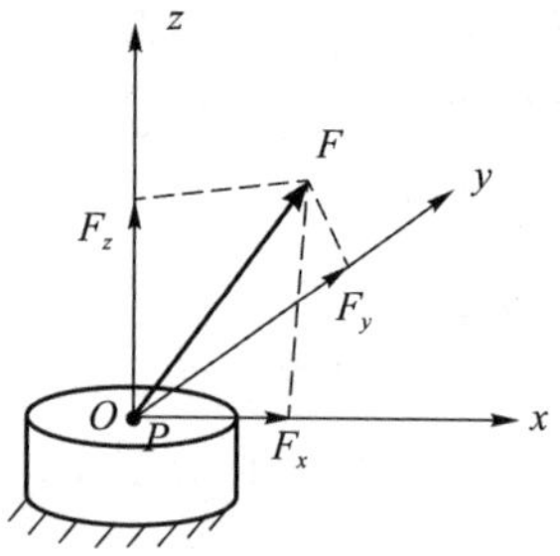 O—力传感器标定参考点 P—力的作用点 $O\text{-}xyz$—传感器标定坐标系
六维力传感器	无限制	无限制	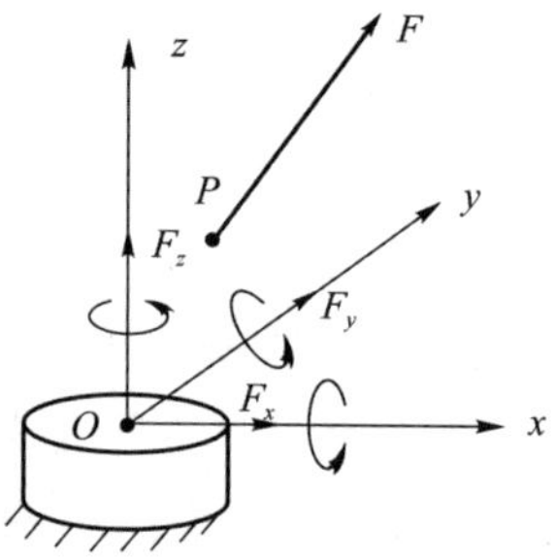 O—力传感器标定参考点 P—力的作用点 $O\text{-}xyz$—传感器标定坐标系

3. 根据输出方式分类

根据输出方式的不同，力传感器可分为模拟传感器和数字传感器，其输出信号、优缺点

及应用场景如表3.6所示。

表 3.6 力传感器按输出方式分类

分类方式	种类	输出信号	优点	缺点	应用场景
按输出方式分类	模拟传感器	模拟信号	传输距离短、成本低、功耗低	精度低、抗干扰能力差、不易集成	电子测量、环境监测、机器人等
	数字传感器	数字信号	精度高、抗干扰能力强、易于集成	价格较高、功耗较大	工业自动化、医疗设备、汽车电子等

(1) 模拟传感器

模拟传感器将被测量的力信号转换为模拟信号输出。模拟信号是连续的变化信号,可以通过模拟电路进行处理和控制。模拟传感器广泛应用于电子测量、环境监测、机器人等领域。

模拟传感器的优点如下。

① 传输距离远:模拟信号具有连续变化的特点,可以在传输距离较远的情况下保持信号稳定。

② 成本低:不需要数字转换器等电路,因此成本较低。

③ 功耗低:模拟传感器不需要进行数字转换,因此功耗较低。

模拟传感器的缺点如下。

① 精度低:模拟传感器中存在放大、滤波等环节,容易受到噪声、漂移等因素的影响。

② 抗干扰能力差:模拟信号容易受到环境干扰的影响。

③ 不易集成:输出的是模拟信号,需要通过模拟电路进行处理和控制,因此不易与其他电子元器件集成。

(2) 数字传感器

数字传感器将被测量的力信号直接转换为数字信号输出。数字信号是一系列由0和1组成的二进制数码,可以通过微处理器或单片机进行处理和控制。数字传感器广泛应用于工业自动化、医疗设备、汽车电子等领域。

数字传感器的优点如下。

① 精度高:直接将模拟信号转换为数字信号,避免了模拟电路中存在的放大、滤波等环节带来的误差。

② 抗干扰能力强:输出的数字信号可以通过软件算法进行处理和控制,具有良好的抗干扰能力。

③ 易于集成:直接与微处理器或单片机相连,实现数字化处理,可方便地与其他电子元器件集成在一起。

数字传感器的缺点如下。

① 价格较高:需要包含数字转换器等电路,造价较高。

② 功耗较大:需要通过数字转换器将模拟信号转换为数字信号,功耗较大。

4. 根据所测量力的种类分类

根据所测量力的种类,力传感器可分为压力传感器、称重传感器、力矩传感器等。

(1) 压力传感器

压力传感器用于测量压力,包括气体、液体的压力等。根据不同的压力类型,压力传感器可进一步细分为表压传感器、差压传感器和绝压传感器。压力传感器是一种极为常用的传感器,广泛应用于工业自动化、智能机器人、汽车、医疗、家用电器等行业。采用柔性材料制成的柔性压力传感器可用于机器人仿生电子皮肤,为机器人提供触觉感知解决方案。

(2) 称重传感器

称重传感器专门用于测量物体的重量,常见于电子秤、料斗称重、工业计量等场合。其通常采用应变式或电容式等技术,能够提供高精度的重量测量数据,满足不同工业及商业称重需求。

(3) 力矩传感器

力矩传感器用于测量作用在旋转轴或机械部件上的扭转力矩,广泛应用于机械制造、汽车动力系统、机器人关节控制等领域。该类传感器能实时监测扭矩变化,为设备运行状态评估和故障诊断提供重要依据。

3.3.2 应变式力传感器

应变式力传感器的组成部分如图 3.10 所示,其工作原理基于应变效应,即当弹性体受到外力作用而发生形变时,粘贴于其上的应变片电阻发生变化。在应变式力传感器中,传感元件通常为承受力的弹性体,如梁或膜片,其表面粘贴有应变片。当弹性体受到力而变形时,应变片随之变形,导致电阻值改变。这种电阻变化通过惠斯通电桥电路测量,该电路由 4 个电阻组成,其中两个为应变片,另外两个为固定电阻。电桥失去平衡时,输出与应变成正比的电压信号。测量电路通常需要辅助电源提供稳定的电压或电流,以进行精确测量。最终,传感器输出与所受力成正比的电信号,供进一步处理或直接用于控制和监测系统。

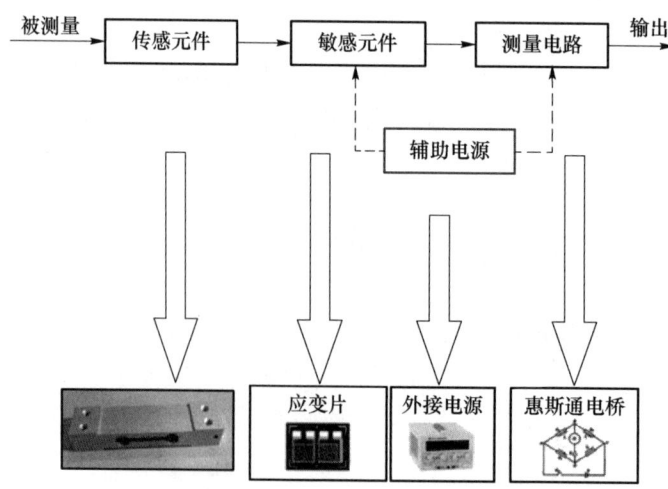

图 3.10 应变式力传感器的组成部分

3.3.3 压电式力传感器

压电式力传感器是以压电元件为转换元件,输出电荷与作用力成正比,将力的变化转化为电的装置。常用的压电式力传感器的形式为荷重垫圈式,如图 3.11 所示,它由基座、上盖、石英晶片、电极等组成。

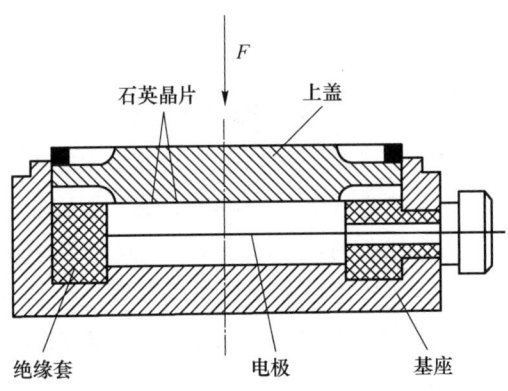

图 3.11 压电式力传感器的组成部分

压电式力传感器在动态力测量方面有着特定的适用范围与性能表现。其适用于变化频率处于相对不高区间的动态力测量任务,测力范围颇为可观,能够达到 10 kN 及以上,并且非线性误差可控制在 1% 以内,固有频率能够高达数十千赫兹。

在该传感器的装配环节,有一个要点需予以重视,即必须施加足够的预紧力。这是由于若预紧力不足,元件之间易出现接触不良的状况,进而引发非线性误差。而通过确保施加足够的预紧力,可有效消除此类因接触不良所导致的非线性误差,从而保障传感器能够稳定地工作于线性状态之下,实现精准的力测量功能。

3.3.4 电容式压力传感器

电容式压力传感器是一种利用电容敏感元件将被测压力转换成与之成一定关系的电量输出的压力传感器。其特点是,输入能量低,动态响应高,自然效应小,环境适应性好。

电容式压力传感器属于极距变化型电容式传感器,可分为单电容式压力传感器和差动电容式压力传感器。

单电容式压力传感器如图 3.12 所示,其基本型式由圆形薄膜与固定电极构成。薄膜在压力的作用下变形,从而改变电容器的容量,其灵敏度大致与薄膜的面积和压力成正比而与薄膜的张力和薄膜到固定电极的距离成反比。另一种型式的固定电极取凹形球面状,膜片为周边固定的张紧平面,膜片可用塑料镀金属层的方法制成。这种型式适用于测量低压,并有较高过载能力的场景。另外,还可以采用带活塞动极膜片制成测量高压的单电容式压力传感器。这种型式可减小膜片的直接受压面积,以便采用较薄的膜片提高灵敏度。它还与各种补偿和保护部件以及放大电路整体封装在一起,以便提高抗干扰能力。这种传感器适用于测量动态高压和对飞行器进行遥测。

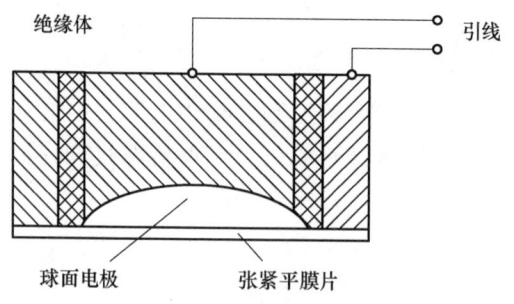

图 3.12 单电容式压力传感器

差动电容式压力传感器如图 3.13 所示,受压膜片电极位于两个固定电极之间,构成两个电容器。在压力的作用下一个电容器的容量增大而另一个则相应减小,测量结果由差动式电路输出。它的固定电极是在凹曲的玻璃表面上镀金属层而制成的。过载时膜片受到凹面的保护而不致破裂。差动电容式压力传感器比单电容式压力传感器的灵敏度高、线性度好,但加工较困难(特别是难以保证对称性),而且不能实现对被测气体或液体的隔离,因此不宜工作在有腐蚀性或杂质的流体中。

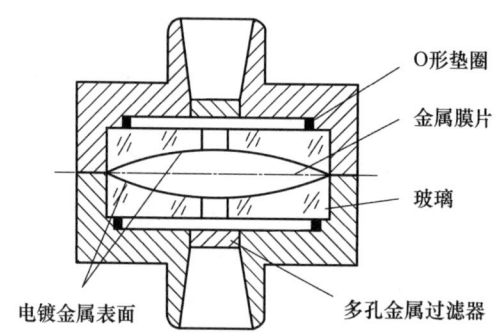

图 3.13 差动电容式压力传感器

3.3.5 一维力传感器

一维力传感器通常由弹性元件和贴在其上的应变片组成。当外力作用在弹性元件上时,应变片会发生形变,从而引起电阻值的变化。通过测量电阻值的变化,可以推算出外力的大小。一维力传感器具有结构简单、测量精度高、稳定性好等优点,因此在工业自动化领域得到了广泛应用。

在选择一维力传感器时,需要根据实际应用场景和测量需求进行选择,不仅需要考虑测量范围、精度、稳定性、响应时间等因素,还需要考虑传感器的尺寸、接口形式、工作温度等参数是否符合实际要求。

为了保证一维力传感器的测量精度和稳定性,需要对其进行校准。通常采用砝码或标准测力仪进行校准,校准过程中需要按照传感器的使用说明进行操作。在校准过程中需要注意传感器的线性度和零点漂移等问题,以确保传感器的测量结果准确可靠。

一维力传感器作为一种常用的传感器,在非标自动化设备中得到了广泛应用。在实际应用中需要根据具体需求对其进行选择和校准,以保证测量结果的准确可靠。随着工业自动化技术的不断发展,一维力传感器的应用前景将更加广阔。

3.3.6 三维力传感器

三维力传感器是一种专门用于检测物体在空间中受力情况的传感器,它能够测量3个方向上的力,包括拉力、压力和剪切力。这种传感器在多个领域,如机器人技术、医疗器械、汽车工业等获得了广泛应用,主要因为其能够提供更全面的力信息。

三维力传感器通常由3个独立的单向力传感器构成。每个单向力传感器都包含一个敏感元件和相应的机械结构。在物体施加力量时,敏感元件会发生变形,这一变形会导致与之相连的应变传感器产生相应的电压信号。这些电压信号能够反映施加在传感器上的力的大小和方向。

处理电路会对这些单向力传感器输出的电压信号进行采集,并利用系统中的算法将其转换为三维力向量。通过这种方式,可以得出3个方向上的力的合成结果,从而实现对物体受力情况的全面测量。

三维力传感器的工作原理依赖敏感元件的弹性变形特性。当外部作用力使敏感元件变形时,传感器会通过应变传感器将这种形变转化为电信号。这些电信号由信号处理器进行计算,并能够提供关于施加力的各个方向上的分量信息。

由于其高精度和广泛适用性,三维力传感器在不同的应用场景中显得极为重要,有助于实现更为精细的力控制和监测,为机器人的操控精度、医疗设备的灵敏度以及汽车安全性等提供了大力支持。这使得三维力传感器在技术发展和实际应用中显示出良好的前景。

3.3.7 六维力传感器

随着制造业智能化水平的提升,力控制精度的需求日益增多,六维力传感器的重要性愈发凸显。在现代加工和制造过程中,接触过程几乎贯穿所有环节,而这些接触过程中产生的力和力矩的准确测量,对于实现高效、精确的操作至关重要。传统的力与力矩测量通常依赖一维力传感器,这种方法在面对简单的应用场景时是有效的。然而,随着工业设备的工作条件和模式日益复杂,单一的测量方式已难以满足现代工业对力传感与控制的更高要求。现代工业设备需要在保持紧凑尺寸的基础上,能够准确迅速地感知三维方向上的力和力矩,这就需要借助六维力传感器。

六维力传感器能够同时测量3个方向的力和3个方向的力矩,提供全面的力学状态信息。这种设备不仅提升了力控制的精度,还能够在动态环境中自动调整操作策略,从而增强机器人的灵活性和适应性。通过实时的力与力矩反馈,机器人能够实现高效的自适应控制,优化加工过程,降低因力控制不当导致的产品缺陷和设备磨损。

与单一使用一维力传感器相比,六维力传感器具有以下优点。

① 精度提升:高精度的六维力传感器耦合误差可以达到0.5%以内,常规产品也可以达到2%~5%,但是如果使用多个一维力传感器组合解耦,一般的耦合误差高达20%以上,严重影响测量精度。

② 结构紧凑:六维力传感器体积小,结构紧凑,一个六维力传感器所需的空间小于六个

一维力传感器所需的空间。

③ 协调同步：使用多个一维力传感器可能出现传感器间信号不同步的问题，而六维力传感器可同时解算出3个方向的力和力矩，同步性大大提高。

即使在部分力控算法仅需3个方向的力值而不关注力矩时，三维力传感器也难以替代六维力传感器。在机器人等复杂机械结构中，作用于元器件的力臂常常变化且变化幅度较大，这会对三维力传感器的测量结果产生显著影响，导致其误差过大。相比之下，六维力传感器通过充分解耦3个方向的力和力矩，能够有效应对力臂变化。此外，当力臂过大时，即使三维力传感器所受力未超量程，过大的力矩仍可能引起传感器材料屈服、断裂或损坏，而六维力传感器能及时检测异常力矩变化，辅助机器人调整姿态，防止元器件受损。

六维力传感器的主要性能参数包括量程、过载能力、分辨率、重复精度、串扰及准度等。量程衡量传感器能测量的力/力矩的范围。过载能力衡量传感器能承受多大的力/力矩而不发生规定性能指标的永久性改变。在实际应用场景中，六维力传感器过载的主要原因是传感器受到的力矩超出量程范围。分辨率衡量传感器可以感知的最小可能变化。重复精度又称精度，该指标衡量传感器重复测量同一值时的重复性。在大多数情况下，重复精度比分辨率更为重要。其计算方式为：在相同环境条件下，在额定载荷范围内，对传感器进行多次重复联合加载相同一组载荷后，计算得到的传感器测量值的标准差除以量程。串扰衡量传感器不同方向的力/力矩间的耦合干扰，是反映六维力传感器制造、标定水平的核心指标之一。其计算方式为：分别对六维力传感器的6个测量方向精确加载至各自的额定载荷，记录6个方向的测量结果，并除以量程，取其中的最大值为串扰指标。准度衡量传感器测定值与实际值的差异。准度是滞后、线性、蠕变等误差因素综合影响的结果，更能体现产品的综合性能，是多维力传感器最为核心的技术指标之一。其计算方式为：对传感器进行多组多维联合加载，计算得到的传感器测量值与所加载荷理论真值之间的标准偏差除以量程。

六维力传感器具有非线性力学特性，无法用一维力传感器的叠加取代。如果仅对F_x方向加载到额定载荷，并且假设加载方向和载荷值是准确的，理论上，此时F_x方向的示数应为100%FS，其他方向应为0%FS。但实际情况下，F_x的示数并非100%FS，其他方向的测量结果也并非零。其他方向的测量结果就体现了F_x对其他5个测量方向的耦合干扰情况，即非线性力学特性。因此，多个力传感器的线性叠加无法取代六维力传感器。

减少耦合干扰的方法主要有两种。

① 结构解耦：通过优化六维力传感器的结构设计，尽量减少不同测量维度之间的耦合效应。目前，六维力传感器中弹性体的结构形式主要包括垂直筋式、十字梁式、轮辐式、压电式、圆筒式及广泛应用的并联结构式等。尽管结构解耦能够在一定程度上减少耦合干扰，但此类结构通常较为复杂，对加工及装配精度要求极高，导致制造难度大，成本高昂，限制了其大规模推广应用。

② 算法解耦：通过建立电信号与待测力、力矩之间的准确映射关系，实现对耦合干扰的补偿和校正。算法解耦方法主要分为线性解耦方法和非线性解耦方法两类。常用的线性解耦方法包括直接求逆法和最小二乘法；非线性解耦方法则涵盖了BP神经网络、径向基函数神经网络、支持向量机、遗传算法以及优化小波神经网络等先进算法。

六维联合加载设备是高精度六维力传感器研发和生产的必要条件。如果以普通的一维加载设备对六维力传感器的不同方向分开标定，不同维度间的合干扰就未被考虑。这样的标定方式虽然设备成本低，技术要求低，但标定出来的传感器准度性能较差，串扰较大，无法达到 0.5%FS 的高精度要求。六维联合加载设备可以对力传感器实现正交 3 个方向力和 3 个方向力矩的同时精确加载，只有在六维力传感器标定和检测过程中采用这种六维联合加载的方式，才能实现 0.5%FS 以内的准度。

3.3.8 力传感器的零漂与温漂

零漂与温漂是传感器的重要精度指标。

零漂，又称零点漂移，指的是传感器在无输入信号条件下，其输出信号随时间发生缓慢变化的现象。在理想状态下，传感器输出应保持在固定的零点水平不变，但在实际应用中，所有传感器均不可避免地存在一定程度的零漂，影响测量的稳定性和准确性。

温漂，即温度漂移，指传感器输出随环境温度变化而产生的偏移。温漂测试通常将传感器置于特定温度环境，先将输出调零或调整至某一基准点，随后在一定范围内改变温度，测量前后输出值的差异，即温度稳定性误差。温漂是评估传感器在不同工作温度下性能稳定性的重要指标。

针对普通力传感器，数值算法常用于温度补偿，通常通过微控制器或嵌入式系统实现，以校正因温度变化引起的输出漂移。然而，此类数值补偿方法在高精度六维力传感器中的应用效果有限。原因在于其计算过程复杂，可能引发显著的测量延迟，而对于协作机器人及人形机器人等高精度力控系统而言，测量延迟将直接降低力控响应速度和控制精度，严重影响系统性能，因此并不可取。高精度六维力传感器的温度补偿要依赖更为高效、实时的硬件与算法设计，以满足严格的动态响应需求。

3.4 速度传感器

3.4.1 编码器/霍尔传感器

速度传感器最常见的形式是利用位置传感器实现，即在获得位置数据后经过微分获得速度数据，主要利用光电编码器和霍尔传感器实现。这两种位置传感器都会在测量后输出方波信号，只要统计出指定时间内获得的方波数量即可计算速度。

但是，如果编码器转动很慢，则方波信号数量会发生"突变"，也就是过去某一段时间内的位移在一瞬间显现，解决这一问题的办法是提高位置传感器精度或者增加采样时间。但是增加采样时间会影响数据更新频率，有些系统会自适应地调整采样时间，即速度快时减少采样时间，速度慢时增加采样时间。

也有一些方案是在获得了位置传感器的数字量后计算速度，这时就要考虑噪声对未知信号的影响，需要先使原始位置信号经过滤波再计算速度信号。

3.4.2 直流测速计

直流测速计实质上是一种将机械能转换为电能的发电装置，工作设备带动仪器上的齿轮机构运动,直流测速计将能量转换成电能,输出与角速度对应的模拟电压。其感应场由一个永磁体提供。由于其独特的结构设计,该设备展现出线性输入/输出关系,并有效减少了磁滞和温度变化的影响。由于磁通量保持恒定,当转子转动时,其输出电压与角速度成正比,比例系数由电机本身的常数决定。由于换向器的存在,输出电压会出现纹波,这种纹波无法通过滤波器消除,因为其频率取决于角速度。此外,直流测速计的线性误差范围为 $0.1\%\sim1\%$,而纹波系数则为输出信号均值的 $2\%\sim5\%$。直流测速计一般用作系统运转情况下的外部测量仪器,在一些高速情况下应用比较多,如车辆行驶速度的测量等。

3.4.3 交流测速计

为了克服直流测速计输出因纹波而引发的问题,可以采用交流测速计。直流测速计是真正的直流发电机,但交流测速计与传统的交流发电机有明显区别。实际上,使用同步发电机时,其输出信号频率与角速度成比例。

为使输出交流电压的幅值与速度成正比,需要采用一种结构与同步发电机不同的电动机。交流测速计的定子上配置了两个互相正交的绕组,以及一个杯形转子。当其中一个绕组接入幅值恒定的正弦电压时,另一个绕组将感应出频率相同的正弦电压,电压的相位与输入电压的相位要么一致,要么相反。激励频率一般设定为 400 Hz。通过一个同步探测器,可以得到角速度的模拟值。在这种情况下,由于输出信号的基频是电源频率的两倍,选用合适的滤波器就能够有效消除输出信号的纹波。

交流测速计的性能在许多应用中可以媲美直流测速计,并且它具有不少显著优势。首先,交流测速计没有摩擦触点,这意味着它们在运行过程中具有更高的可靠性和更长的使用寿命。其次,当使用杯形转子时,交流测速计的转动惯量相对较小,这使得其响应速度更快,能够更准确地反映转速变化。

然而,交流测速计也存在一些问题,其中最主要的就是剩余电压的产生。剩余电压是指在转子静止时,定子线圈与测量电路之间由于寄生耦合而导致的电压信号。这种寄生耦合是不可避免的,通常会导致在转子不转动时仍然能够检测到一定的电压信号。这种剩余电压可能会影响测量的准确性,特别是在需要高精度转速测量的应用中。

3.5 视觉传感器

视觉传感器是指利用光学元件和成像装置获取外部环境图像信息的仪器,通常用图像分辨率来描述视觉传感器的性能。视觉传感器的精度不仅与分辨率有关,而且同被测物体的检测距离相关。被测物体距离越远,传感器的位置精度越差。

本节详细介绍激光雷达(LiDAR)的工作原理、优势和结构组成,以及在 3D 深度传感技术中飞行时间(Time-of-Flight,ToF)技术的应用。激光雷达通过测量激光脉冲的往返时间来获取高精度的三维信息,适用于环境感知和目标探测。

3.5.1 激光雷达

与雷达工作原理类似,激光雷达通过测量激光信号的往返时间来确定位置,如图 3.14

所示,其最大优势在于能够利用3D点云技术,创建出目标清晰的3D图像。激光雷达通过发射和接收激光束,分析激光遇到目标对象后的反射时间,计算出到目标对象的相对距离,并利用此过程中收集到的目标对象表面大量密集的三维坐标信息,快速得到被测目标的三维模型以及线、面、体等各种相关数据,建立三维点云图,绘制出环境地图,以达到环境感知的目的。由于激光雷达系统具有非常高的测量精度,即使是非常短的飞行时间也能被准确测量。从效果上来讲,激光雷达的线束数量越多,其测量的详细程度和覆盖范围越广。

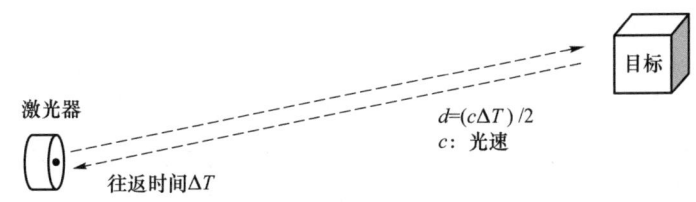

图 3.14 激光雷达的工作原理图

相比于可见光、红外线等传统被动成像技术,激光雷达技术具有以下显著特点。第一,它通过测量激光信号的往返时间来获取目标的三维信息,从而得到目标相对完整的空间信息,并通过数据处理重构目标的三维模型,获得更能反映目标几何外形的三维图形。第二,激光雷达还能获取目标表面的反射特性、运动速度等丰富的特征信息,这些信息为目标探测、识别和跟踪等数据处理任务提供了充分的支持,降低了算法的难度。第三,激光雷达作为一种主动成像技术,具有高测量分辨率、强抗干扰能力、抗隐身能力、强穿透能力,并能在全天候条件下工作的特点。

激光雷达系统如图 3.15 所示,主要包括激光发射、扫描、激光接收和信息处理四大系统,这 4 个系统相辅相成,形成传感闭环。在激光发射系统中,激励源周期性地驱动激光器发射激光脉冲,激光调制器控制发射激光的频率和功率,光束控制器调整激光的方向和线数,最后通过发射光学系统将激光定向发射至目标物体。扫描系统负责以稳定的转速旋转,实现对所在平面的扫描,并产生实时的平面图信息。在激光接收系统中,光电探测器接收目标物体反射回来的激光,将其转换为电信号。信号处理系统将接收到的信号进行放大、滤波、数模转换(ADC),并交给信息处理模块计算,提取目标的表面形态和物理属性等特性,用于建立和更新物体的三维模型。

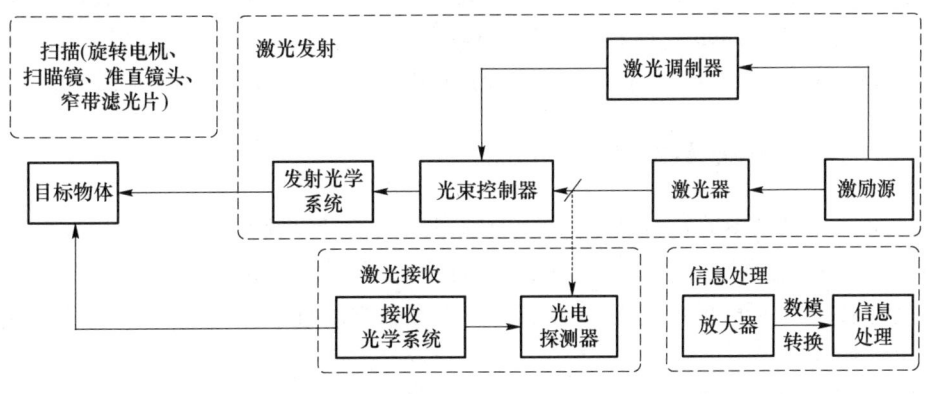

图 3.15 激光雷达系统

在评价激光雷达的性能时,会用到多个技术指标。线束、方位角、扫描帧频、角分辨率、测量精度、探测距离、数据率是 7 个常用的激光雷达性能评价指标。

线束表示激光雷达系统包含独立的发射机/接收机的数目。为获得尽量详细的点云图,激光雷达必须快速采集周围环境的数据。一种方式是提高发射机/接收机的采集速度,每个发射机在每秒内可以发送十万组以上脉冲,也就是说在 1 秒内,有 100 000 组脉冲完成一次发射/返回的循环;另一种方式是使用多线激光雷达,多线的配置使得激光雷达在每秒内可构建高达百万的数据点。

方位角包括水平方位角和垂直方位角。在激光雷达的工作过程中,水平方位角是指激光雷达主体不断旋转,能够对周围进行 360°扫描,也就是说,该激光雷达的水平方位角为 360°。对于垂直方位角,则需要注意两个方面:一是视场角的偏置;二是激光雷达光束的分布。视场角的偏置为 5°,即激光雷达在水平方向上向上的扫描角度为 15°,而向下的扫描角度为 25°。这一设计的目的是扫描路面上的障碍物,而避免将激光束射向天空。因此,激光束会向下偏置一定角度以更有效地利用激光。激光雷达的光束并非垂直均匀分布的,而是中间密集、边缘稀疏的。这种设计既能有效检测障碍物,又能将激光束集中在中间的感兴趣区域,以便更好地检测车辆周围的情况。

扫描帧频表示激光雷达点云数据更新的频率,也就是旋转镜每秒旋转的圈数,单位为 Hz。例如,10 Hz 即旋转镜每秒转 10 圈,同一方位的数据点更新 10 次。

角分辨率包括水平角分辨率和垂直角分辨率。其中,水平角分辨率是指水平方向上扫描线间的最小间隔度数。它随扫描帧频的变化而变化,转速越快,则水平方向上扫描线的间隔越大,水平角分辨率越大。垂直角分辨率指的是垂直方向上两条扫描线的间隔度数。

测量精度表示设备测量位置与实际位置偏差的范围。

探测距离表示激光雷达的最大测量距离,在自动驾驶领域应用的激光雷达的测距范围普遍在 100~200 m。激光雷达的有效测量距离和最小垂直分辨率有关系,角度分辨率越小,检测的效果越好。例如,两个激光光束之间的角度为 0.4°,那么当探测距离为 200 m 的时候,两个激光光束之间的距离为 200 m×tan 0.4°≈1.4 m,即在 200 m 之后,只能检测到高于 1.4 m 的障碍物。

数据率表示激光雷达每秒生成的激光点数。128 线扫描帧频为 10 Hz 的激光雷达水平角分辨率是 0.2°,那么单排每圈扫描的点数为 360°/0.2°=1 800,激光雷达旋转一周扫描的点数为 1 800×128=230 400,每秒转 10 圈,则每秒生成的激光点数和为 2 304 000 point/s。

3.5.2 3D ToF 深度传感器

ToF 相机因其紧凑的外形尺寸、宽广的动态感测范围以及在多种环境下的适应能力,成为首选的 3D 深度传感器。ToF 技术虽然已在科学和军事领域应用多年,但随着 21 世纪初图像传感技术的重大进步,包括传感器分辨率和数据处理能力的提升,ToF 相机才得到了更加普遍的应用。

3D ToF 深度传感器的工作原理如图 3.16 所示。ToF 相机通过使用调制光源(如激光或 LED)主动照亮物体,并用对激光波长敏感的图像传感器捕捉反射光,以此测量出目标距离。该类传感器可以测量出发射出的激光信号经目标反射,回到相机的时间延迟 ΔT。该延迟与相机到目标物体间的两倍距离成正比。因此,深度可以估算为

$$d = \frac{c\Delta T}{2} \tag{3.1}$$

其中,c 表示光速。ToF 相机的主要工作是估算发射光信号和反射光信号之间的延迟。

测量 ΔT 的方法有多种,其中有两种最为常用:连续波方法和脉冲方法。连续波方法采用周期调制信号进行主动发光,并对接收到的信号进行零差解调,以测量反射光的相移。在脉冲方法中,光源发射一系列 N 个激光短脉冲,这些脉冲照射到目标后被反射,并被传感器接收。该类传感器配备有电子快门,能够在一系列短时间窗口中进行曝光。其中一个窗口专门用于捕获环境光,这样在计算深度时,可以减去环境光强度的干扰,从而更准确地测量目标的距离。

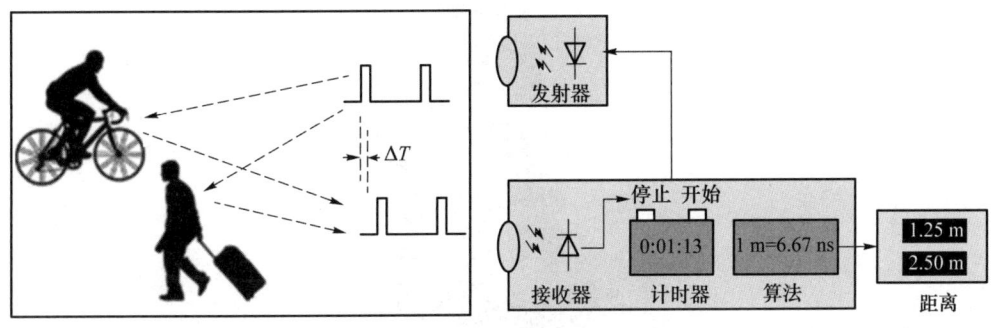

图 3.16 3D ToF 深度传感器的工作原理

3.5.3 线扫描相机

线扫描相机是一种广泛应用于多种工业环境的半导体成像设备。这些相机根据型号的不同,可以配备多达 22 800 个像素的单个光敏线传感器。当光线照射到传感器上时,光能被转换成电信号,并在相机内部进行数字化处理。模数转换器(A/D 转换器)负责将每个像素的输出电压转换为数字信号,具体来说,可以以 8 位分辨率提供 256 个亮度级别,或者以 12 位分辨率提供 4 096 个亮度级别。

对于彩色线扫描相机,它们能够为红、绿、蓝 3 种颜色分别提供独立的线信号,每个像素可以是 3×8 位或 3×12 位的数据格式。这些数字化后的信号根据应用需求,可以通过多种接口类型,例如通过数字接口传输至计算机系统,以供进一步的处理和分析使用。

线扫描相机通过高像素密度的光敏线传感器捕获光线,并将其转换为电信号,随后通过 A/D 转换器进行数字化,以适当的分辨率输出至计算机,为工业视觉应用提供了一种高效率、高分辨率的成像解决方案。彩色线扫描相机通过为每种颜色提供独立的信号,进一步扩展了其在复杂场景下的应用能力。

线扫描相机产生的图像是一维的,表示在线传感器当前位置捕获的对象的亮度轮廓。通过执行物体或摄像机的扫描运动来生成二维图像,在此过程中,各个线信号被传输到计算机,并一维地组装成 2D 图像。

只有通过线扫描相机、高分辨率镜头、适当的照明设备和精密的电机单元（旋转或直线驱动器或传送带）的适当组合，才能实现高图像质量。为了使所有比例的图像都正确，扫描速度和图像采集过程必须高度同步，这可以通过将传输速度调整为相机的行频来轻松地实现。然而，实际上，通常是传输速度和图像分辨率受到限制，这些预定义了线频和线扫描相机的最终选择。

在恒定的传输速度下，线扫描相机可以以自由运行模式进行图像采集。在这种模式下，线扫描相机可以连续读取传送带上经过的物体，无须外部触发，能高效捕捉所需的图像数据。其工作状态如图 3.17 所示。图 3.17 展示了在稳定速度下，线扫描相机如何正常工作并进行图像采集。

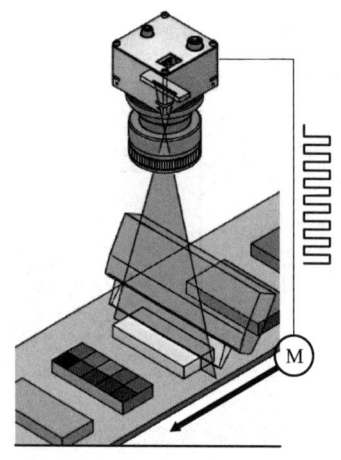

图 3.17 线扫描相机工作状态图

然而，当传输速度波动时，仅依靠自由运行模式可能无法获得准确和一致的图像。此时，线扫描相机需要依赖外部触发信号来确保高精度的图像捕获。外部触发信号通常来自编码器或其他运动监测装置，能够提供准确的脉冲信号，这些信号与物体在传送带上的移动距离相匹配，且与实际运动速度无关。

通过设置触发脉冲与实际距离相等，线扫描相机可以在物体移动到特定位置后进行图像采集。外部触发的好处在于，它确保了图像的拍摄与物体的运动同步，这样可以保证图像具有可再现的分辨率和正确的宽高比。这在许多应用中都至关重要，如在质量控制、自动化检测和条形码读取等场景中。

3.6　知识拓展

3.6.1　测量仪器简介

机器人使用的测量仪器比较多，除了常用的测量仪器外，在机器人标定等场合经常会用到激光跟踪仪、三坐标测量仪等设备。

1．激光跟踪仪

激光跟踪仪的外观如图 3.18 所示。

图 3.18　激光跟踪仪外观图

激光跟踪仪测量原理如图 3.19 所示。

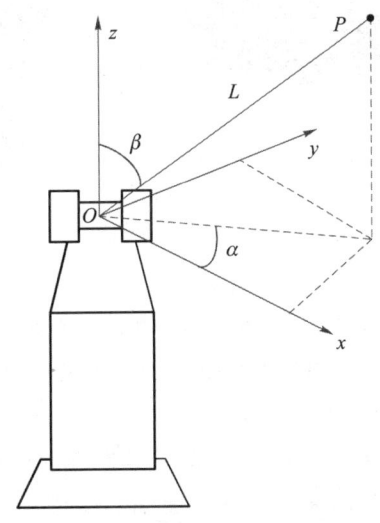

图 3.19　激光跟踪仪测量原理简图

如图 3.19 所示，设 $P(x,y,z)$ 为被测空间点，假设点 P 到点 O 的距离为 L，OP 与 z 轴及 x 轴的夹角已知，则有如下关系：

$$\begin{cases} x = L\sin\beta\cos\alpha \\ y = L\sin\beta\sin\alpha \\ z = L\cos\beta \end{cases} \tag{3.2}$$

图 3.19 中的角度值由安装在跟踪头上的两个编码器给出，距离值由跟踪头中的激光干涉仪给出。激光跟踪仪结构原理如图 3.20 所示。

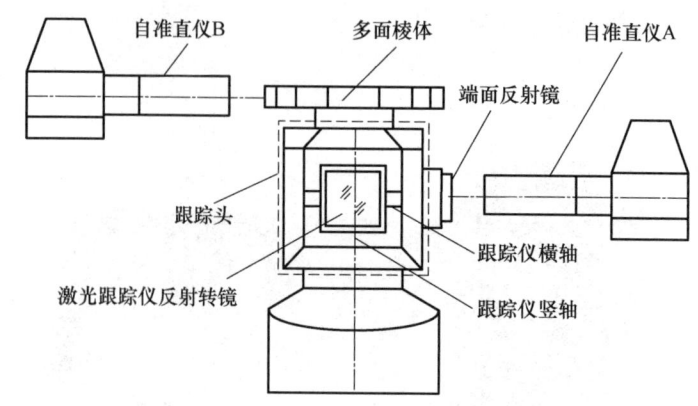

图 3.20　激光跟踪仪结构原理图

激光跟踪仪采用了目标靶镜(如图 3.21 所示)原理,入射靶镜的光束将沿原路返回。

图 3.21　目标靶镜图

(1) 距离测量部分

距离测量部分包括激光干涉法距离测量装置和放置在被测物体上的逆反射器等。干涉测距利用光学干涉法的原理,通过测量干涉条纹的变化来测量距离的变化量。一般的干涉测距只能测量相对距离,如果激光束被打断,则必须重新回到基点以重新初始化。通过激光干涉测距(IFM)装置和激光绝对测距(ADM)装置分别进行相对距离测量和绝对距离测量。IFM 装置基于光学干涉法的原理,通过测量干涉条纹的变化来测量距离的变化量,因此只能测量相对距离。而跟踪头中心到鸟巢的距离是已知固定的,称为基准距离。ADM 装置的功能就是自动重新初始化 IFM 装置,获取基准距离。ADM 装置通过测定反射光的光强最小来判断光所经过路径的时间,从而计算出绝对距离。当反射器从鸟巢内开始移动时,IFM 装置测量出移动的相对距离,再加上 ADM 装置测出的基准距离,就能计算出跟踪头中心到空间点的绝对距离。

(2) 角度测量部分

角度测量部分包括方位角和高度角的角度编码器,如图 3.22 所示。其工作原理类似于电子经纬仪、马达驱动式全站仪的角度测量装置。其包括水平度盘、垂直度盘、步进马达及读数系统,由于具有跟踪测量技术,它的动态性能较好。

图 3.22 角度编码器

(3) 激光跟踪控制部分

激光跟踪控制部分由光电探测器来完成。反射器反射回的光经过分光镜,有一部分光直接进入光电探测器,当反射器移动时,这部分光将会在光电探测器上产生一个偏移值,光电探测器根据偏移值自动控制马达转动直到偏移值为零,实现跟踪反射器的目的。因此,当逆反射器在空间运动时,激光跟踪头能一直跟踪逆反射器。

(4) 测量电路部分

测量电路部分用于读出距离变化量和两个编码器的输出脉冲数,与计算机之间进行大量的数据交换,计算机进行数据处理,实时显示运动目标的三维位置。激光跟踪器头围绕着两个正交轴旋转。每个轴具有一个编码器用于角度测量和一只直接供电的 DC 电动机来进行遥控移动。传感器头包含了一个测量距离差的单频激光干涉测距仪和一个测量绝对距离的装置。激光束通过安装在倾斜轴和旋转轴交叉处的一面镜子直指反射器。激光束也用作仪器的平行瞄正轴。挨着激光干涉仪的光电探测器接收部分反射光束,使激光跟踪仪跟随反射器。

激光跟踪仪(如图 3.23 所示)的优点如下。

① 全自动跟踪,不需要人员瞄准。

② 测量速度快,每秒可达 1 000 次,适用于动态目标检测。

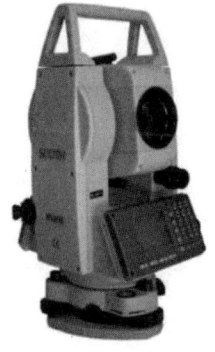

图 3.23 激光跟踪仪

激光跟踪仪主要应用于以下方面。

① 在重型机械制造业中,大尺寸部件的检测和逆向工程。

② 三维管片和模具测量系统。

③ 车身的在线检测、汽车外形的测量、汽车工装检具的检测与调整。

④ 飞机桁架的定位安装,飞机外形尺寸、零部件的检测,飞机的维修等。

⑤ 轮船外形尺寸的检测、重要部件安装位置的检测等。

2. 三坐标测量仪

三坐标测量仪是一种在一个六面体的空间范围内具备几何形状、长度及圆周分度等测量能力的仪器,又称为三坐标测量机或三坐标量床。三坐标测量仪又可定义为一种可作3个方向移动的探测器,可在3个相互垂直的导轨上移动,此探测器以接触或非接触等方式传递信号,3个轴的位移测量系统(如光栅尺)经数据处理器或计算机等计算出工件的各点(x,y,z)及各项功能测量。三坐标测量仪的测量功能包括尺寸精度、定位精度、几何精度及轮廓精度等。

三坐标测量仪三轴均有气源制动开关及微动装置,可实现单轴的精密传动,数据采集系统采用高性能手动三坐标专用系统,可靠性好。其应用于产品设计、模具装备、齿轮测量、叶片测量、机械制造等场景中。其结构如图3.24所示。

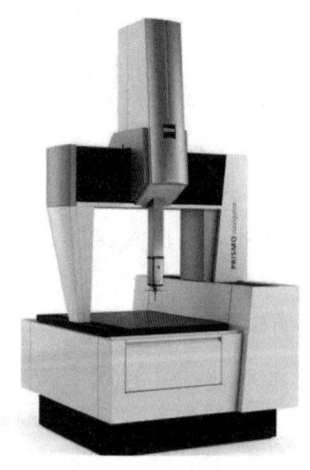

图 3.24　三坐标测量仪

(1) 三坐标测量仪的基本构成

三坐标测量仪采用刚性好、质量轻的全封闭框架移动桥式结构,是一种精度高、测量速度快、性能稳定的测量系统。其具有兼容多测头系统功能(光学CCD影像测头、激光测头),具备极佳的性价比;能够满足车间检测需要,广泛应用于各种零件、工装夹具尺寸检测及模具制造中的尺寸测量和复杂形面的快速扫描检测。

其具有以下性能特点。

① X 向横梁:采用精密斜梁技术。

② Y 向导轨:采用独特的直接加工在工作台上的整体下燕尾槽定位结构。

③ 导轨方式:采用自洁式预载荷高精度空气轴承组成的四面环抱式静压气浮导轨。

④ 驱动系统:采用高性能 DC 直流伺服电机、柔性同步齿形带传动装置,各轴均有限位和电子控制,传动更快捷、运动性能更佳。

⑤ Z 向主轴:可调节的气动平衡装置,提高了 Z 轴的定位精度。

⑥ 控制系统:采用进口的双计算机三坐标专用控制系统。

⑦ 机器系统:采用计算机辅助 3D 误差修正技术(CAA),保证系统的长期稳定性和高精度。

⑧ 测量软件:采用功能强大的 3D-DMIS 测量软件包,具有完善的测量功能和联机功能。

(2) 三坐标测量仪的功能原理

简单来说,三坐标测量仪(图 3.25)就是在 3 个相互垂直的方向上有导向机构、测长元件、数显装置,有一个能够放置工件的工作台(大型和巨型的不一定有),测头可以以手动或机动方式轻快地移动到被测点上,由读数设备和数显装置把被测点的坐标值显示出来的一种测量设备。显然这是最简单、最原始的测量机。有了这种测量机后,在测量容积里任意一点的坐标值都可通过读数装置和数显装置显示出来。

三坐标测量仪的采点发信装置是测头,在沿 X、Y、Z 3 个轴的方向上装有光栅尺和读数头。其测量过程就是当测头接触工件并发出采点信号时,由控制系统采集当前机床三轴坐标相对于机床原点的坐标值,再由计算机系统对数据进行处理。

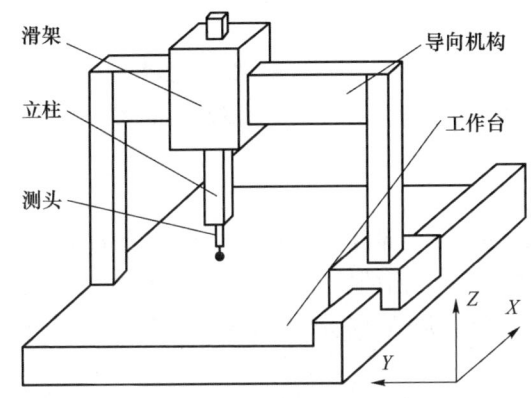

图 3.25 三坐标测量仪功能实现方式示意图

(3) 三坐标测量仪的主要特征

① 横梁与 Z 轴采用表面阳极化航空铝合金,温度一致性极佳,并降低了运动部件的质量,减少了测量机在高速运行时的惯性。

② 三轴导轨均采用高精度自洁式空气轴承,运动更平稳,导轨永不受磨损。

③ 三轴均采用高精度欧洲进口光栅尺,系统分辨率可达 $0.078~\mu m$;同时采用一端固定,另一端自由伸缩的方式安装,减少了光栅尺的变形。

④ Y 轴采用整体燕尾式导轨,在降低机器重量的同时,有效消除了运动扭摆,保证了测量精度和稳定性。

⑤ 各运动轴均采用直流伺服驱动,确保运动的平稳性和准确性。

⑥ X 向采用精密三角梁专利技术,相比于矩形梁和横梁,重心更低,质量刚性比最佳,运动更加可靠。

⑦ 可采用功能强大的 3D-DMIS 测量软件包,具有完善的测量功能和联机功能。现场应用如图 3.26 所示。

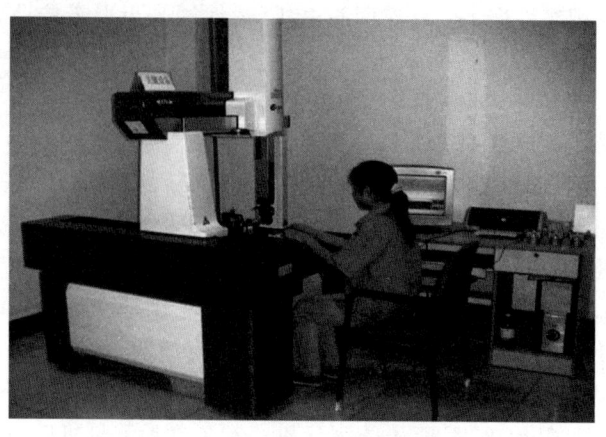

图 3.26 三坐标测量仪现场应用图

3.6.2 传感器技术简介

传感器使得机器人初步具有类似于人的感知能力,不同类型的传感器组合构成了机器人的感觉系统。

机器人传感器主要可以分为视觉、听觉、触觉、力觉和接近觉五大类。从人类生理学观点来看,人的感觉可分为内部感觉和外部感觉,类似的,机器人传感器也可分为内部传感器和外部传感器。

1. 内部传感器

机器人内部传感器的功能是测量运动学和力学参数,使机器人能够按照规定的位置、轨迹和速度等参数进行工作,感知自己的状态并加以调整和控制。内部传感器通常由位置传感器、角度传感器、速度传感器、加速度传感器等组成。图 3.27 为角度传感器结构图。

2. 外部传感器

外部传感器主要用来检测机器人所处环境及目标状况,如是什么物体、离物体的距离有多远、抓取的物体是否滑落等,从而使得机器人能够与环境发生交互作用并对环境具有自我校正和适应能力。

广义来看,机器人外部传感器就是具有人类五官感知能力的传感器。

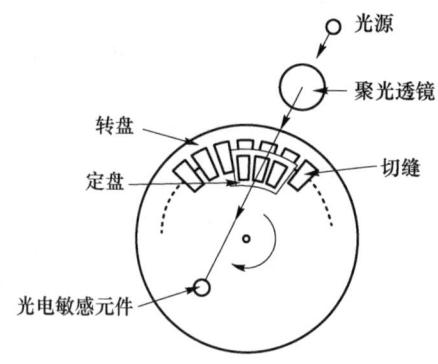

图 3.27 角度传感器结构图

通常认为,触觉包括接触觉、压觉、力觉和滑觉 4 种感知形式。狭义的触觉一般是指前 3 种与接触相关的感觉。

(1) 接触觉传感器

接触觉传感器是一类用于判断机器人是否与物体发生接触的测量装置,可感知机器人与周围障碍物的接近程度,如图 3.28 所示。当机器人在运动过程中接触到障碍物时,接触觉传感器能够向控制器发送信号,从而实现相应的感知与反馈。

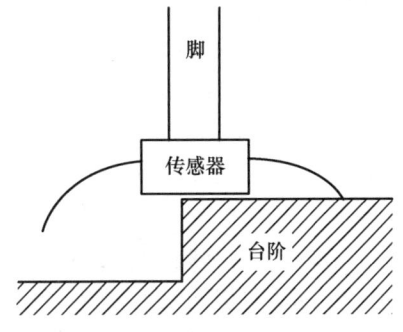

图 3.28 接触觉传感器

(2) 压觉传感器

压觉用于握力控制与手的支撑力检测,实际上是接触觉的延伸。其实例如图 3.29 所示。现有压觉传感器一般有以下几种。

① 利用某些材料的压阻效应制成压阻器件,将它们密集配置成阵列,即可检测压力的分布。

② 利用压电晶体的压电效应检测外界压力。

③ 利用半导体压敏器件与信号电路构成集成压敏传感器。

④ 利用压磁传感器、扫描电路与针式接触觉传感器构成压觉传感器。

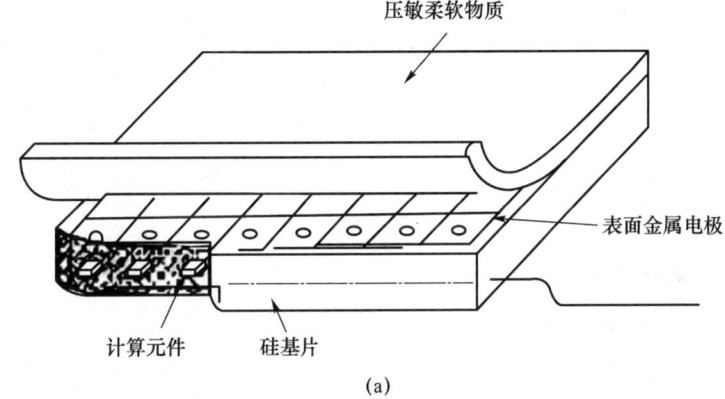

(a)

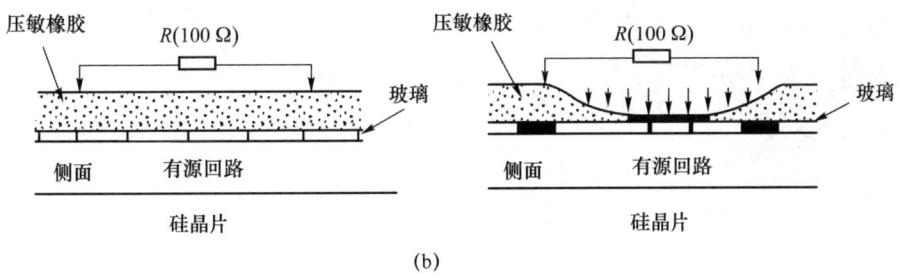

(b)

图 3.29 压觉传感器实例

(3) 力觉传感器

力觉传感器使用的主要元件是电阻应变片。通常我们将机器人的力觉传感器分为 3 类。

① 关节力传感器:装在关节驱动器上的力传感器,称为关节力传感器,用于控制运动中

的力反馈。

② 腕力传感器:装在末端执行器和机器人最后一个关节之间的力传感器,称为腕力传感器,如图 3.30(a) 所示。SRI(Stanford Research Institute) 研制的六维腕力传感器如图 3.30(b) 所示。它由一只直径为 75 mm 的铝管铣削而成,具有 8 个窄长的弹性梁,每个梁的颈部只传递力,扭矩作用很小。梁的另一头贴有应变片。图中从 P_{x+} 到 Q_{y-} 代表了 8 根应变梁的变形信号的输出。日本大和制衡株式会社林纯一研制的腕力传感器如图 3.30(c) 所示。它是一种整体轮辐式结构,传感器在十字梁与轮缘联结处有一个柔性环节,在 4 根交叉梁上共贴有 32 个应变片(图中小方块),组成 8 路全桥输出。

③ 三梁腕力传感器:其内圈和外圈分别固定于机器人的手臂和手爪,力沿与内圈相切的 3 根梁进行传递。每根梁上下、左右各贴一对应变片,3 根梁上共有 6 对应变片,分别组成 6 组半桥,对这 6 组电桥信号进行解耦可得到六维力(力矩)的精确解,如图 3.30(d) 所示。

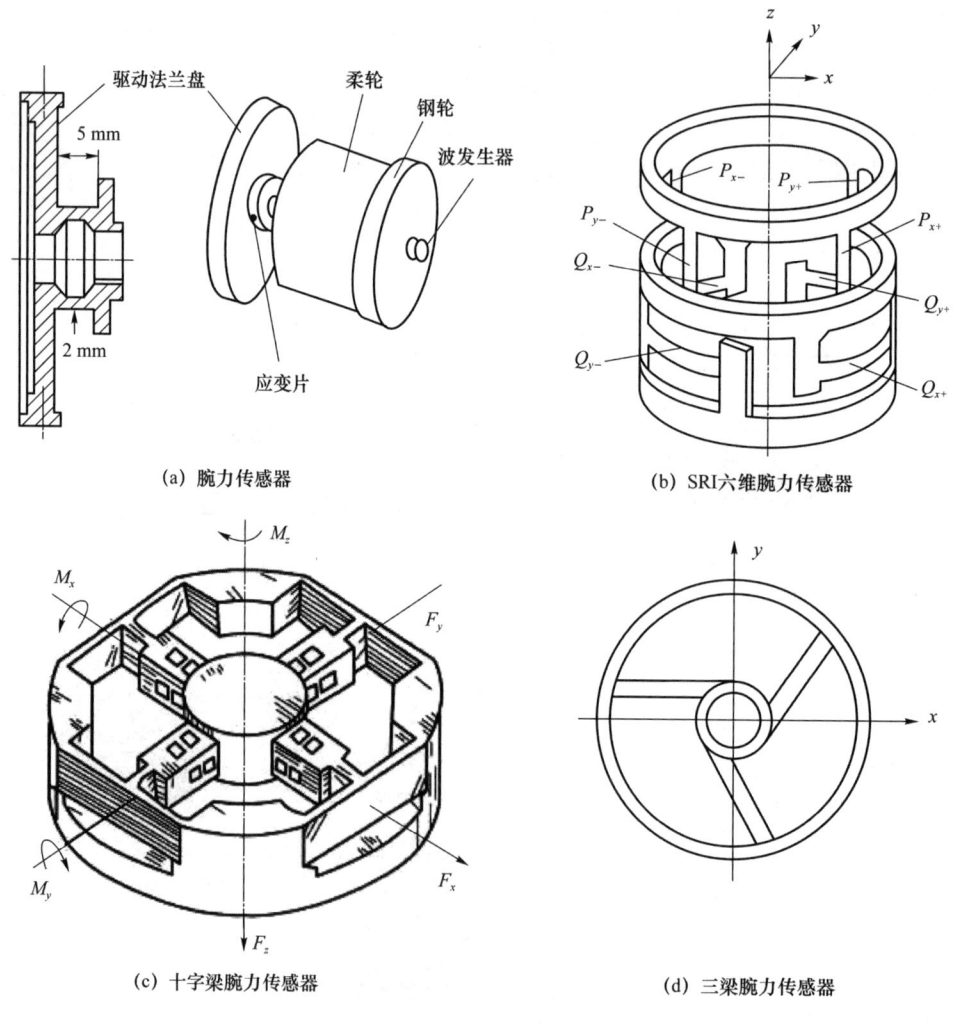

(a) 腕力传感器 (b) SRI六维腕力传感器

(c) 十字梁腕力传感器 (d) 三梁腕力传感器

图 3.30 腕力传感器

④ 基座力传感器:装在基座上,机械手装配时用来测量安装在工作台上的工件所受的力,如图 3.31 所示。

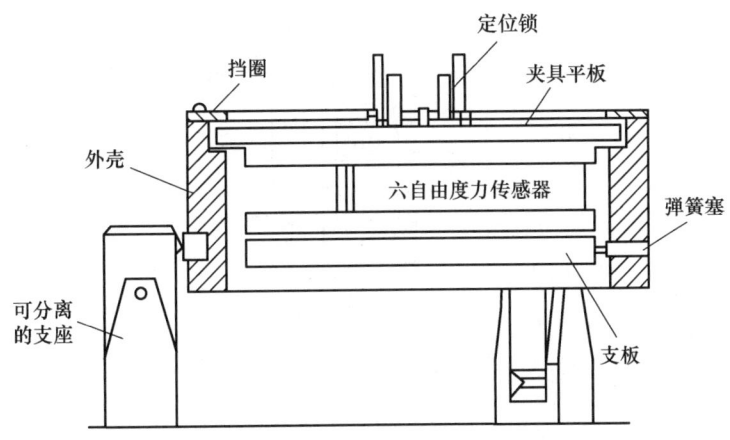

图 3.31 基座力传感器

(4) 滑觉传感器

一般可将机械手抓取物体的方式分为两种:硬抓取和软抓取。

① 硬抓取(无感知条件下使用):末端执行器以最大夹紧力抓取工件,以确保其不发生滑移。

② 软抓取(配备滑觉传感器时使用):末端执行器通过施加刚好足以稳固工件的最小夹紧力实现柔性抓取,避免对工件造成损伤。在此过程中,为确保抓取稳定,机器人需判断合适的握力大小。为此,需要检测工件在握力不足时的滑动情况,并基于滑移信号实时调整夹紧力,从而在不损伤工件的前提下实现稳固抓取。

图 3.32 所示为滚筒式滑觉传感器,该传感器由金属球和细触针组成。金属球表面划分为交错排列的导电与绝缘微小格点,触针末端细小,每次仅接触一个格点。当工件发生滑动时,金属球随之转动,在触针处产生脉冲信号。该脉冲的频率与滑移速度相关,脉冲数则对应滑移的距离。此外,如图 3.33 所示,基于振动的滑觉传感器通过感知滑动过程中产生的微小振动进行滑移检测;而图 3.34 中的光纤式滑觉传感器则利用光纤对接触表面的形变进行感知,实现滑觉反馈。

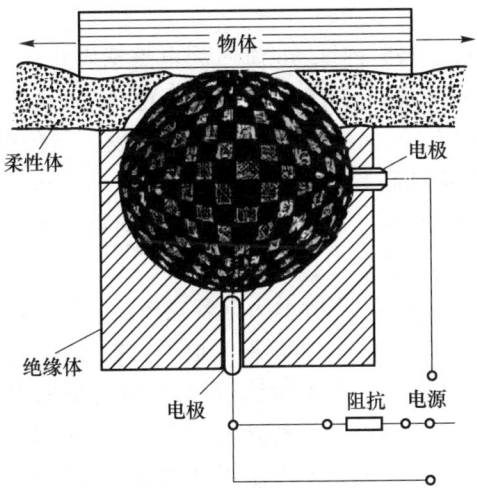

图 3.32 滚筒式滑觉传感器

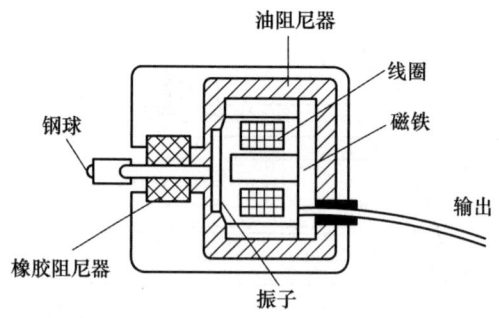

图 3.33 基于振动的机器人专用滑觉传感器

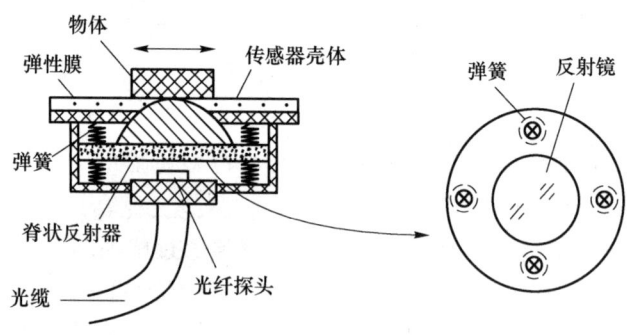

图 3.34 光纤式滑觉传感器

当外力作用于传感器时,弹性元件发生形变,从而改变发射光纤与接收光纤端面之间的相对距离,导致接收光纤接收到的光强发生变化。若能够建立位移或转角与光强变化之间的确定性函数关系,就可明确传感器的输入输出转换特性。

(5) 机器人的接近觉

接近觉主要感知传感器与对象物之间的接近程度,即需要检测对象物体与传感器之间的距离。接近觉传感器有电磁感应式、电容式、超声波式、光纤式、光电式、红外式以及微波式等多种类型。

① 电磁感应式接近觉传感器:图 3.35 所示为电磁感应式接近觉传感器。当金属物体靠近该类传感器时,变化的磁场将在其内部感应出电流,该电流在金属内部形成闭合回路,称为涡旋电流(简称涡流)。涡流的强度随着金属表面与传感器线圈之间距离的变化而变化。当传感器线圈中通以高频电流时,金属表面产生的涡流会对线圈产生反作用,从而引起线圈电感量的变化。通过检测电感的变化,即可推断出线圈与金属体表面之间的距离信息。

② 电容式接近觉传感器:图 3.36 所示为电容式接近觉传感器,其工作原理基于平板电容器电容值与极板面积 A 成正比,与极板间距 ε 成反比的关系。该类传感器的主要优点在于对被测物体的颜色、结构及表面状态不敏感,且具备良好的实时性。然而,其缺点在于传感器本体必须作为电容器的一个极板,而被测物体需作为另一个极板。这就要求被测物为导体并处于接地状态,从而在一定程度上限制了其实际应用范围。

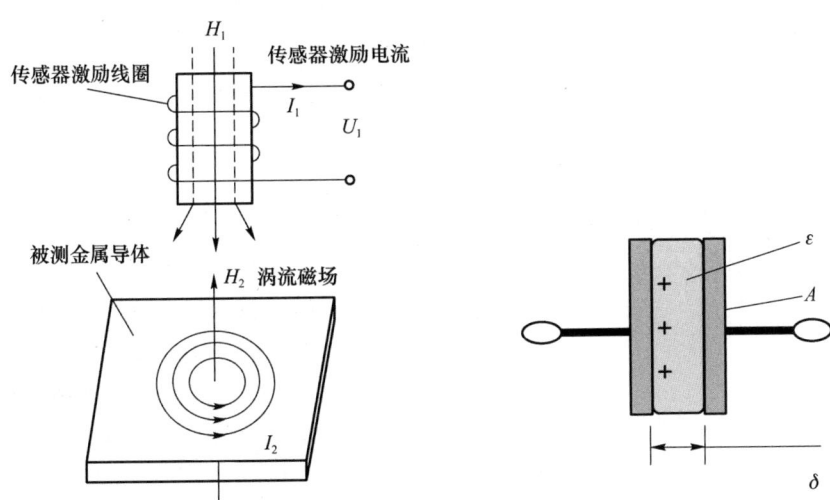

图 3.35　电磁感应式接近觉传感器　　图 3.36　电容式接近觉传感器

③ 超声波式接近觉传感器：由于超声波指向性强，能量消耗缓慢，在介质中传播的距离较远，因而超声波经常用于距离的测量，如测距仪和物位测量仪等都可以通过超声波来实现。利用超声波检测往往比较迅速、方便，计算简单，易于做到实时控制，并且在测量精度方面能达到工业实用的要求，因此在移动机器人研制上也得到了广泛的应用。

④ 光纤式接近觉传感器：如图 3.37 所示，光纤式接近觉传感器由光纤发射端、光纤接收端、连接器及接触开关等组成。其工作原理是：发射端发出一束光，以一定的发散角射向被测物体，当物体位于设定检测范围内时，反射光被接收端采集。光的反射强度与物体的位置密切相关，接收信号的变化可用于判断物体的接近程度与存在状态。该传感器具有响应速度快、分辨率高、抗电磁干扰性能强等优点，适用于高精度非接触式检测场景。

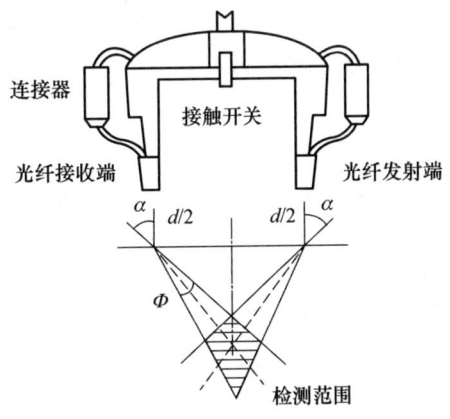

图 3.37　光纤式接近觉传感器

⑤ 光电式接近觉传感器：光电式接近觉传感器是一种基于光电器件实现非接触式检测的传感器。图 3.38 展示了光电式接近觉传感器的结构。它主要由 LED 阵列、光敏元件以及相应的发射孔和接收孔组成。当对象物体靠近时，LED 阵列发射的光线经物体反射后，通过接收孔被光敏元件接收，从而实现对物体接近程度的感知。

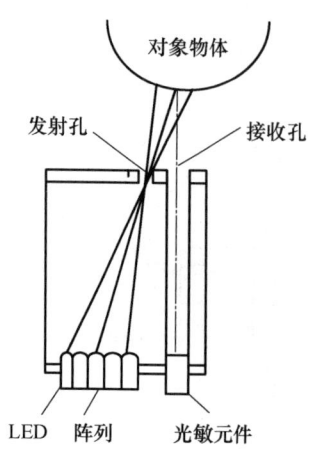

图 3.38 光电式接近觉传感器

(6) 机器人的视觉

视觉传感器是组成智能机器人的重要传感器之一。目前机器人视觉多数是用电视摄像机和对信号进行处理的运算装置来实现的,由于其主体是计算机,所以又称为计算机视觉。

机器人视觉传感器的工作过程可分为 4 个步骤:视觉检测、视觉图像分析、视觉图像绘制和图像识别。

① 视觉检测:视觉信息通常通过光电检测器将光信号转换为电信号。常用的光电检测器包括摄像管和固态图像传感器。在三维空间问题的处理中,位置信息至关重要。获取距离信息的常见方法包括光投影法和立体视觉法。

② 视觉图像分析:成像图像中的像素含有杂波,而且不是每一个像素都有意义,因此必须进行(预)处理。通过处理消除杂波,把全部像素重新按线段或区域排列成有效像素集合。根据所考虑的对象要求,把不必要的像素除去,把被测图像划分成各组成部分的过程称为分析或分割。分析算法常分为两大类:边缘检测和门限化(或区域法)。

③ 视觉图像绘制:机器人视觉传感器的视觉图像绘制是指为了识别而从物体图像中提取特征。理论上这些特征应该与物体的位置和取向无关,并包含足够的绘制信息,以便能唯一地把一个物体从其他物体中鉴别出来。

④ 图像识别:就是让机器人知道自己所看到的物体就是物体本身而不是其他物体。例如,不会把扳手当作榔头。显然这需要将物体的特征信息事先存储起来,然后将此信息与所看到的物体信息进行比对。打个比方,就是用摄像头拍下你的面部,然后在计算机中安装相应的软件进行记忆,当你下次开机的时候,摄像头会根据现在的图像以及存储的图像来判断使用者身份,符合要求就可以开机进入页面,否则就进不去,就像密码一样。不过目前的图像识别技术还不是很完善,识别率还不是很高。

(7) 机器人的听觉

听觉也是机器人的重要感觉器官之一。由于计算机技术及语音学的发展,现在已经部分实现了用机器代替人耳。其不仅能通过语音处理及辨识技术识别讲话人,还能正确理解一些简单的语句。

机器人听觉系统中的听觉传感器的基本形态与麦克风相同,这方面的技术已经非常成熟。关键问题在于声音识别上,即语音识别技术。它与图像识别同属于模式识别领域,而模式识别技术就是最终实现人工智能的主要手段。

3.6.3 机器人学标定方法

高精度操作对于机器人应用至关重要,如工业制造、医疗机器人、3C 自动装配、航空航天加工等。这些操作通过安装在机器人末端的末端执行器的运动来实现。末端执行器可以通过视觉传感器等外部测量设备感知工作对象和操作环境,以进一步执行操作任务。通常,机器人末端执行器的位置和取向在基座坐标系中定义。因此,有必要描述机器人基座坐标系与外部测量设备坐标系或测量坐标系之间的坐标转换关系,从而实现在统一坐标系下的精确操作。

在本节中,我们深入探讨了一种创新的鲁棒校准方法,该方法专门用于机器人基坐标系(RBCS)的精确校准。这一方法基于随机样本一致性(RANSAC)和奇异值分解(SVD)的原理,旨在提高工业操作中机器人任务执行的准确性和鲁棒性。

对于 n 自由度串联机械臂,其正向运动学方程由 DH 模型给出:

$$\boldsymbol{T}_n^0(\boldsymbol{\Theta}) = \boldsymbol{T}_1^0(\theta_1)\boldsymbol{T}_2^1(\theta_2)\cdots\boldsymbol{T}_n^{n-1}(\theta_n) \tag{3.3}$$

其中 $\boldsymbol{T}_n^{n-1}$ 为相邻关节之间的欧氏变换矩阵,$\boldsymbol{\Theta}=\{\theta_i\}$,$i=1,2,\cdots,n$ 为关节参数向量。

图 3.9 为机械臂基坐标系标定坐标分布图。

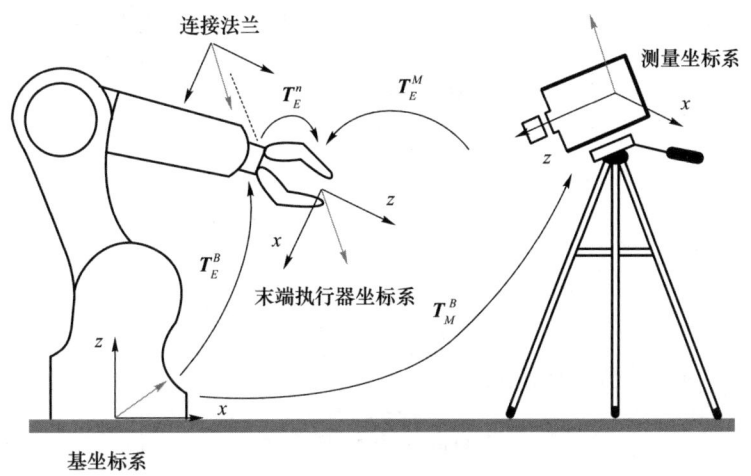

图 3.39 机械臂基坐标系标定坐标分布图

坐标系之间的闭链关系可以表示为

$$\boldsymbol{T}_E^B = \boldsymbol{T}_M^B \boldsymbol{T}_E^M \tag{3.4}$$

将其展开为分块矩阵的形式则为

$$\begin{pmatrix} \boldsymbol{R}_E^B & \boldsymbol{P}_E^B \\ \boldsymbol{0} & 1 \end{pmatrix} = \begin{pmatrix} \boldsymbol{R}_M^B & \boldsymbol{P}_M^B \\ \boldsymbol{0} & 1 \end{pmatrix} \begin{pmatrix} \boldsymbol{R}_E^M & \boldsymbol{P}_E^M \\ \boldsymbol{0} & 1 \end{pmatrix} \tag{3.5}$$

其中,$\boldsymbol{R}_E^B$,$\boldsymbol{R}_M^B$,$\boldsymbol{R}_E^M \in \mathbb{R}^{3\times3}$ 分别代表相应坐标系之间欧氏变换的旋转子矩阵,$\boldsymbol{P}_E^B$,$\boldsymbol{P}_E^M$,$\boldsymbol{P}_M^B \in \mathbb{R}^{3\times1}$ 分别代表平移子矩阵。令式(3.5)中的(1,2)元素对应相等,得到下式:

$$\boldsymbol{P}_E^B = \boldsymbol{R}_M^B \boldsymbol{P}_E^M + \boldsymbol{P}_M^B \tag{3.6}$$

这就是机械臂基坐标系标定模型,其中,$\boldsymbol{P}_E^B$ 可由式(3.3)得到,$\boldsymbol{P}_E^M$ 可由测量设备准确测得,$\boldsymbol{R}_M^B$、$\boldsymbol{P}_M^B$ 则是待标定矩阵的子矩阵。N 次测量对应的 $\boldsymbol{P}_E^B$、$\boldsymbol{P}_E^M$ 分别组成点集 $\{\boldsymbol{P}_{Ei}^B\}$、$\{\boldsymbol{P}_{Ei}^M\}$,$i=1,2,\cdots,N$。此处约定,将前者称为目标集,后者称为观测集。从式(3.6)来看,标定模型希望找到一个欧氏矩阵 $\boldsymbol{T}_M^B$,通过其旋转子矩阵 $\boldsymbol{R}_M^B$ 与平移向量 $\boldsymbol{P}_M^B$,将观测集映射到目标集。

对于上述问题,存在两种情景。一为两组点集不存在噪声干扰,即观测集通过 $\boldsymbol{T}_M^B$ 映射与目标集完全重合,误差为 0;二为两组点集存在噪声干扰,即观测集通过 $\boldsymbol{T}_M^B$ 映射与目标集之间存在误差,噪声干扰大部分是来自传感器,如机械臂的角度传感器误差、定位传感器的测距误差等。理想情况下,最好的情况是传感器的数据没有噪声干扰,然而在实际中,传感器数据一定是存在噪声干扰的,对于这种情况,我们只能希望尽可能使得误差最小,由此可以建立以下最小化目标函数。

$$\arg\min_{\boldsymbol{R}_M^B, \boldsymbol{P}_M^B} \frac{1}{2} \sum_{i=1}^{N} \|(\boldsymbol{P}_{Ei}^B - (\boldsymbol{R}_M^B \boldsymbol{P}_{Ei}^M + \boldsymbol{P}_M^B))\|_2^2$$
$$\text{s.t.} \quad \boldsymbol{R}_M^B \boldsymbol{R}_M^{B\text{T}} = \boldsymbol{I}_3 \tag{3.7}$$

其中,N 为采集次数,$\|\cdot\|_2$ 表示向量 2-范数。

至此,我们得到了最终的标定模型,下面将详细介绍如何求解上述最优化模型。

对于式(3.7)所描述的最小优化模型中的点集 $\{\boldsymbol{P}_{Ei}^B\}$,$\{\boldsymbol{P}_{Ei}^M\}$,分别定义其质心坐标为

$$\overline{\boldsymbol{P}}_E^B = \frac{1}{N} \sum_{i=1}^{N} \boldsymbol{P}_{Ei}^B$$
$$\overline{\boldsymbol{P}}_E^M = \frac{1}{N} \sum_{i=1}^{N} \boldsymbol{P}_{Ei}^M \tag{3.8}$$

并计算点集的去质心坐标:

$$\boldsymbol{Q}_{Ei}^B = \boldsymbol{P}_{Ei}^B - \overline{\boldsymbol{P}}_E^B$$
$$\boldsymbol{Q}_{Ei}^M = \boldsymbol{P}_{Ei}^M - \overline{\boldsymbol{P}}_E^M \tag{3.9}$$

将式(3.7)展开得到其等价目标函数

$$\frac{1}{2} \sum_{i=1}^{n} (\|\boldsymbol{Q}_{Ei}^B - \boldsymbol{R}_M^B \boldsymbol{Q}_{Ei}^M\|_2^2 + \|(\overline{\boldsymbol{P}}_E^B - \boldsymbol{R}_M^B \overline{\boldsymbol{P}}_E^M - \boldsymbol{P}_M^B)\|_2^2) \tag{3.10}$$

显然,式(3.10)与式(3.7)互相等价。在式(3.10)中第一项只与 $\boldsymbol{R}_M^B$ 相关,其物理含义为目标点集与观测点集在去质心作用下经过旋转矩阵 $\boldsymbol{R}_M^B$ 作用下的旋转误差;第二项与 $\boldsymbol{P}_M^B$ 和 $\boldsymbol{R}_M^B$ 均相关,其物理含义为相对应的位移误差。可见,当第一项取最优,第二项取 0 时,该问题得到最优解。

求解旋转子矩阵 $\boldsymbol{R}_M^B$ 等价于求解如下最优化问题:

$$\arg\min_{\boldsymbol{R}_M^B} \frac{1}{2} \sum_{i=1}^{n} \|\boldsymbol{Q}_{Ei}^B - \boldsymbol{R}_M^B \boldsymbol{Q}_{Ei}^M\|_2^2$$
$$\text{s.t} \quad \boldsymbol{R}_M^B \boldsymbol{R}_M^{B\text{T}} = \boldsymbol{I}_3 \tag{3.11}$$

求解位移子矩阵 $\boldsymbol{P}_M^B$ 等价于求解

$$\overline{\boldsymbol{P}}_E^B - \boldsymbol{R}_M^B \overline{\boldsymbol{P}}_E^M - \boldsymbol{P}_M^B = \boldsymbol{0} \tag{3.12}$$

将式(3.11)进一步展开化简得到其等价目标函数

$$-\sum_{i=1}^{n} \boldsymbol{Q}_{Ei}^{B\text{T}} \boldsymbol{R}_M^B \boldsymbol{Q}_{Ei}^M = -\text{tr}\left(\boldsymbol{R}_M^B \sum_{i=1}^{n} \boldsymbol{Q}_{Ei}^M \boldsymbol{Q}_{Ei}^{B\text{T}}\right) \tag{3.13}$$

其中,只有第三项与 $\boldsymbol{R}_M^B$ 相关,故优化目标函数成为 $\sum_{i=1}^{n} -2\boldsymbol{Q}_{Ei}^{B\text{T}} \boldsymbol{R}_M^B \boldsymbol{Q}_{Ei}^M$,化简得到目标函数 $-\text{tr}\left(\boldsymbol{R}_M^B \sum_{i=1}^{n} \boldsymbol{Q}_{Ei}^M \boldsymbol{Q}_{Ei}^{B\text{T}}\right)$,记 $\boldsymbol{W} = \sum_{i=1}^{n} \boldsymbol{Q}_{Ei}^M \boldsymbol{Q}_{Ei}^{B\text{T}} = \boldsymbol{U\Sigma V}^\text{T}$,其最优解 $\boldsymbol{R}_M^B = \boldsymbol{V}\boldsymbol{U}^\text{T}$,进而通过式(3.12)得到平移子矩阵最优解 $\boldsymbol{P}_M^B$。

归纳上述求解过程可以给出标定算法的主要流程如下：

① 输入两组带误差点集 $\{\boldsymbol{P}_{Ei}^B\},\{\boldsymbol{P}_{Ei}^M\}$；

② 计算点集质心：$\overline{\boldsymbol{P}}_E^B = \dfrac{1}{N}\sum\limits_{i=1}^N \boldsymbol{P}_{Ei}^B,\overline{\boldsymbol{P}}_E^M = \dfrac{1}{N}\sum\limits_{i=1}^N \boldsymbol{P}_{Ei}^M$；

③ 计算两组点集的去质心坐标：$\boldsymbol{Q}_{Ei}^B = \boldsymbol{P}_{Ei}^B - \overline{\boldsymbol{P}}_E^B,\boldsymbol{Q}_{Ei}^M = \boldsymbol{P}_{Ei}^M - \overline{\boldsymbol{P}}_E^M$；

④ 构造 H 矩阵：$\boldsymbol{H} = \sum\limits_{i=1}^N \boldsymbol{Q}_{Ei}^B \boldsymbol{Q}_{Ei}^{MT}$；

⑤ 对 H 进行奇异值分解：$\boldsymbol{H} = \boldsymbol{U}\boldsymbol{\Sigma}\boldsymbol{V}^{\mathrm{T}}$；

⑥ 得到待估旋转矩阵：$\boldsymbol{R}_M^B = \boldsymbol{V}\boldsymbol{U}^{\mathrm{T}}$；

⑦ 得到待估位移向量与标定结果：$\boldsymbol{P}_M^B = \overline{\boldsymbol{P}}_E^B - \boldsymbol{R}_M^B \overline{\boldsymbol{P}}_E^M,\boldsymbol{T}_{M\mathrm{SVD}}^B = \begin{pmatrix} \boldsymbol{R}_M^B & \boldsymbol{P}_M^B \\ \boldsymbol{0} & 1 \end{pmatrix}$。

这种使用奇异值分解的求解方法定义为 SVD 算法，SVD 算法能够很好地解决传统范数逼近法求解旋转矩阵时由于噪声导致的旋转矩阵结果不满足正交性问题，进而避免了使用迭代法对结果进行二次优化的步骤，且 SVD 算法完全避免了最终结果依赖某个精度不可控的中间结果，该算法直接从源数据获得结果，避免了多余步骤带来的不确定性。相较而言，SVD 算法可以增加数据集基数来减弱噪声的不确定性，增加算法的鲁棒性。

课后思考题

1. 什么叫传感器？其由哪几部分组成？各部分作用和相互关系如何？
2. 力传感器的分类依据有哪些？简述每种分类依据下的主要类型。
3. 六维联合加载设备是如何实现对 3 个方向力和 3 个方向力矩的同时精确加载的？它为何能够满足 0.5%FS 以内的高精度要求？
4. 什么是零漂和温漂？在实际应用中，它们会对传感器精度产生哪些影响？
5. 激光雷达系统的四大组成部分分别是什么？它们如何相辅相成形成传感闭环？
6. 如何计算激光雷达的数据率？试以 128 线、10 Hz 扫描帧频、水平角分辨率为 0.2° 的激光雷达为例进行计算。
7. 设计用于格雷码光学编码器的逻辑电路，以实现其与二进制自然数之间的相互转换。
8. 利用位置信号经过微分得到速度信号的过程中有哪些滤波方法？是否可以进行二次微分获得加速度信号？
9. 简述霍尔传感器与光电编码器使用场景的区别与各自的优缺点。
10. 为什么在机器人高精度操作中，需要标定机器人基座坐标系与测量设备坐标系之间的转换关系？
11. 在标定模型中，坐标系之间的闭链关系是如何表示的？旋转子矩阵和位移子矩阵在该模型中分别起什么作用？

第4章　机器人传动机构

4.1　交叉滚子轴承

工业机器人使用交叉滚子轴承（Cross Roller Bearing，CRB），其内部滚子通过特殊结构排列，交叉滚子轴承可承受径向载荷、轴向载荷及力矩载荷等多方向的载荷。它的内外圈的尺寸被小型化，极薄形式更是接近于极限的小型尺寸，并且具有高刚性，精度可达到P5、P4、P2级。

4.1.1　交叉滚子轴承传动的特点

（1）旋转精度出色

交叉滚子轴承的内部结构采用滚子呈90°相互垂直交叉排列，滚子之间装有间隔保持器或隔离块，有效防止滚子倾斜及相互摩擦，从而抑制旋转转矩的增加。此外，该结构可避免出现滚子单边接触或锁死现象；由于内外圈采用分割式结构，间隙可调，即使在预压条件下，仍能实现高精度旋转运动。

（2）安装操作简单

外圈或内圈被分割为两部分，在装入滚子与保持器后进行固定，使得安装操作极为简便。

（3）承载能力较强

滚子在呈90°的V形沟槽滚动面上通过间隔保持器或隔离块相互垂直排列，这种设计使交叉滚子轴承能够承受较大的径向载荷、轴向载荷及力矩载荷等多方向载荷。

（4）节省安装空间

交叉滚子轴承的内外圈尺寸经过小型化设计，尤其是超薄结构接近极限的小型尺寸，且具有高刚性，适用于工业机器人的关节部或旋转部、机械加工中心的旋转台、精密旋转工作台、医疗仪器、计量器具以及IC制造装置等设备。

（5）衍生种类与结构丰富，适应多种应用场景

在基本型交叉滚子轴承的基础上，衍生出多种结构的交叉滚子轴承，以满足不同场合的需求。交叉滚子轴承从大类上可分为基本型、高刚性型和超薄型；从外部结构上可分为内圈分割型、外圈分割型和内外圈一体型；从内部结构上可分为满装滚子型、金属窗式保持架型和尼龙或金属隔离块型；按连接方式可分为螺栓连接型、铆钉连接型及弹簧碟片型等。

交叉滚子轴承的结构如图4.1所示，主要由内圈、外圈、滚柱、间隔保持器等组成。其圆

柱滚子（轴线）在滚道上呈交叉分布,圆柱滚子的长径比小于1,滚子在运动时存在轻微滑动。通过调整圆柱滚子交叉数量和接触角,其可适应不同工况条件下产生的轴向力、倾覆力矩和径向力组合。

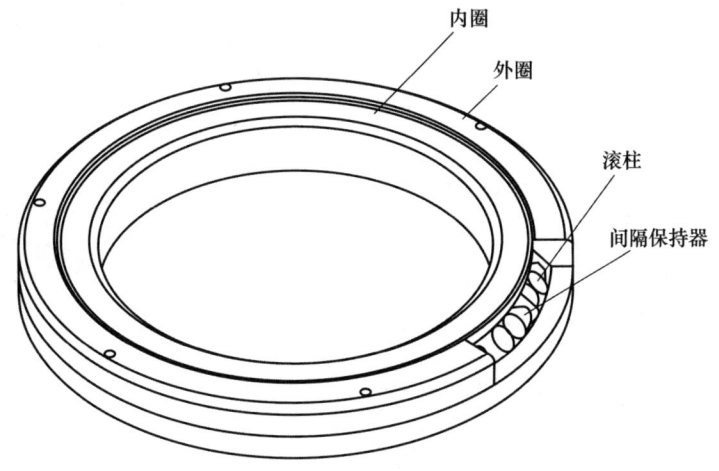

图 4.1　交叉滚子轴承结构示意图

4.1.2　交叉滚子轴承的分类

(1) RB 型（外圈分割型,内圈旋转用）

图 4.2 所示的 RB 型交叉滚子轴承为交叉滚子轴承的基本型,其外圈采用分割式设计,而内圈则与主体形成一体化结构。这种设计使得 RB 型交叉滚子轴承特别适用于对内圈旋转精度有较高要求的部位。例如,在工具机的转位工作台旋转部分,RB 型交叉滚子轴承能够凭借其高精度的内圈旋转性能,确保工作台的精准定位与稳定运转。

(2) RU 型（内外圈一体型）

RU 型交叉滚子轴承如图 4.3 所示,其内外圈采用一体化结构设计,并具有带座结构。由于已进行了安装孔的精密加工,因此无须额外的固定法兰和支承座,简化了安装过程。此外,一体化的内外圈结构确保了在安装过程中对轴承性能的影响降到最低,从而保证了稳定的旋转精度和转矩一致性。通过锥销孔安装滚子,RU 型轴承既可用于外圈旋转,也可用于内圈旋转,适应多种工况需求。

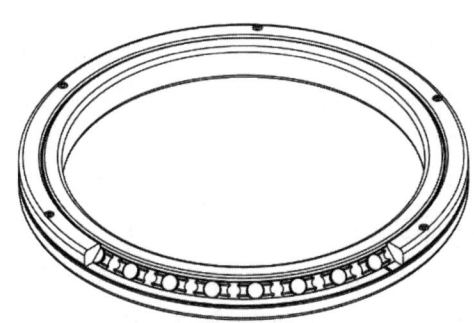

图 4.2　RB 型交叉滚子轴承

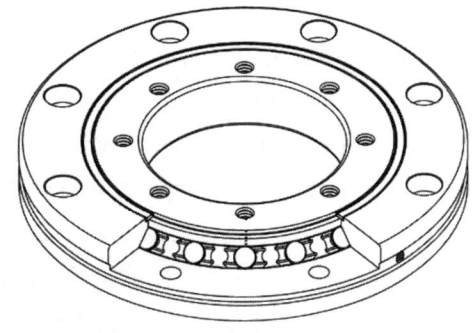

图 4.3　RU 型交叉滚子轴承

(3) RE 型（内圈分割型，外圈旋转用）

RE 型交叉滚子轴承如图 4.4 所示，该系列基于 RB 型的设计理念，继承了 RB 型的主要尺寸参数，同时进行了结构优化。其内圈采用分割式设计，而外圈则为整体结构，适用于对外圈旋转精度要求较高的场合。例如，在需要外圈高精度旋转的应用中，RE 型能够提供出色的旋转精度和稳定性。

(4) SX 型（外圈分割型，内圈旋转用）

SX 型交叉滚子轴承如图 4.5 所示，其结构与 RB 型类似，但采用了外圈两分割式设计，并通过 3 个固定环连接，内圈则为整体结构。这种设计使得 SX 型特别适用于对内圈旋转精度要求极高的应用场合，确保内圈在旋转过程中的高精度和稳定性。

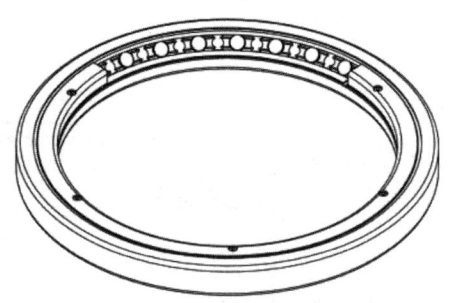

图 4.4　RE 型交叉滚子轴承

(5) CRB 型（外圈分割型，内圈旋转用）

CRB 型交叉滚子轴承如图 4.6 所示，外圈采用分割式设计，而内圈则为整体结构。这种设计使 CRB 型特别适用于对内圈旋转精度要求高的应用场合，能够提供高质量的旋转性能和精度，满足高精度机械设备的需求。

图 4.5　SX 型交叉滚子轴承　　　图 4.6　CRB 型交叉滚子轴承

(6) CRBH 型（内外圈一体型）

CRBH 型交叉滚子轴承如图 4.7 所示，其内外圈均采用整体结构设计，并通过锥销孔安装滚子。这种设计既可用于外圈旋转，也可用于内圈旋转，适用于需要内外圈同时旋转的复杂工况，提供了良好的旋转稳定性和可靠性。

(7) RA 型（外圈分割型，内圈旋转用）

RA 型交叉滚子轴承如图 4.8 所示，该系列在 RB 型的基础上对内外圈的厚度进行了极限优化，形成紧凑型设计。RA 型轴承特别适用于轻量化和紧凑设计需求的场合，如机器人的关节部位和机械手的旋转部位，能够有效减轻设备重量，提高设备的灵活性和效率。

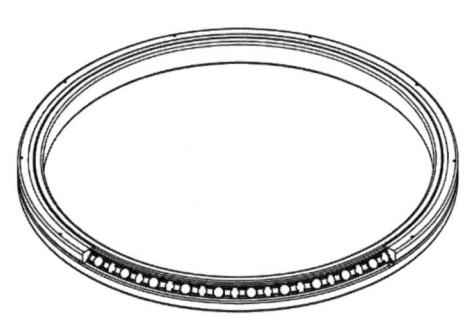

图4.7 CRBH型交叉滚子轴承　　　　图4.8 RA型交叉滚子轴承

4.1.3 交叉滚子轴承的安装

① 将支承座或其他安装部位彻底清洗干净,并确定毛刺或飞边已被去除。

② 交叉滚子轴承是薄壁轴承,插入时易发生倾斜。为了避免出现这种情况,应一边保持水平,一边用塑料锤均匀敲打,一点一点地将轴承插入支承座内或轴上,直到通过声音确认其与基准面完全紧靠时为止。

③ 将固定法兰放置在交叉滚子轴承上,摇动固定法兰几次,使其与螺栓孔的位置吻合。

④ 将固定螺栓插入孔内,用手转动螺栓,确认没有因螺栓孔偏离而引起螺栓难以拧紧。

⑤ 如图4.9所示,固定螺栓的拧紧由不完全拧紧到全拧紧分成3~4个阶段,按对角线上的顺序反复拧紧。在拧紧分割的内圈或外圈时,将一体型的外圈或内圈稍微转动一些,就能修正内外圈与主体的偏离。

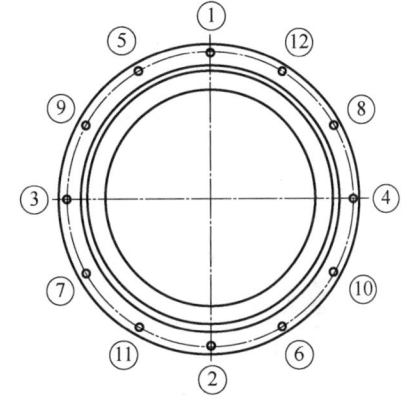

图4.9 螺栓的拧紧顺序

4.1.4 交叉滚子轴承的载荷计算

交叉滚子轴承用于偶尔的回转运动、低速的摆动运动、低速的旋转运动或者静止状态,承受按静载能力选择的尺寸所对应的载荷。承受静载的交叉滚子轴承的尺寸可利用基本额定静载荷 C_0 和极限静载荷图来校核。

1. 校核静载承载能力

如果知道载荷布置,并且夹紧垫圈、定位、安装和润滑都能满足要求,可对该应用做初步判断。如图4.10所示,F_{0a} 为轴承轴向静载荷大小,F_{0r} 为轴承径向静载荷大小,M_{0k} 为静载荷倾覆力矩大小。为了校核静载承载能力,必须确定下面的当量静载运行值:轴承当量静载荷 F_{0q} 与当量倾覆力矩 M_{0q}。

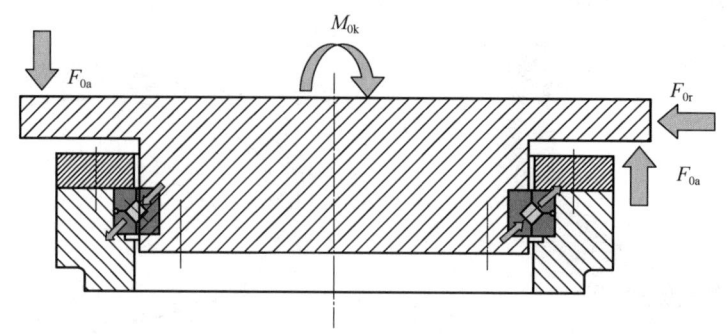

图 4.10 载荷分布

(1) 无径向载荷时轴承当量静载荷的确定

$$F_{0q} = F_{0a} \cdot f_A \cdot f_S \tag{4.1}$$

$$M_{0q} = M_{0k} \cdot f_A \cdot f_S \tag{4.2}$$

其中:f_A 为应用系数,具体如表 4.1 所示;f_S 为附加安全系数。附加安全系数设为 $f_S=1$。计算中通常用不到附加安全系数。而在特殊的应用中如在许可说明书、内部说明书、用于检修的需求规定等,应该使用合适的安全系数。

表 4.1 应用系数

应用	运转和需求的标准	应用系数 f_A
机器人	刚度	1.25
航天	精确	1.5
机床	精确	1.5
测试仪器	平稳运行	2
医疗器械	平稳运行	1.5

(2) 有径向载荷时轴承当量静载荷的确定

在 $\varepsilon \leqslant 2$ 和 $\varepsilon > 2$ 时的静态径向载荷系数分别如图 4.11 和图 4.12 所示。

$$\varepsilon = \frac{2\,000 \cdot M_{0k}}{F_{0a} \cdot D_M} \tag{4.3}$$

$$F_{0q} = F_{0a} \cdot f_A \cdot f_S \cdot f_{0r} \tag{4.4}$$

$$M_{0q} = M_{0k} \cdot f_A \cdot f_S \cdot f_{0r} \tag{4.5}$$

其中,ε 为载荷偏心参数,D_M 为滚动体节圆直径,f_{0r} 为静态径向载荷系数。

2. 校核动载荷承载能力

承受动态载荷的交叉滚子轴承的载荷分布如图 4.13 所示。其中,F_a 为轴承轴向动载荷大小,F_r 为轴承径向动载荷大小,M_k 为动载荷倾覆力矩大小。由图 4.13 可知,主要承受旋转运动的轴承根据动态承载能力确定尺寸。承受动态载荷的轴承的尺寸可利用基本额定动载荷 C 和基本额定寿命 L 或 L_h 近似校核,其中动载荷系数如图 4.14 所示。

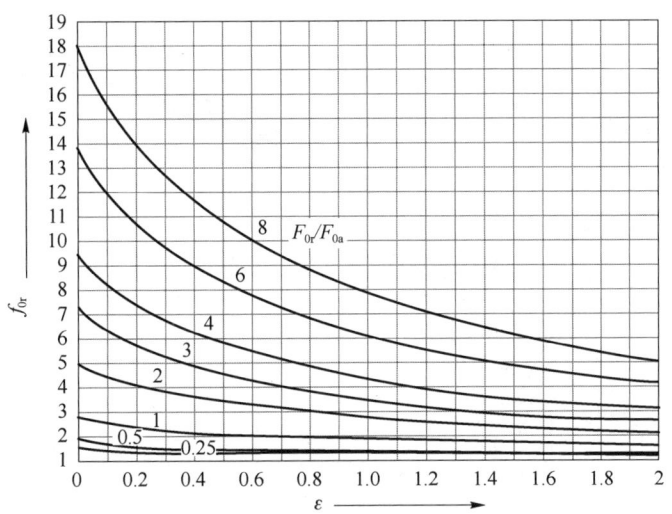

图 4.11 静态径向载荷系数（$\varepsilon \leqslant 2$）

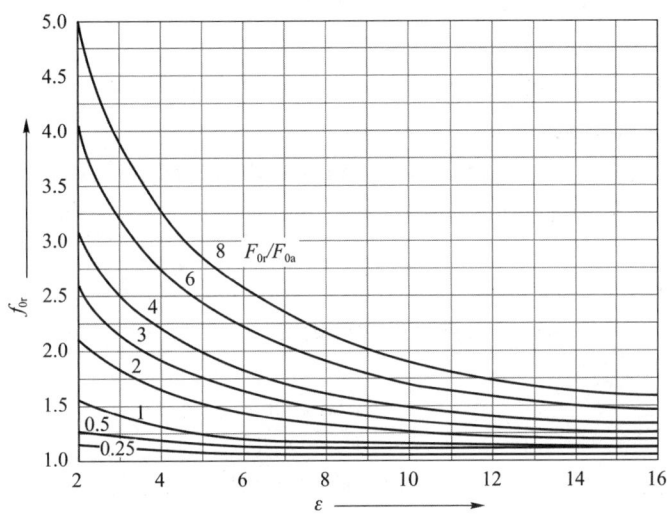

图 4.12 静态径向载荷系数（$\varepsilon > 2$）

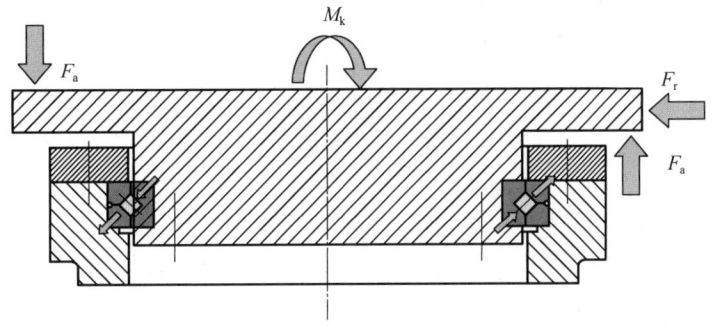

图 4.13 承受动载荷的交叉滚子轴承的载荷分布

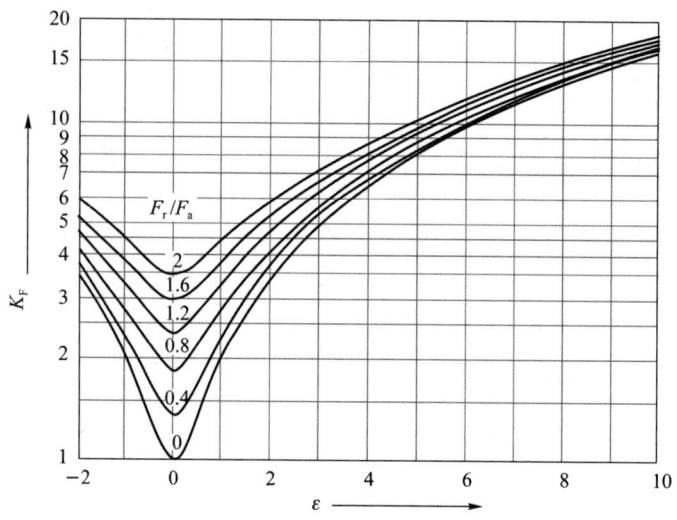

图 4.14 动载荷系数

寿命 L 和 L_h 的计算公式仅适用于下列情况。
- 载荷分布与图 4.13 相一致。
- 满足与定位(轴承套圈必须有足够的刚性或牢固连接在相邻结构上)、安装、润滑及密封有关的所有要求。
- 运转过程中,载荷和速度恒定不变。如果载荷和速度不是常数,可以确定当量运转值,结果和实际载荷产生相同疲劳工况。
- 载荷比为 $\dfrac{F_r}{F_a} \leqslant 8$。

(1) 承受联合载荷轴承的基本额定寿命的确定

① 计算载荷偏心参数 ε

$$\varepsilon = \frac{2\,000 \cdot M_k}{F_a \cdot D_M} \tag{4.6}$$

② 确定轴承径向动载荷大小 F_r 和轴向动载荷大小 F_a 的比值。
③ 根据 ε 和比值 F_r/F_a,确定动载荷系数 K_F。
④ 计算轴承轴向当量动载荷 $P_{\text{axial}} = K_F \cdot F_a$。
⑤ 将轴承的当量动载荷 P_{axial}、基本额定轴向动载荷 C_a 和交叉滚子轴承的寿命指数 P 代入寿命 L 和 L_h 计算公式中,即可计算寿命。

$$L = \left(\frac{C_a}{P_{\text{axial}}}\right)^P \tag{4.7}$$

$$L_h = \frac{16\,666}{n}\left(\frac{C_a}{P_{\text{axial}}}\right)^P \tag{4.8}$$

(2) 仅承受径向载荷轴承的基本额定寿命的确定

当回转支撑轴承只承受径向载荷时,将轴承径向动当量动载荷 P_{radial} 与基本额定径向动载荷 C_r 代入额定寿命 L 和 L_h 计算公式中:

$$L = \left(\frac{C_r}{P_{\text{radial}}}\right)^P \tag{4.9}$$

$$L = \frac{16\,666}{n}\left(\frac{C_r}{P_{radial}}\right)^P \tag{4.10}$$

4.2 同步带传动机构

同步带(Synchronous Belt)因带体和传动轮之间的运转达到高度同步而得名。它综合了不同传动方式(齿轮、链条和胶带)之长,从而具有高效、平稳、噪声小以及无须润滑等诸多优点。这一切都源自其工作面的齿形体与传动轮槽之间的精确啮合。在传动过程中,带体与传动轮之间不存在相对滑移,在任何瞬间都能实现同步传动。因此,它也被称为时规胶带(Timing Belt)。

4.2.1 同步带传动的优点

同步带传动机构是由一根内周表面设有等间距齿的封闭环形胶带和具有相应齿的带轮所组成的。运转时,带凸齿与带轮齿槽啮合来传递运动和动力。与其他传动方式相比,同步带传动具有以下优点。

① 传动效率高,可达98%～99.5%,居各种机械传动之首;节能效果好,经济效率高。

② 与带轮之间反向间隙很小,同步带不会出现打滑现象,传动比准确,角速度恒定,因此适用于要求高精度的传动应用场景。

③ 不需要润滑,而且耐油耐潮,既省油又不会产生污染,对食品、造纸、轻纺化纤及汽车工业尤其重要。

④ 速比范围大,一般可以达到10,允许线速度也高,可达50 m/s。

⑤ 传动功率范围大,可以从几瓦到数百千瓦。

⑥ 传动平稳,能吸振,噪声小。

⑦ 带的张紧力小,减轻了对轴的压力,轴承使用寿命得到延长。

⑧ 结构紧凑,适宜多轴传动。

⑨ 由于同步带传动具有带传动、链传动和齿轮传动的优点,在机器人制造中应用较多,主要用于要求大中心距、传动比准确的中、小功率传动中,如腕关节。

4.2.2 同步带的类型

同步带通常由胶层(背胶)、强力层、带齿和包布层组成。胶层可以由干胶(通常为氯丁橡胶)制取,也可以由液态聚氨酯(交联后成固态)制取。强力层通常取材于合成纤维,如尼龙、涤纶、芳纶丝加工成的线绳、玻璃纤维丝和钢丝组成的绳。带齿的组成同胶层一样。包布层为挂胶帆布。

1. 梯形齿同步带

梯形齿同步带(图4.15)可分为单面梯形齿同步带和双面梯形齿同步带两种,一般简称为单面带和双面带。双面梯形齿同步带按照对称形式的不同还可分为两种:对称齿型同步带和交错齿型同步带。

2. 弧齿同步带

弧齿同步带（图 4.16）的齿形为曲线形，齿高、齿根厚和齿根圆角半径更大，在受载之后应力的分布状态较好，避免齿根的应力过于集中而增大齿根的负载，因此弧齿同步带的齿根承载能力较好，使用寿命更长。

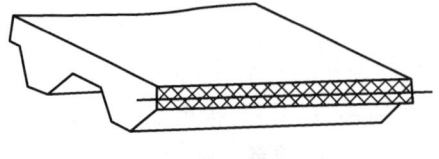

图 4.15　梯形齿同步带

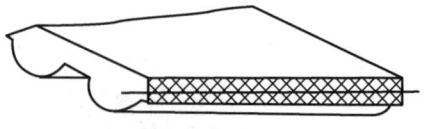

图 4.16　弧齿同步带

弧齿同步带的耐磨性好，工作时不需要润滑，也不会发出噪声，因此获得了极其广泛的应用空间，能够应用于有粉尘等的恶劣工作环境。

4.2.3　同步带轮

同步带轮一般由钢、铝合金、铸铁、黄铜等材料制成，表面处理方式有本色氧化、发黑、镀锌、镀彩锌、高频感应加热淬火等，如图 4.17 所示。

图 4.17　同步带轮

4.2.4　同步带的安装方法

① 安装同步带时，如果两同步带轮的中心距可以移动，必须先将同步带轮的中心距缩短，装好同步带后，再使中心距复位。若有张紧轮，应先把张紧轮放松，装上同步带，再装上张紧轮。

② 往同步带轮上装同步带时，切记不要用力过猛，或用螺钉旋具硬撬同步带，以防止同步带中的抗拉层产生外观察觉不到的折断现象。设计同步带轮时，最好选用两轴能相互移近的结构，若结构上不允许，则最好把同步带与同步带轮一起装到相应的轴上。

③ 设置适当的初张紧力。

④ 在同步带传动中，两同步带轮轴线的平行度要求比较高，否则同步带在工作时会跑偏，甚至跳出同步带轮。轴线不平行将引起压力不均匀，导致同步带齿早期磨损。

⑤ 支承同步带轮的机架必须具备足够的刚度，否则同步带轮在运转时可能会导致两轴线不平行的情况。

4.2.5 同步带轮的载荷计算与选型

以设计一款同步带及同步带轮为例，其传动比为 $i=2.6$，传递功率为 $50\sim100$ W。小带轮的转速为 $n_1=1\,000$ r/min，中心距为 80 mm 左右。需设计确定带及带轮的型号（小带轮有一个 $\phi5$ mm 的孔）。

(1) 确定同步带传动的设计功率 P_d：

$$P_d = K_0 \times P_m \tag{4.11}$$

其中：K_0 表示载荷修正系数（表 4.2），P_m 表示原动机功率。

表 4.2 载荷修正系数 K_0

工作机	原动机					
	交流电动机（普通转矩鼠笼式、同步电动机），直流电动机（并激），多缸内燃机			交流电动机（大转矩、大滑差率、单相、滑环），直流电动机（复激、串激），单缸内燃机		
	运转时间			运转时间		
	断续使用每日 3～5 h	普通使用每日 8～10 h	连续使用每日 16～24 h	断续使用每日 3～5 h	普通使用每日 8～10 h	连续使用每日 16～24 h
复印机、计算机、医疗器械	1.0	1.2	1.4	1.2	1.4	1.6
清扫机、缝纫机、办公机械、带锯盘	1.2	1.4	1.6	1.4	1.6	1.8
轻负荷传送带、包装机、筛子	1.3	1.5	1.7	1.5	1.7	1.9
液体搅拌机、圆形带锯、平碾盘、洗涤机、造纸机、印刷机械	1.4	1.6	1.8	1.6	1.8	2.0
搅拌机（水泥、黏性体）、皮带输送机（矿石、煤、砂）、牛头侧床、挖掘机、离心压缩机、振动筛、纺织机械（整经机、绕线机）、回转压缩机、往复式发动机	1.5	1.7	1.9	1.7	1.9	2.1
输送机（盘式、吊式、升降式）、抽水泵、洗涤机、鼓风机（离心式、引风、排风）、发动机、激磁机、卷扬机、起重机、橡胶加工机（压延、滚轧压出机）、纺织机械（纺纱、精纺、捻纱机、绕纱机）	1.6	1.8	2.0	1.8	2.0	2.2
离心分离机、输送机（货物、螺旋）、锤击式粉碎机、造纸机（碎浆）	1.7	1.9	2.1	1.9	2.1	2.3
陶土机械（硅、黏土搅拌）、矿山用混料机、强制送风机	1.8	2.0	2.2	2.0	2.2	2.4

查表取 $K_0=1.2$。故可得

$$P_d = K_0 \times P_m = 1.2 \times (50 \sim 100 \text{ W}) = 60 \sim 120 \text{ W}$$

(2) 确定带的型号和节距

可根据同步带传动的设计功率 P_d 和小带轮转速 n_1，由同步带选型图来确定所需采用的带的型号和节距。其中 $P_d = 60 \sim 120 \text{ W}$，$n_1 = 1\,000 \text{ r/min}$。同步带的主要参数如表4.3及图4.18所示。

表4.3 同步带的主要参数

齿形	齿距制式	型号或模数	节距/mm	基准带宽所传递功率范围/kW	基准带宽/mm	说明
梯形	周节制	MXL	2.032	0.000 9~0.15	6.4	GB/T 11616—2013 GB/T 11362—2008
		XXL	3.175	0.002~0.25	6.4	
		XL	5.080	0.004~0.573	9.5	
		L	9.525	0.05~4.76	25.4	
		H	12.700	0.6~55	76.2	
		XH	22.225	3~81	101.6	
		XXH	31.750	7~125	127	
	模数制	m1	3.142	0.1~2		考虑大量引进设备配套设计需要
		m1.5	4.712	0.1~2		
		m2	6.283	0.1~4		
		m2.5	7.854	0.1~9		
		m3	9.425	0.1~9		
		m4	12.566	0.15~25		
		m5	15.708	0.3~40		
		m7	21.991	0.5~60		
		m10	31.416	1.5~80		
	特殊节距制	T2.5	2.5	0.002~0.062	10	
		T5	5	0.001~0.6		
		T10	10	0.007~1		
		T20	20	0.036~1.9		
圆弧形		3	0.001~0.9	6		JB/T 7512.1—1994 JB/T 7512.3—1994
		3M	5	0.004~2.6	9	
		5M	8	0.02~14.8	20	
		8M	14	0.18~42	40	
		14M	20	2~267	115	
		20M	20	2~267	115	

注：生产厂为上海四通胶带厂。

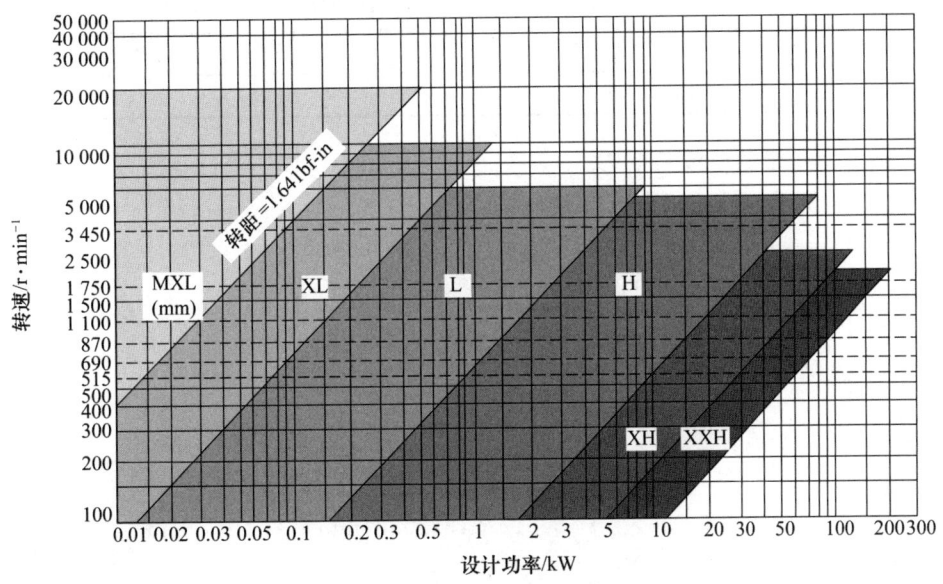

图 4.18　梯形同步带、同步轮选型图

查表选同步带的型号为 L，节距为 $P_b = 9.525$ mm。

(3) 选取带轮齿数 z_1、z_2

带轮齿数可根据同步带的最小许用齿数确定。查表 4.4 得：选小带轮齿数 $z_1 = 12$。故大带轮齿数为 $z_2 = i \times z_1 = 2.6 \times 12 = 31.2$，取整，$z_2 = 31$。故 $z_1 = 12$，$z_2 = 31$。

表 4.4　带轮最小许用齿数

小带轮转速 n/ r·min^{-1}	带型						
	MXL	XXL	XL	L	H	XH	XXH
	带轮最少许用齿数/z_{min}						
<900	10	10	10	12	14	22	22
900~<1 200	12	12	10	12	16	24	24
1 200~<1 800	14	14	12	14	18	26	26
1 800~<3 600	16	16	12	16	20	30	—
3 600~<4 800	18	18	15	18	22	—	—

(4) 确定带轮的节圆直径 d_1、d_2

小带轮节圆直径：$d_1 = P_b z_1 / \pi = 9.525 \times 12 / 3.14$ mm ≈ 36.38 mm。

大带轮节圆直径：$d_2 = P_b z_2 / \pi = 9.525 \times 31 / 3.14$ mm ≈ 93.99 mm。

(5) 验证带速 v

由公式 $v = \dfrac{\pi d_1 n_1}{60\ 000}$ 计算得

$$v = \frac{\pi d_1 n_1}{60\ 000} = 1.90 \text{ m/s} < v_{max} = 40 \text{ m/s}$$

其中，$v_{max} = 40$ m/s 系查表 4.5 所得。

表 4.5　同步带允许最大线速度

带型	MXL、XXL、XL	L、H	XH、XXH
$V_{am}/m \cdot s^{-1}$	40～50	35～40	25～30

(6) 确定同步带的节线长度 L_p

由图 4.19 所示的带轮示意图可得

$$L_p = \widehat{AB} + \overline{AC} + \widehat{CD} + \overline{BD}$$

其中 $\overline{AC} = \overline{BD} = 74.634$ mm。可以求得

$$\widehat{AB} = \frac{138° \times 2\pi \times d_1}{360° \times 2} = 43.812 \text{ mm}$$

$$\widehat{CD} = \frac{(360° - 138°) \times 2\pi \times d_2}{360° \times 2} = 182.088 \text{ mm}$$

故

$$L_p = (74.634 \times 2 + 43.812 + 182.088) \text{mm} = 375.168 \text{ mm}$$

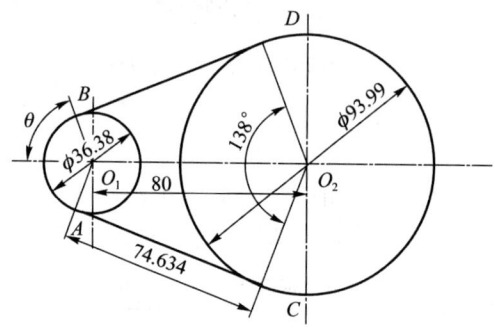

图 4.19　带轮示意图

查表可得,选取型号为 150L 的同步带,其规格、型号、尺寸如表 4.6 所示。其节线长度 $L_p = 381.00$ mm,齿数 $z_b = 40$。

表 4.6　L 型号梯形齿同步带的规格、型号、尺寸表

规格	节线长/mm	齿数	规格	节线长/mm	齿数	规格	节线长/mm	齿数
67L	171.45	18	315L	800.10	84	574L	1 457.33	153
98L	247.65	26	319L	809.63	85	581L	1 476.38	155
109L	276.23	29	322L	819.15	86	585L	1 485.90	156
113L	285.75	30	328L	828.68	87	600L	1 524.00	160
124L	314.33	33	330L	838.20	88	619L	1 571.63	165
130L	333.38	35	334L	847.73	89	630L	1 600.20	168
135L	342.90	36	337L	857.25	90	634L	1 609.73	169
143L	361.95	38	341L	866.78	91	660L	1 676.40	176
150L	381.00	40	345L	876.30	92	694L	1 762.13	185
154L	390.53	41	352L	895.35	94	697L	1 771.65	186

(7) 计算传动中心距 a

$$a = \frac{P_b(z_2 - z_1)}{2\pi \cos\theta} \quad (4.12)$$

其中,$\mathrm{inv}(\theta) = \pi \frac{z_b - z_2}{z_2 - z_1}$,$\mathrm{inv}(\theta) = \tan\theta - \theta$,用逐步逼近法计算得到 $\theta \approx 1.2167$,代入公式得

$$a = \frac{P_b(z_2 - z_1)}{2\pi \cos\theta} \approx 83.07 \text{ mm}$$

(8) 确定同步带的宽度

① 小带轮啮合齿数 z_m:

$$z_m = \frac{z_1}{2} - \frac{P_b z_1}{2\pi^2 a}(z_2 - z_1) \approx 4.68 < 6$$

② 啮合系数 K_z:

$$K_z = 1 - 0.2(6 - z_m) = 0.735$$

③ 基准额定功率 P_0:

$$P_0 = 0.44 \text{ kW}$$

④ 宽度系数 K_w:

$$K_w = \left(\frac{b_s}{b_{so}}\right)^{1.14}$$

查表得,其中 $b_{so} = 25.4$ mm。

⑤ 额定功率:

$$P_r \approx K_z K_w P_0 = K_z P_0 \left(\frac{b_s}{b_{so}}\right)^{1.14}$$

根据设计要求,$P_d \leqslant P_r$。故带宽 $b_s \geqslant b_{so}\left(\dfrac{P_d}{K_z P_0}\right)^{1.14} = 8.20$ mm,查表 4.7,可选择 $b_s = 12.7$ mm 的同步带,其宽度代号为:050。

表 4.7 同步带宽度尺寸参考表

型号	同步带宽度		轮齿面宽度		
	代号	带宽	双面挡边带轮	单面挡边带轮	无挡边带轮
MXL	012	3.0	4	5	6
	019	4.8	5.8	6.8	7.8
	025	6.4	7.5	8.5	9.5
XL	025	6.4	7.5	8.5	9.5
	031	7.9	9	10	11
	037	9.5	11	12	13
L	050	12.7	14	15.5	17
	075	19.1	21	22	24
	100	25.4	27	28.5	30

(9) 同步带轮设计

由设计要求并通过查表,我们选择双面挡边的带轮的齿面宽度为 14 mm。设计要求小

带轮有一个 φ5 mm 的孔。最后设计带轮宽度为 18 mm。

(10) 结果整理

同步带：选用 L 型同步带，$P_b = 9.525$ mm，$z_b = 40$，$L_p = 381$ mm，$b_s = 12.7$ mm，型号为 150L050。

同步带轮：$z_1 = 12$，$d_1 = 36.38$ mm，$z_2 = 31$，$d_2 = 93.99$ mm。

传动中心距：$a = 83.07$ mm。

4.3 直线运动单元传动

直线运动单元是用来搬运或定位一个负载的执行机构（组件），它一般包括导向系统、驱动系统、密封系统和润滑系统等。直线运动单元广泛应用在现代工业之中，它是一种新型的机械部件，将传统的机械传动机构、导向机构集于一体，并且在端部预留驱动装置的接口，这使得整个机械机构更加紧凑，传动更加平稳，运动精度也更高。

直线导轨又称线性导轨、线性滑轨，它只保留按直线方向移动的自由度，能够保证载物台作直线往复运动。直线运动单元采用了这种直线导轨，配合密封的铝型材和精密的导向技术，其应用场合非常广泛。

直线运动单元传动主要有滚珠丝杠、同步带和齿轮齿条 3 种类型，它们都有各自的特点。同步带传动在上节中已有介绍，故本节只介绍另外两种传动机构。

4.3.1 滚珠丝杠传动机构

滚珠丝杠（图 4.20）是机床和精密机械上最常用的传动元件，其主要功能是将旋转运动转换成线性运动，或将转矩转换成轴向反复作用力，同时兼具高精度、可逆性和高效率的特点。

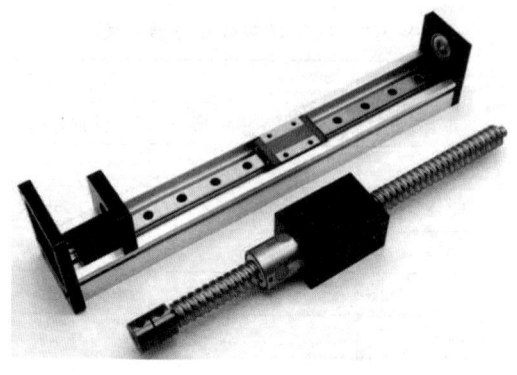

图 4.20 滚珠丝杠示意图

1. 滚珠丝杠的特点

(1) 滚珠丝杠的优点

① 由于滚珠丝杠的丝杠与螺母之间有很多滚珠在做滚动运动，所以能得到较高的运动效率。与滑动丝杠相比，其达到同样的运动效果所需的动力为使用滑动丝杠的 1/3 左右，有利于节约能源。

② 传动效率高,摩擦损失小。滚珠丝杠的传动效率 $n=0.85\sim0.98$,可实现高速运动。

③ 运动平稳,无爬行。由于滚珠丝杠摩擦阻力小,动、静摩擦因数之差极小,故运动平稳,不易出现爬行现象。

④ 传动精度高。反向时无空程;滚珠丝杠经预紧后,可消除轴向间隙。

⑤ 磨损小,精度保持性好,使用寿命长。

⑥ 具有运动的可逆性。滚珠丝杠可以将旋转运动转换成直线运动,也可以将直线运动转换成旋转运动,即丝杠和螺母均可作为主动件或从动件。

⑦ 高速进给。滚珠丝杠由于运动效率高、发热少,所以可实现高速进给运动。

(2) 滚珠丝杠的缺点

① 由于结构复杂,丝杠和螺母等的加工精度和表面质量要求高,制造成本高。

② 由于不具备自锁功能,特别是在垂直安装的滚珠丝杠传动系统中,运动部件可能会因为自身的重量而自发下降。当部件向下移动并且动力源被切断时,由于其自身重量和惯性的作用,部件不能立刻停止运动。因此,必须配备制动装置以防止非预期的运动。

2. 滚珠丝杠的工作原理

滚珠丝杠通过在丝杠和螺母之间置入滚珠,将两者之间的摩擦方式从滑动摩擦转变为滚动摩擦,从而显著降低了摩擦阻力,并大幅提高了传动效率。图 4.21 展示了滚珠丝杠螺母副的结构示意图。其中,丝杠 1 和螺母 3 上均加工有圆弧形螺旋槽,当两者装配在一起时,这些螺旋槽共同构成了螺旋滚道。滚珠 2 在这条滚道内不仅自转,还沿着螺旋路径循环滚动,确保了传动的顺畅与高效。

3. 滚珠丝杠的结构类型

(1) 外循环

滚珠在循环过程结束后通过螺母外表面上的螺旋槽或插管返回丝杠、螺母间重新进入循环。图 4.21 所示为常见的外循环结构形式。在螺母外圆上装有螺旋形的插管口,其两端插入插管,以引导滚珠通过插管,形成滚珠的多圈循环链。这种形式结构简单,工艺性好,承载能力较强,但径向尺寸较大。由于外循环结构制造工艺简单,其滚道接缝处很难做得平滑,影响滚珠滚动的平稳性,甚至发生卡珠现象,噪声也较大。目前这种结构应用最为广泛,也可用于重载传动系统中。

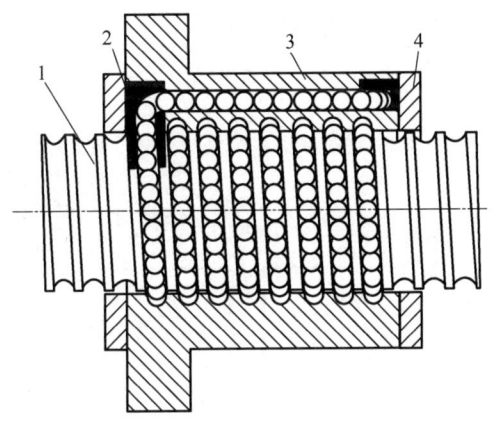

1—丝杠 2—滚珠 3—螺母 4—插管

图 4.21 外循环结构形式

(2) 内循环

靠螺母上安装的反向器接通相邻滚道,使滚珠成单圈循环,如图 4.22 所示。反向器2的数目与滚珠圈数相等。这种形式结构紧凑,定位可靠,刚度好,滚珠流通性好,摩擦损失小,返回滚道短,不易发生滚珠堵塞。但是它的结构复杂,制造较困难,不能用于多线螺纹。它适用于高灵敏、高精度的进给系统,不宜用于重载传动系统中。

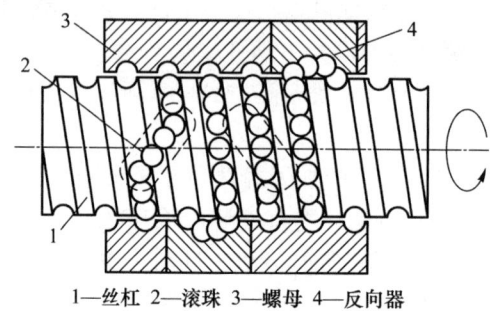

1—丝杠 2—滚珠 3—螺母 4—反向器

图 4.22 内循环结构形式

4. 滚珠丝杠螺母副的预紧方法

为了保证滚珠丝杠反向传动精度和轴向刚度,必须消除滚珠丝杠的螺母副轴向间隙。消除间隙常采用双螺母结构,利用两个螺母的相对轴向位移,使每个螺母中的滚珠分别接触丝杠滚道的左右两侧。用这种方法预紧消除轴向间隙时,预紧力一般应为最大轴向负载的1/3。当要求不太高时,预紧力可小于此值。

(1) 垫片调整法

垫片调整法(图 4.23、图 4.24)通过改变垫片的厚度,使螺母产生轴向位移。这种结构简单、刚性好,应用最为广泛。在双螺母间加垫片的形式可由专业生产厂家根据用户要求事先调整好预紧力,使用时装卸非常方便,但调整较费时间,且不能在工作中随意调整。

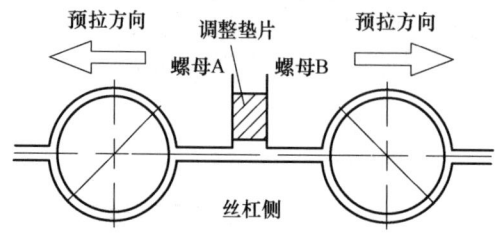

图 4.23 双螺母垫片调整法（中间加垫片）

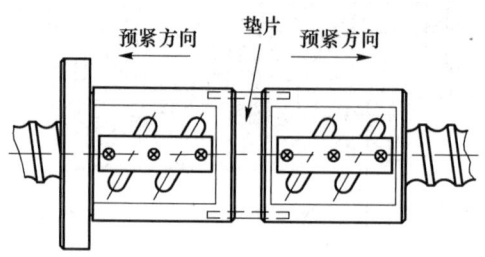

图 4.24 双螺母垫片调整法（端部加垫片）

(2) 双螺母螺纹调整法

如图 4.25 所示,在丝杠的其中一个螺母外侧加工有凸缘,另一个螺母加工有伸出螺母座的螺纹,通过调整预紧螺母 2 便可以改变两个螺母的相对位置,完成轴向预紧。为了防止预紧时螺母转动,螺母 1 和螺母 3 之间一般安装有键销。这种结构紧凑、工作可靠,调整方便,且可在使用过程中随时调整,故应用较广,但调整位移量和预紧力不易精确控制。

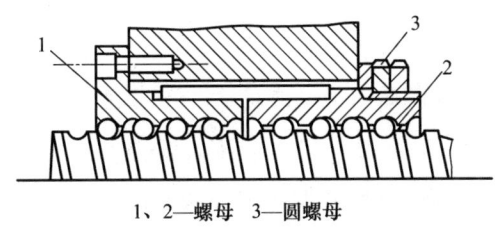

1、2—螺母　3—圆螺母

图 4.25　双螺母螺纹调整法

(3) 齿差调整法

如图 4.26 所示,在两个螺母的凸缘上各制有圆柱外齿轮,分别与紧固在套筒两端的内齿圈相啮合,其齿数分别为 z_1、z_2,且两者相差一个齿。在进行调整时,首先需要将内齿圈取下,然后使两个螺母相对于套筒在同一方向上各转动一个齿的位置,之后再重新插入内齿圈。这样操作后,两个螺母之间会产生相对角位移,其轴向位移量为

$$S = \left(\frac{1}{z_1} - \frac{1}{z_2}\right) P_b$$

其中,z_1、z_2 是齿轮的齿数,P_b 是滚珠丝杠的导程。

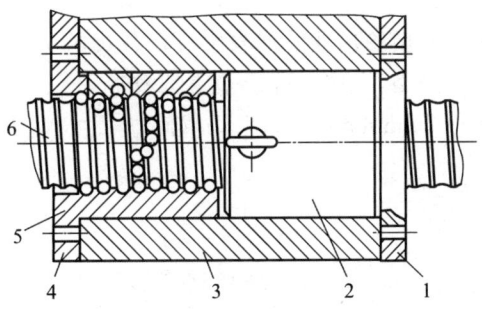

1、4—内齿圈　2、5—螺母　3—螺母座　6—丝杠

图 4.26　齿差调整法

5. 滚珠丝杠副的选择方法和设计计算

(1) 滚珠丝杠副的选择方法

① 结构的选择。

根据防尘防护条件以及对调隙及预紧的要求,选择适当的结构型式。

② 尺寸的选择。

a. 公称直径 d_0:公称直径应根据轴向最大载荷按滚珠丝杠副尺寸系列选择;公称直径的大小与承载能力有关,一般推荐 $d_0 > \dfrac{\text{丝杠的工作长度}}{30}$。

b. 基本导程 P_h：P_h 应按承载能力及传动精度、传动速度选取；P_h 大，承载能力大；P_h 小，传动精度高。要求传动速度快时，可选用较大导程的滚珠丝杠副。

（2）滚珠丝杠副的设计计算

已知条件：最大工作载荷 $F(N)$ 或平均工作载荷 F_m；使用寿命 T；丝杠的工作长度（或螺母的有效行程）$L(m)$；丝杠的转速 n（平均转速 n_m 或最大转速 n_{max}）（r/min）；滚道硬度 HRC 和运转情况。

① 承载能力选择。

首先计算作用于丝杠的轴向最大动载荷 Q，然后根据 Q 值选择丝杠副的型号。

$$Q = \sqrt[3]{L} f_H f_W P_{max} (N) \tag{4.13}$$

其中：$L = \dfrac{60nT}{10^6}$ 为滚珠丝杠寿命系数；T 为使用寿命时间，普通机械为 5 000～10 000，数控机床及其他机电一体化设备及仪器装置为 15 000；f_H 为硬度系数；f_W 为运转系数；P_{max} 为最大工作载荷。详细表达式如下所示：

$$f_W = \begin{cases} 1.0 \sim 1.2, & \text{平稳或轻度冲击时} \\ 1.2 \sim 1.5, & \text{中度冲击时} \\ 1.5 \sim 2.5, & \text{较大冲击或振动时} \end{cases}$$

$$f_H = \begin{cases} 1.0, & HRC \geqslant 58 \\ 1.11, & HRC = 55 \\ 1.35, & HRC = 52.5 \\ 1.56, & HRC = 50 \\ 2.4, & HRC = 45 \end{cases}$$

从手册或样本的滚珠丝杠副的尺寸系列表中可以找出相应的额定动载荷 Q_a 的滚珠丝杠螺母副的尺寸规格和结构类型，选用时应使 $Q_a > \|Q\|$。

注意：当丝杠转速 $n < 10$ r/min 时，以最大静载荷 Q_0 为设计依据。

② 传动效率的验算。

$$\eta = \dfrac{\tan \gamma}{\tan(\gamma + \varphi)} \tag{4.14}$$

其中，γ 为丝杠螺旋长升角，φ 为摩擦角，滚珠丝杠副的滚动摩擦系数 $\tan \varphi = f = 0.003 \sim 0.004$，其摩擦角约等于 10°。当 $\eta > 0.9$ 时满足要求。

③ 刚度验算。

刚度验算主要是为了确定丝杠的变形量。丝杠的变形量包括：丝杠的拉伸或压缩变形量 δ_1；滚珠与螺纹滚道间接触变形量 δ_2；支承滚珠丝杠的轴承的轴向接触变形量 δ_3；滚珠丝杠的扭转变形引起的导程的变化量 δ_4；螺母座及轴承支座的变形量 δ_5。

4.3.2 齿轮齿条传动机构

1. 齿轮传动的特点

齿轮传动机构是现代机械中应用非常广泛的传动机构，用于传递空间任意两轴或多轴之间的运动和动力。齿轮传动的主要优缺点如下。

① 优点：传动效率高，结构紧凑，工作可靠，寿命长，传动比准确。

② 缺点：制造及安装精度要求高，价格较贵，不宜用于两轴间距离较大的场合。

2. 齿轮齿条传动介绍

（1）齿轮齿条传动的定义与原理

齿轮齿条传动是一种机械传动方式，它通过齿轮与齿条之间的啮合，实现旋转运动与直线运动之间的相互转换，如图 4.27 所示。其工作原理基于齿轮和齿条的精密啮合：当齿轮旋转时，它通过齿间的啮合作用推动齿条，使齿条产生相应的直线运动；反之，若齿条进行直线运动，则会带动齿轮旋转。这种传动机制不仅能够高效传递运动和力，还能确保运动转换的准确性和稳定性。

图 4.27 齿轮齿条示意图

（2）齿轮齿条传动的类型

按齿型的不同，齿轮齿条传动可分为直齿齿轮齿条传动和斜齿齿轮齿条传动。直齿齿条的齿廓为直线，与直齿轮相啮合。这种类型的传动结构简单，制造容易，适用于中低速、低扭矩的应用场合。其特点是噪声相对较大，但能够提供直接且高效的力传递。斜齿齿条与斜齿轮相啮合，能够提供更为平稳和安静的传动性能，适用于需要承受较大扭矩和更高转速的应用。斜齿设计使得接触线更长，从而分散了载荷，减少了冲击和振动，提高了传动的平稳性和耐用性。

（3）齿轮齿条传动的优点

① 高承载能力：齿轮齿条传动能够传递较大的动力，具有较高的承载能力。

② 高精度：传动精度高，可达 0.1 mm，适用于需要精确定位的场合。

③ 长行程能力：可以无限长延伸，适用于长距离的直线运动传递。

3. 齿轮齿条传动设计计算

设计一齿轮齿条传动系统，要求传递的功率为 $P=242.4$ W。小齿轮转速为 $n=7.96$ r/min。（预设齿轮模数 $m=8$ mm，直径 $d=160$ mm。）

（1）选定齿轮类型、精度等级、材料级齿数

① 选用直齿圆柱齿轮与齿条进行传动，因其结构简单、制造容易且适用于中低速传动。

② 鉴于该系统的转速不高，建议选用 7 级精度（ISO 标准），以确保在满足使用要求的同时，降低制造成本并保证足够的工作可靠性。

③ 材料选择。选择小齿轮材料为 40Cr（调质处理），硬度为 280HBS，这种材料具有良

好的综合机械性能,能够承受较高的接触应力和弯曲应力;齿条材料为45钢(调质处理),硬度为240HBS。45钢经过调质处理后,既保证了足够的强度,又具备了一定的韧性。

④ 选小齿轮齿数 $z_1=24$,大齿轮齿数 $z_2=\infty$。常用齿轮材料及其力学性能如表4.8所示。

表4.8 常用齿轮材料及其力学性能

材料牌号	热处理方法	抗拉强度 R_m/MPa	屈服强度 R_{eL}/MPa	硬度 齿心硬度	硬度 齿面硬度
45	正火	580	290	162~217HBW	
45	调质	650	360	217~255HBW	
45	调质后表面淬火			217~255HBW	40~50HRC
40Cr	调质	700	500	241~286HBW	
40Cr	调质后表面淬火			241~286HBW	48~55HRC
30CrMnSi	调质	1 100	900	310~360HBW	
35SiMn	调质	750	450	217~269HBW	
20Cr	表面渗碳后淬火	650	400	300HBW	58~62HRC
20CrMnTi	表面渗碳后淬火	1 100	850	300HBW	58~62HRC
38CrMoAIA	调质后氮化(氮化层厚 $\delta \geqslant 0.3 \sim 0.5$ mm)	1 000	850	255~321HBW	>850HV
ZG310-570	正火	580	320	156~217HBW	
ZG340-640	正火	650	350	169~229HBW	
ZG340-640	调质	700	380	241~269HBW	
HT250	人工时效	250		170~241HBW	
HT300	人工时效	300		187~255HBW	
HT350	人工时效	350		197~269HBW	
QT500-7	正火	500		147~241HBW	
QT600-3	正火	600		229~302HBW	

(2)按齿面接触强度设计

由设计计算公式进行计算,即

$$d_{1t} \geqslant 2.32 \sqrt[3]{\frac{K_t T_1}{\varphi_d} \cdot \frac{u+1}{u} \left(\frac{Z_E}{[\sigma_H]}\right)^2} \tag{4.15}$$

其中,K_t 为载荷系数,T_1 为小齿轮传递的转矩,φ_d 为齿宽系数,u 为传动比,Z_E 为材料的弹性影响系数,$[\sigma_H]$ 为接触疲劳许用应力。

① 确定公式内的各参数数值。

a. 查表试选载荷系数,$K_t=1.3$。

b. 计算小齿轮传递的转矩,预设齿轮模数 $m=8$ mm,直径 $d=160$ mm。

$$T_1 = \frac{9.55 \times 10^6 P_1}{n_1} = \frac{9.55 \times 10^6 \times 0.242\ 4}{7.96} \text{N} \cdot \text{m} = 290.8 \text{ N} \cdot \text{m}$$

c. 查表4.9选齿宽系数,$\varphi_d=0.5$。

表 4.9　圆柱齿轮的齿宽系数 φ_d

布置状况	两支承相对于小齿轮做对称布置	两支承相对于小齿轮做非对称布置	小齿轮做悬臂布置
φ_d	0.9~1.4(1.2~1.9)	0.7~1.15(1.1~1.65)	0.4~0.6

注：1. 当大、小齿轮均为硬齿面时，φ_d 应取表中偏下限值；当大、小齿轮均为软齿面或仅大齿轮为软齿面时，φ_d 取表中偏上限值。

2. 括号内的数值用于人字齿轮，此时 b 为人字齿轮的总宽度。

d. 查表 4.10 得材料的弹性影响系数，$Z_E = 189.8 \text{ Mpa}^{\frac{1}{2}}$。

表 4.10　常用齿轮材料的弹性系数 Z_E

齿轮材料	配对齿轮材料				
	灰铸铁	球墨铸铁	铸钢	锻钢	夹布塑胶
锻钢	162.0	181.4	188.9	189.8	56.4
铸钢	161.4	180.5	188	—	—
球墨铸铁	156.6	173.9	—	—	—
灰铸铁	143.7	—	—	—	—

e. 如图 4.28 所示，按齿面硬度查得小齿轮的接触疲劳强度极限 $\sigma_{Hlim1} = 600 \text{ Mpa}$；齿条的接触疲劳强度极限 $\sigma_{Hlim2} = 550 \text{ Mpa}$。

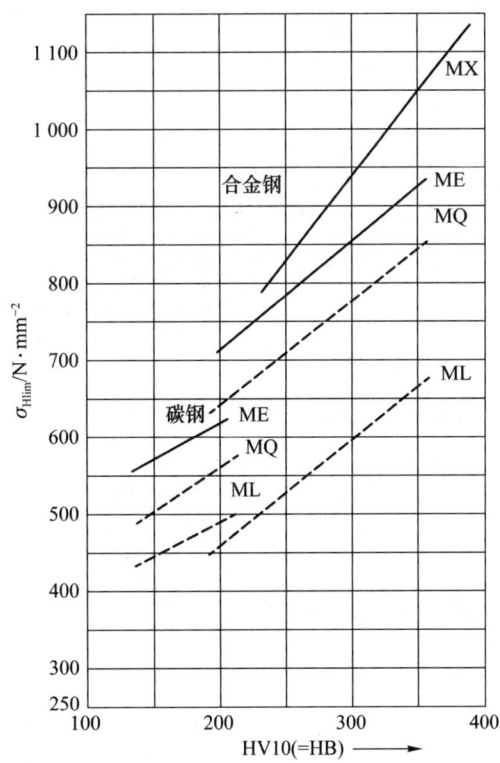

图 4.28　调质处理的碳钢、合金钢的 σ_{Hlim}

f. 计算应力循环次数：
$$N_1 = 60n_1 jL_h = 60 \times 7.96 \times 1 \times (2 \times 0.08 \times 200 \times 4) = 6.113 \times 10^4$$

g. 取接触疲劳寿命系数 $K_{HN} = 1.7$，具体如图 4.29 所示。

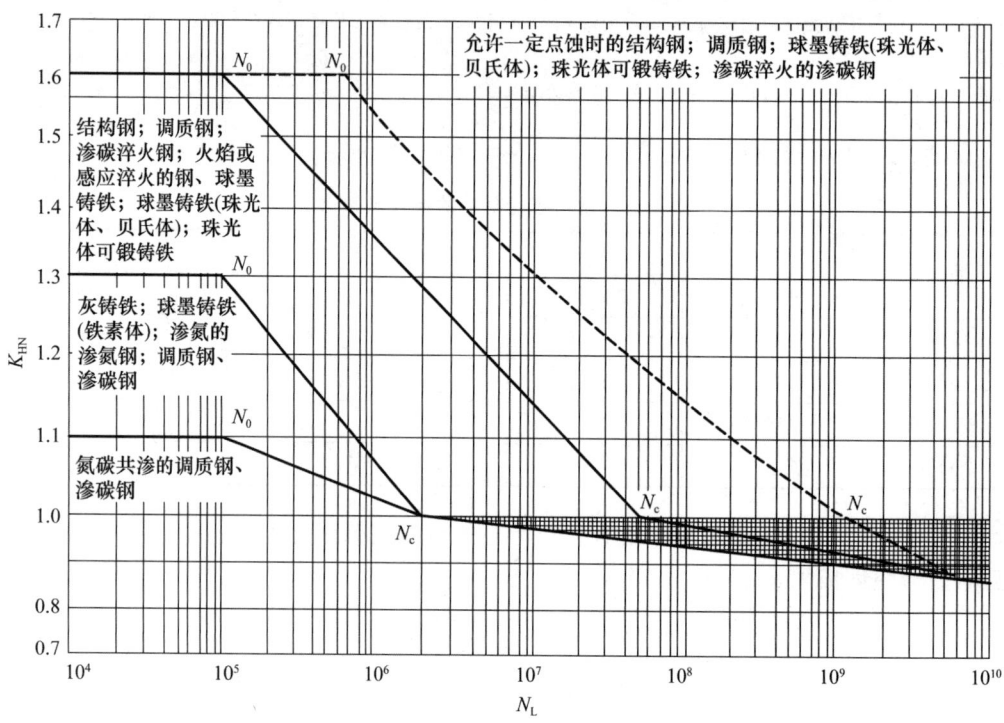

图 4.29　接触疲劳寿命系数 K_{HN}

h. 计算接触疲劳许用应力。取失效概率为 1%，安全系数 $S=1$，
$$[\sigma_H]_1 = \frac{K_{HN1}\sigma_{Hlim1}}{S} = 1.7 \times 600 \text{ Mpa} = 1\,020 \text{ Mpa}$$

② 计算。

a. 试算小齿轮分度圆直径 d_{1t}，代入 $[\sigma_H]_1$。
$$d_{1t} \geq 2.32 \sqrt[3]{\frac{K_t T_1}{\varphi_d} \cdot \frac{u+1}{u} \left(\frac{Z_E}{[\sigma_H]}\right)^2}$$
$$= 2.32 \sqrt[3]{\frac{1.3 \times 2.908 \times 10^5}{0.5} \cdot \frac{\infty+1}{\infty} \left(\frac{189.8}{1\,020}\right)^2} \text{ mm} = 68.89 \text{ mm}$$

b. 计算圆周速度。
$$v = \frac{\pi d_{1t} n_1}{60 \times 1\,000} = \frac{\pi \times 68.89 \times 7.96}{60 \times 1\,000} \text{ m/s} = 0.029 \text{ m/s}$$

c. 计算齿宽。
$$b = \varphi_d \cdot d_{1t} = 0.5 \times 68.89 \text{ mm} = 34.445 \text{ mm}$$

d. 计算齿宽与齿高之比。

模数：
$$m_t = \frac{d_{1t}}{z_1} = \frac{68.89}{24} = 2.87$$

齿高：
$$h = 2.25 m_t = 2.25 \times 2.87 \text{ mm} = 6.46 \text{ mm}$$
齿宽与齿高之比：
$$\frac{b}{h} = \frac{34.445}{6.46} = 5.33$$

e. 计算载荷系数。

根据 $v=0.029$ m/s，7 级精度，由图 4.30 得动载荷系数 $K_V=1$；直齿轮，$K_{H\alpha}=K_{F\alpha}=1$；查表 4.11 得使用系数 $K_A=1.5$；取 $K_{H\beta}=1.25$。由 $\frac{b}{h}=5.33$，$K_{H\beta}=1.25$。查表 4.12 得 $K_{F\beta}=1.185$。故载荷系数：$K=K_A K_V K_{H\alpha} K_{H\beta}=1.5 \times 1 \times 1 \times 1.25=1.875$。

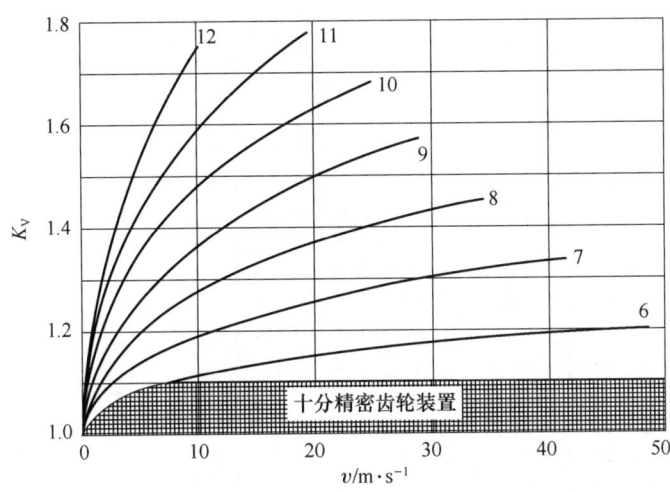

图 4.30 动载系数 K_V

表 4.11 使用系数 K_A

工作机工作特性	工作机	原动机工作特性			
		均匀平稳	轻微振动	中等振动	强烈振动
		电动机、均匀运转的蒸汽机和燃气轮机	蒸汽机、燃气轮机、液压装置	多缸内燃机	单缸内燃机
均匀平稳	发电机、均匀传送的带式输送机、螺旋输送机、包装机、通风机、轻型离心机、离心泵、均匀密度材料搅拌机、轻型升降机等	1.00	1.10	1.25	1.50
轻微振动	不均匀传送的带式输送机、重型升降机、工业与矿用风机、重型离心机、机床主驱动装置、多缸活塞泵等	1.25	1.35	1.50	1.75
中等振动	橡胶挤压机、连续工作的橡胶和塑料混料机、轻型球磨机、木工机械、单缸活塞泵等	1.50	1.60	1.75	2.00
强烈振动	挖掘机、重型球磨机、橡胶混炼机、破碎机、重型给水泵、旋转式钻探装置、压砖机、带材冷轧机、轮碾机等	1.75	1.85	2.00	2.25

注：表中所列 K_A 值仅适用于减速传动；若为增速传动，K_A 值为表值的 1.1 倍；当外部机械与齿轮装置间有挠性连接时，通常 K_A 值可适当减小。

表 4.4.12 接触疲劳强度用的齿向载荷分布系数 $K_{H\beta}$

φ_d	小齿轮支承位置	b/mm	软齿面齿轮 对称布置			软齿面齿轮 非对称布置			软齿面齿轮 悬臂布置			硬齿面齿轮 对称布置		硬齿面齿轮 非对称布置		硬齿面齿轮 悬臂布置	
			6	7	8	6	7	8	6	7	8	5	6	5	6	5	6
0.4		40	1.15	1.16	1.19	1.15	1.16	1.19	1.18	1.19	1.22	1.10	1.10	1.10	1.10	1.14	1.14
		80	1.15	1.17	1.20	1.15	1.17	1.21	1.18	1.20	1.23	1.10	1.10	1.10	1.11	1.14	1.15
		120	1.16	1.18	1.22	1.16	1.18	1.22	1.19	1.21	1.25	1.10	1.11	1.11	1.12	1.15	1.16
		160	1.16	1.19	1.23	1.17	1.19	1.23	1.19	1.22	1.26	1.11	1.12	1.12	1.12	1.15	1.16
		200	1.17	1.20	1.24	1.17	1.20	1.24	1.20	1.23	1.27	1.11	1.12	1.12	1.13	1.16	1.17
0.6		40	1.18	1.19	1.23	1.20	1.21	1.24	1.34	1.35	1.38	1.15	1.15	1.17	1.17	1.37	1.38
		80	1.19	1.20	1.24	1.20	1.22	1.25	1.34	1.36	1.40	1.15	1.16	1.17	1.17	1.38	1.38
		120	1.19	1.21	1.25	1.21	1.23	1.27	1.35	1.37	1.41	1.16	1.16	1.18	1.18	1.38	1.39
		160	1.20	1.22	1.26	1.21	1.24	1.28	1.36	1.38	1.42	1.16	1.17	1.18	1.19	1.39	1.40
		200	1.21	1.23	1.28	1.22	1.25	1.29	1.36	1.39	1.43	1.16	1.18	1.18	1.20	1.39	1.40

f. 按实际的载荷系数校正所算得的分度圆直径,得

$$d_1 = d_{1t}\sqrt[3]{\frac{K}{K_t}} = 68.89 \times \sqrt[3]{\frac{1.875}{1.3}} \text{ mm} = 77.84 \text{ mm}$$

g. 计算模数 m：

$$m = \frac{d_1}{z_1} = \frac{77.84}{24} \text{ mm} = 3.24 \text{ mm}$$

(3) 按齿根弯曲强度设计

弯曲强度设计公式为

$$m \geqslant \sqrt[3]{\frac{2KT_1}{\varphi_d z_1}\left(\frac{Y_{Fa}Y_{Sa}}{[\sigma_F]}\right)} \tag{4.16}$$

① 确定公式内的各参数数值。

a. 由图 4.31 得小齿轮的弯曲疲劳强度极限 $\sigma_{FE1} = 500$ Mpa；齿条的弯曲疲劳强度极限 $\sigma_{FE2} = 380$ Mpa。

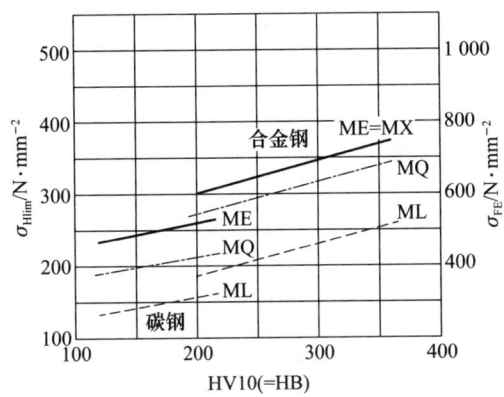

图 4.31 调质处理的碳钢、合金钢的强度极限

b. 由图 4.32 得弯曲疲劳寿命系数 $Y_{FN1} = 1.1, Y_{FN2} = 1.2$。

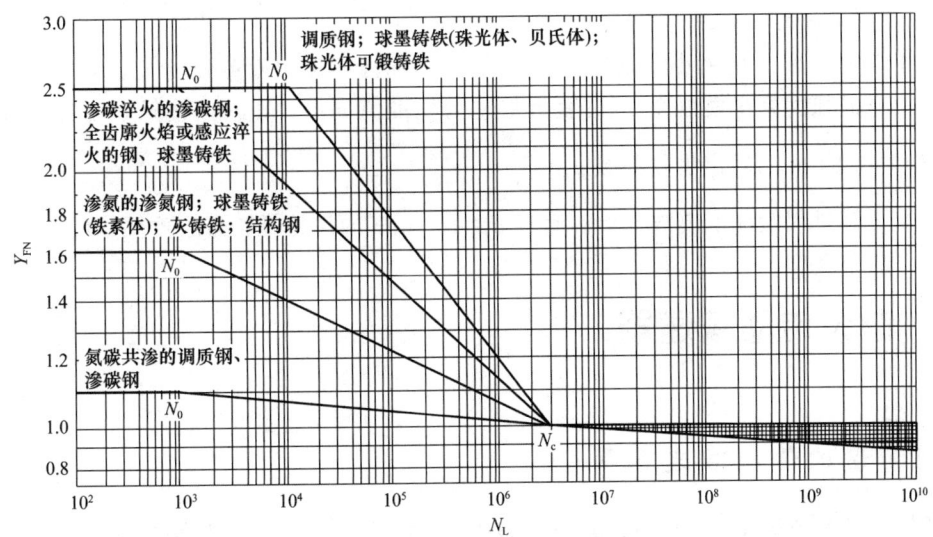

图 4.32 弯曲疲劳寿命系数 Y_{FN}

c. 计算弯曲疲劳许用应力。取弯曲疲劳安全系数 $S=1.4$,得

$$[\sigma_F]_1 = \frac{Y_{FN1}\sigma_{FE1}}{S} = \frac{1.1\times 500}{1.4} \text{ Mpa} = 392.86 \text{ Mpa}$$

$$[\sigma_F]_2 = \frac{Y_{FN2}\sigma_{FE2}}{S} = \frac{1.2\times 380}{1.4} \text{ Mpa} = 325.71 \text{ Mpa}$$

d. 计算载荷系数。

$$K = K_A K_V K_{Fa} K_{F\beta} = 1.5\times 1\times 1\times 1.185 = 1.78$$

e. 查表 4.13 取齿形系数。查表得 $Y_{Fa1}=2.65, Y_{Fa2}=2.06$。

f. 查表 4.14 取应力校正系数。查表得 $Y_{Sa1}=1.58, Y_{Sa2}=1.97$。

表 4.13 标准外齿轮齿形系数 Y_{Fa} 和应力修正系数 Y_{Sa}

当量函数 Z_v	17	18	19	20	21	22	23	24	25	26	27	28	29
Y_{Fa}	2.97	2.91	2.85	2.80	2.76	2.72	2.69	2.65	2.62	2.60	2.57	2.55	2.53
Y_{Sa}	1.52	1.53	1.54	1.55	1.56	1.57	1.575	1.58	1.59	1.595	1.60	1.61	1.62
当量函数 Z_v	30	35	40	45	50	60	70	80	90	100	150	200	10 000
Y_{Fa}	2.52	2.45	2.40	2.35	2.32	2.28	2.24	2.22	2.20	2.18	2.14	2.12	2.06
Y_{Sa}	1.625	1.65	1.67	1.68	1.70	1.73	1.75	1.77	1.78	1.79	1.83	1.865	1.97

g. 计算齿轮齿条的 $\frac{Y_{Fa}Y_{Sa}}{[\sigma_F]}$ 并加以比较。

$$\frac{Y_{Fa1}Y_{Sa1}}{[\sigma_F]_1} = \frac{2.65\times 1.58}{392.86} = 0.010\,66$$

$$\frac{Y_{Fa2}Y_{Sa2}}{[\sigma_F]_2} = \frac{2.06\times 1.97}{325.71} = 0.012\,46$$

可得齿条的数值大。

② 计算。

$$m \geqslant \sqrt[3]{\frac{2Kt_1}{\varphi_d z_1^2}\left(\frac{Y_{Fa}Y_{Sa}}{[\sigma_F]}\right)} = \sqrt[3]{\frac{2\times 1.78\times 2.908\times 10^5}{0.5\times 24^2}\times 0.012\,46} \text{ mm} = 3.55 \text{ mm}$$

由于齿轮模数 m 的大小主要取决于弯曲强度,而齿面接触疲劳强度主要取决于齿轮直径。可由弯曲强度算得模数 3.55 并就近取整为标准值 $m=4$ mm,按接触强度算得分度圆直径 $d_1=77.84$ mm,算出齿轮齿数 $z_1=\frac{d_1}{m}=\frac{77.84}{4}\approx 20$。

以上计算过程验证了模数 $m=8$,直径 $d=160$ mm 的齿轮是符合强度要求的。

4.4 谐波传动减速器

4.4.1 谐波传动减速器简介

谐波传动减速器(GB/T 14118—1993)是一种靠波发生器使柔性齿轮产生可控的弹性变形波以传递运动和动力的机械传动装置,具有传动比大、范围广、精度高、承载能力大、效

率高、体积小、质量轻、噪声小、传动平稳等特点,适用于电子、航空、航天、机器人、机床、纺织、医疗、冶金、矿山等行业。

其工作条件为:工作环境温度为 $-40\sim55\ ℃$;相对湿度为 $95\%\pm3\%(20\ ℃)$;振动频率为 $10\sim500\ Hz$,加速度为 $2g$,扫频循环次数为 10 次。

谐波传动包括 3 个基本构件:柔轮 1、刚轮 2 和波发生器 3 (图 4.33)。3 个构件中可以任意固定一个,其余两个一个固定,一个从动,可以实现减速或增速(固定传动比),也可以换成两个输入、一个输出,组成差动传动。

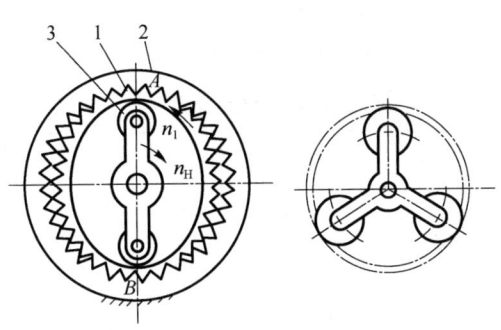

1—柔轮 2—刚轮 3—波发生器

图 4.33 谐波传动

柔轮轮体很薄,其上有特制的完整的齿圈 ($360°$),轮齿模数较小,一般为 $0.2\sim1.5$ mm。波发生器的径向最大尺寸稍大于柔轮内孔直径,装配时把它放入柔轮内孔,使柔轮齿圈段变形成为椭圆形,并使椭圆长轴处 A、B 两点的轮齿与刚轮相啮合,而短轴处的轮齿脱开。若波发生器顺时针方向旋转,则柔轮 1 和刚轮 2 (固定轮) 的啮合区也随着变化,轮齿依次进入啮合和脱离状态。柔轮的变形过程基本上是一个对称的谐波,因此称为谐波齿轮传动。对于双波传动,其特点是发生器转一转,柔轮相对于刚轮在圆周方向转过两个齿距的弧长,它有两个啮合区。双波谐波齿轮传动变形时柔轮表面应力小,易获得大的传动比,结构较简单。对于三波传动,则齿数差为 3,有 3 个啮合区。三波传动的特点是作用于轴上的径向力小,内应力较平衡,精度较高,变形时柔轮表面应力较双波的大,而且结构较为复杂。

波发生器通常有 3 种结构型式,如图 4.34 所示,它们的作用原理相同。为了减少波发生器对柔轮内表面产生过大摩擦,通常在波发生器上装弹性滚动轴承(图 4.34(c))。

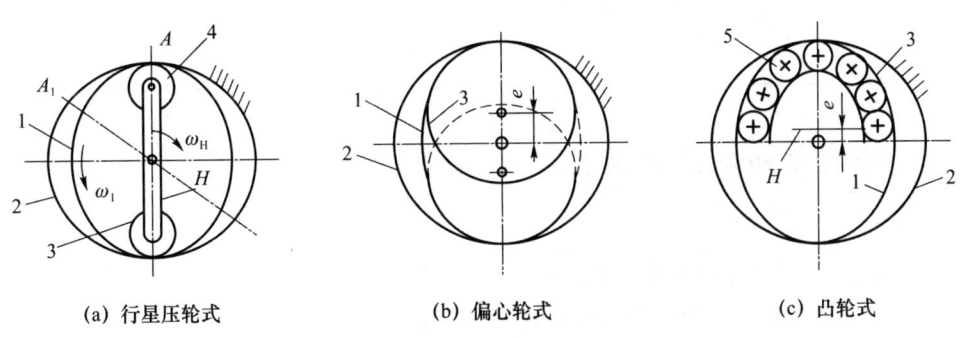

(a) 行星压轮式　　　　(b) 偏心轮式　　　　(c) 凸轮式

1—柔轮 2—刚轮 3—波发生器 4—压轮 5—轴承

图 4.34 波发生器

因柔轮、刚轮齿数不等（通常柔轮比刚轮齿数少 2 齿），在传动过程中，若刚轮固定，波发生器主动转动一圈时，柔轮只能相对刚轮反方向位移。当波发生器以 ω_H 方向转动至相当于柔轮一周的 A_1 点（图 4.34(a)）时，啮合经过 z_1 个齿，波发生器继续转动至相当于刚轮 2 一周回到 A 点时，啮合经过的齿数为 z_2，此时柔轮 1 相对于刚轮 2 向 ω_1 方向转动 z_2-z_1 个齿，显然传动比为

$$i = \frac{z_2}{z_2 - z_1}$$

传动比与两个齿轮的齿数差成反比，而与波发生器的波数无关。若 3 个基本构件固定其中任一构件，则传动比和转动方向各不相同，如表 4.14 所示。

表 4.14 传动比关系

序号	传动简图	固定件	主、从动件转向关系	传动比计算公式
1	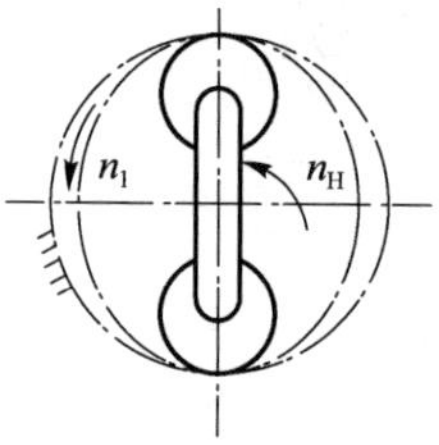	刚轮	反向	$i_{H1} = \dfrac{n_H}{n_1} = -\dfrac{z_1}{z_2-z_1}$
2	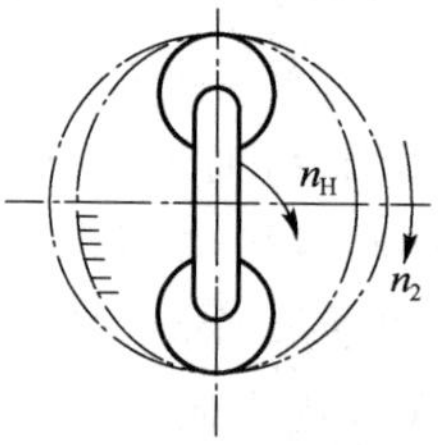	柔轮	同向	$i_{H2} = \dfrac{n_H}{n_2} = \dfrac{z_2}{z_2-z_1}$
3	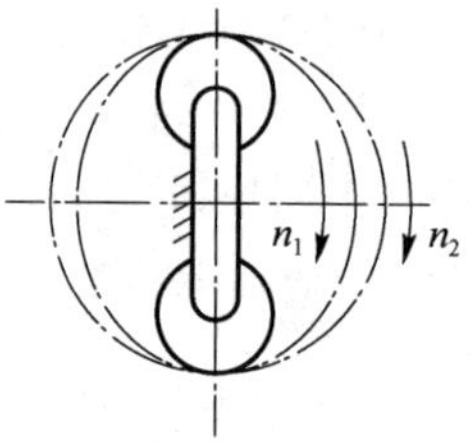	波发生器	同向	$i_{12} = \dfrac{n_1}{n_2} = \dfrac{z_2}{z_1}$

4.4.2 谐波传动减速器的型号与标记

1. 型号

(1) XB 型：杯形柔轮谐波传动减速器。
(2) XBZ 型：带支座杯形柔轮谐波传动减速器。

2. 标记

标记示例：

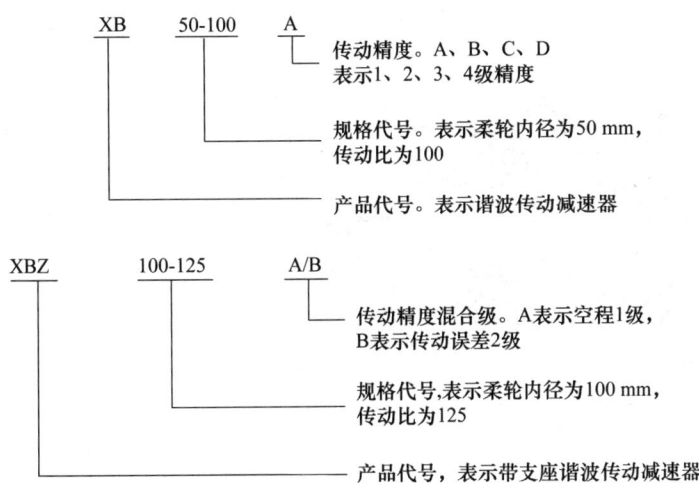

4.4.3 谐波传动减速器的选型

谐波传动减速器所承受的载荷最好是转矩,不能直接承受轴向力和弯矩,若必须承受弯矩,则应在减速器输出轴端增加相应的辅助轴承。

谐波传动减速器可以垂直安装使用。当输出轴向下时,谐波传动组件、波发生器位于上部,需配置甩油杯,它起油泵的作用,将润滑油带到波发生器及刚轮、柔轮轮齿的啮合面。当输入轴向下时,需注意润滑油油位高度。

选择谐波传动减速器时,应根据其承受的载荷确定谐波传动减速器的机型。同时,应考虑谐波传动减速器的工作环境及工作状态,如谐波传动减速器长期在满载荷下连续工作时,应考虑选择大一型号的谐波传动减速器。

谐波传动减速器在不同环境温度下,各机型使用的润滑油及润滑脂如表 4.15 所示。

谐波传动减速器的结构尺寸如图 4.35 所示。各机型尺寸、支座主要尺寸及各机型转速分别如表 4.16、表 4.17 和表 4.18 所示。

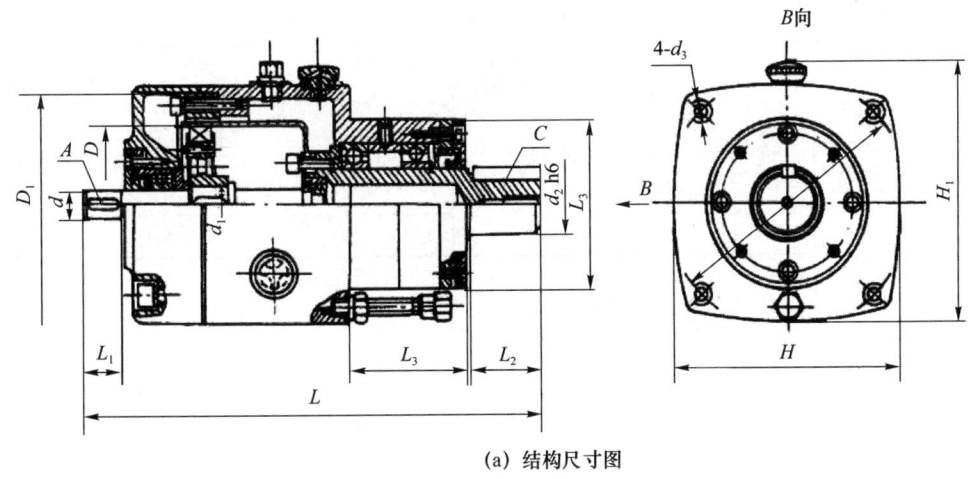

(a) 结构尺寸图

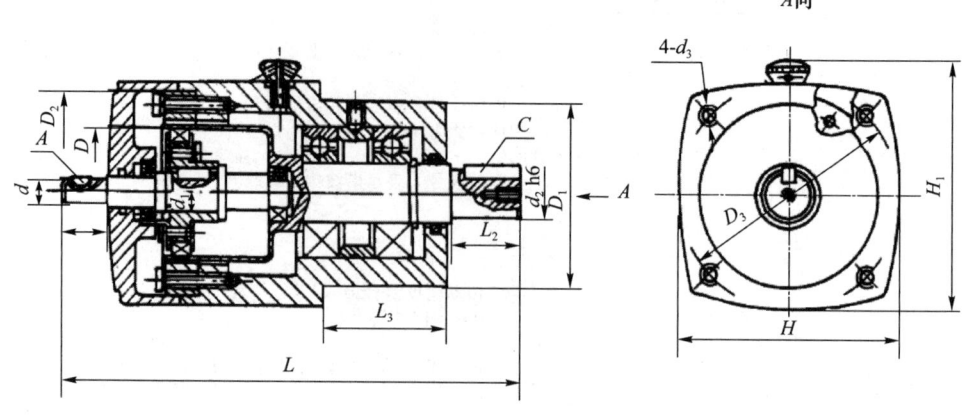

(b) 结构尺寸图

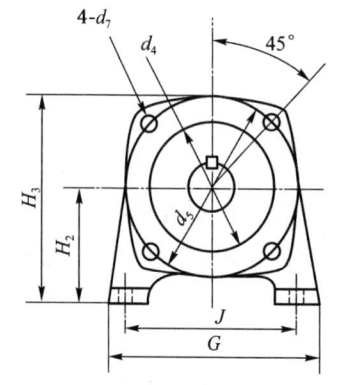
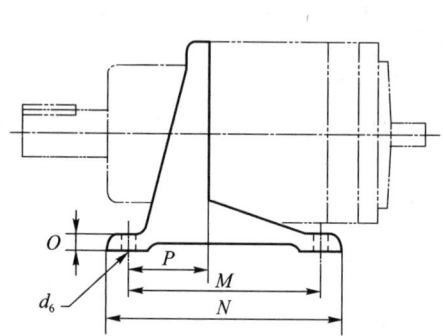

(c) 支座外形图

图 4.35 谐波传动减速器的结构尺寸

表 4.15 各机型使用的润滑油及润滑脂

机型 XB		25	32	40	50	60	80	100	120	160	200	250	320
环境温度/℃	0~55	XBZH-Y(谐波传动半流体润滑脂0#)					32XBY(谐波传动润滑油)			46XBY(谐波传动润滑油)			
	−40~55						32XBY-Y(低温谐波传动润滑油)			46XBY-Y(低温谐波传动润滑油)			
	−50~100	4109(合成油)											

第4章 机器人传动机构

表 4.16 各机型尺寸

机型	d(h6)	d_1	d_2(h6)	d_3	D	D_1	D_2	D_3	L	L_1	L_2	L_3	H	H_1	A	C	质量/kg
25	4	6	8	M4	25	28	40	43	86	8	12	22	45	50	键 1×4	键 C2×10	0.3
32	6	10	12	M5	32	36	50	55	115	11	16	33	55	60	键 2×7	键 C4×14	0.5
40	8	12	15	M5	40	44	60	66	140	16	22	39	65	72	键 3×10	键 C5×18	1
50	10	14	18	M6	50	53	70	76	170	18	30	43	75	83	键 3×13	键 C6×25	1.5
60	14	18	22	M6	60	68	85	100	205	20	35	43	92	101	键 5×14	键 C6×32	5.5
80	14	18	30	M10	80	85	115	130	240	24	43	48	122	132	键 5×16	键 C8×40	10
100	16	24	35	M12	100	100	135	155	290	28	55	54	142	155	键 5×20	键 C10×50	16
120	18	24	45	M14	120	114	170	195	340	38	68	67	180	220	键 6×25	键 C14×62	30
160	24	40	60	M20	160	140	220	245	430	48	88	77	230	265	键 8×32	键 C18×80	58
200	30	50	80	M24	200	180	270	300	530	48	108	102	280	320	键 8×40	键 C22×100	100
250	35	60	95	M27	250	215	330	360	669	60	128	156	345	423	键 10×50	键 C25×120	—
320	40	80	110	M30	320	240	370	400	750	80	140	170	400	440	键 12×60	键 C28×130	—

备注:1.25~50 机型,A 键按 GB1099 选用;60~320 机型,A 键按 GB1096 选用。
2.25~320 机型,C 键按 GB1096 选用。

表 4.17 支座主要尺寸

尺寸	机型									
H_3	60	101	112	56	92	7	68	85	115	10	54	8	100
G													
H_2													
J													
d_6													
d_4													
M													
N													
O													
P													
d_7													
d_5													

尺寸	值
H_3	60, 101, 112, 56, 92, 7, 68, 85, 115, 10, 54, 8, 100
G	80, 140, 140, 80, 116, 9, 85, 130, 160, 13, 61, 12, 130
H_2	100, 160, 168, 90, 138, 10, 100, 150, 180, 14, 67, 14, 155
J	120, 196, 205, 106, 175, 10, 114, 100, 215, 16, 80, 16, 195
d_6	160, 255, 260, 140, 220, 14, 140, 240, 280, 20, 90, 24, 245
d_4	200, 310, 320, 170, 280, 14, 180, 280, 330, 20, 110, 28, 300
M	250, 380, 400, 210, 340, 18, 215, 330, 390, 22, 120, 30, 350
N	320, 450, 480, 250, 400, 22, 240, 380, 450, 25, 140, 34, 400

表 4.18 各机型转速

规格	柔轮内径/mm	模数/mm	传动比 i_H	输入转速 3 000 r/min			输入转速 1 500 r/min			输入转速 1 000 r/min			输入转速 750 r/min			输入转速 500 r/min		
				输入功率/kW	输出转速/r·min⁻¹	输出转矩/N·m	输入功率/kW	输出转速/r·min⁻¹	输出转矩/N·m	输入功率/kW	输出转速/r·min⁻¹	输出转矩/N·m	输入功率/kW	输出转速/r·min⁻¹	输出转矩/N·m	输入功率/kW	输出转速/r·min⁻¹	输出转矩/N·m
25	25	0.2	63	0.012 2	47.6	2	0.007 1	23.8	25	0.004 7	15.8	2.5	0.003 5	11.9	2.5	0.002 3	7.9	2.5
		0.15	80	0.009 6	37.5	2	0.005 6	18.8	2.5	0.004 4	12.5	2.9	0.003 3	9.4	3	0.002 3	6.25	3.4
		0.1	125	0.006 1	24	2	0.003 5	12	2.5	0.002 8	8	2.9	0.002 1	6	3	0.001 6	4	3.4
32	32	0.25	63	0.027	47.6	4.5	0.015	23.8	5	0.012	15.8	6	0.010	11.9	6.5	0.007	7.9	7
		0.2	80	0.024	37.5	5	0.015	18.8	6.5	0.012	12.5	7.6	0.010	9.4	8	0.007	6.25	9
		0.15	100	0.023	30	6	0.014	15	7.5	0.011	10	8.6	0.008	7.5	9	0.006	5	10
		0.1	160	0.015	18.6	6	0.008	9.4	7.5	0.071	6.25	8.6	0.005	4.7	9	0.004	3	10
40	40	0.25	80	0.078	37.5	16	0.044	18.8	20	0.034	12.5	23	0.027	9.4	24	0.021	6.25	28
		0.2	100	0.061	30	16	0.035	15	20	0.028	10	23	0.021	7.5	24	0.016	5	28
		0.15	125	0.049	24	16	0.029	12	20	0.022	8	23	0.018	6	24	0.013	4	28
		0.1	200	0.033	15	28	0.020	7.5	20	0.016	5	23	0.012	3.8	24	0.009	2.5	28
50	50	0.3	80	0.135	37.5	30	0.068	18.8	30	0.045	12.5	30	0.034	9.4	30	0.022	6.25	30
		0.25	100	0.015	30	30	0.068	15	38	0.051	10	42	0.041	7.5	45	0.031	5	50
		0.2	125	0.093	24	45	0.055	12	38	0.040	8	42	0.033	6	45	0.025	4	52
		0.15	160	0.076	18.6	50	0.044	9.4	38	0.032	6.25	42	0.026	4.7	45	0.019	3	52
60	60	0.4	80	0.216	37.5	50	0.136	18.8	60	0.098	12.5	65	0.074	9.4	65	0.049	6.25	65
		0.3	100	0.193	30	50	0.114	15	63	0.087	10	72	0.068	7.5	75	0.049	5	82
		0.25	125	0.154	24	50	0.092	12	63	0.069	8	72	0.054	6	75	0.041	4	86
		0.2	160	0.127	18.6	50	0.072	9.4	63	0.054	6.25	72	0.042	4.7	75	0.031	3	86

续表

规格	柔轮内径/mm	模数/mm	传动比 i_H	输入转速 3 000 r/min			输入转速 1 500 r/min			输入转速 1 000 r/min			输入转速 750 r/min			输入转速 500 r/min		
				输入功率/kW	输出转速/r·min⁻¹	输出转矩/N·m	输入功率/kW	输出转速/r·min⁻¹	输出转矩/N·m	输入功率/kW	输出转速/r·min⁻¹	输出转矩/N·m	输入功率/kW	输出转速/r·min⁻¹	输出转矩/N·m	输入功率/kW	输出转速/r·min⁻¹	输出转矩/N·m
80	80	0.5	80	0.481	37.5	100	0.284	18.8	125	0.226	12.5	150	0.171	9.4	150	0.113	6.25	150
		0.4	100	0.461	30	120	0.272	15	150	0.211	10	175	0.162	7.5	180	0.121	5	200
		0.3	125	0.369	24	120	0.218	12	150	0.169	8	175	0.130	6	180	0.101	4	210
		0.25	160	0.305	18.6	120	0.171	9.4	150	0.132	6.25	175	0.102	4.7	180	0.076	3	210
		0.2	200	0.249	15	120	0.135	7.5	150	0.106	5	175	0.082	3.8	180	0.064	2.5	210
100	100	0.6	80	0.961	37.5	200	0.454	18.8	200	0.301	12.5	200	0.227	9.4	200	0.151	6.25	200
		0.5	100	0.961	30	250	0.561	15	310	0.374	10	310	0.28	7.5	310	0.187	5	310
		0.4	125	0.769	24	250	0.449	12	310	0.338	8	350	0.268	6	370	0.183	4	380
		0.3	160	0.637	18.6	250	0.352	9.4	310	0.264	0.25	350	0.209	4.7	370	0.155	3	430
		0.25	200	0.513	15	250	0.317	7.5	310	0.239	5	350	0.192	3.8	370	0.147	2.5	430

4.5 RV 减速器

4.5.1 RV 减速器简介

RV 传动作为一种新兴的传动方式,起源于传统针摆行星传动,并在其基础上进行了改进与发展。它不仅克服了传统针摆传动的缺点,还因其体积小、重量轻、传动比范围大、寿命长、精度稳定、效率高、传动平稳等一系列优点,逐渐获得了国内外广泛关注。RV 减速器由摆线针轮和行星支架组成,如图 4.36 所示。其凭借小巧的结构、较强的抗冲击能力、大扭矩、高定位精度、低振动和大减速比等特点,在工业机器人、机床、医疗检测设备、卫星接收系统等领域得到了广泛应用。与常见的谐波传动相比,RV 减速器具有更高的疲劳强度、刚度和更长的使用寿命,其回差精度稳定,不会随着使用时间的增加而显著降低运动精度。因此,许多国家的高精度机器人传动系统倾向于选用 RV 减速器,RV 减速器在先进机器人传动领域展现出逐渐取代谐波减速器的趋势。

图 4.36 RV 减速器

4.5.2 RV 减速器的结构介绍

RV 减速器主要由两大部分组成:传动机构和输出机构。传动机构包括由太阳轮和行星轮构成的差动轮系,以及由摆线轮和针轮构成的平行四边形传动机构;输出机构则由曲柄轴和行星架组成。图 4.37 为 RV 减速器结构示意图。

太阳轮固定在输入轴上一同作为减速器的输入机构,其输入轴连接外部联轴器,通过电机带动传动。

行星轮通过与太阳轮相啮合共同组成第一级齿轮行星传动机构,其自身不仅与太阳轮啮合自转,同时绕着太阳轮分度圆做公转运动。

通过短幅外摆线所组成的封闭曲线即可得到摆线轮的齿廓曲线。两个摆线轮大小与外形完全相同,摆线轮通过圆锥滚子轴承与曲柄轴连接,与针齿啮合。

针轮齿形为圆柱形,通过针轮套连接安装在针轮壳的圆柱沟槽中,圆柱沟槽均匀分布于针轮壳内壁。

行星架是 RV 减速器的重要组成部分,由左行星架和右行星架组成,两者通过内六角圆柱头螺钉固定连接。其作用是支撑曲柄轴和摆线轮的运转。当针轮壳固定时,行星架作为 RV 减速器的动力输出机构,通过曲柄轴连接各部件,主要承担传递输出扭矩的功能。

第4章 机器人传动机构

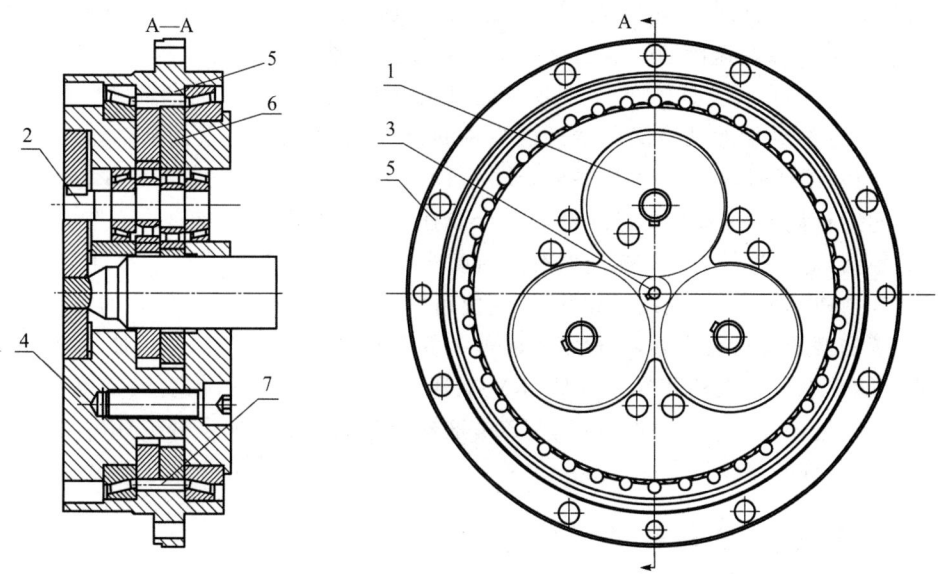

1—行星轮 2—曲柄轴 3—太阳轮 4—行星架 5—壳体 6—摆线轮 7—针轮

图 4.37 RV 减速器结构示意图

图 4.38 为 RV 减速器传动原理图。第一级传动由太阳轮与行星轮组成；第二级传动由摆线轮和针轮构成；曲柄轴的主要作用是连接第一级行星传动系统与第二级摆线轮传动系统。

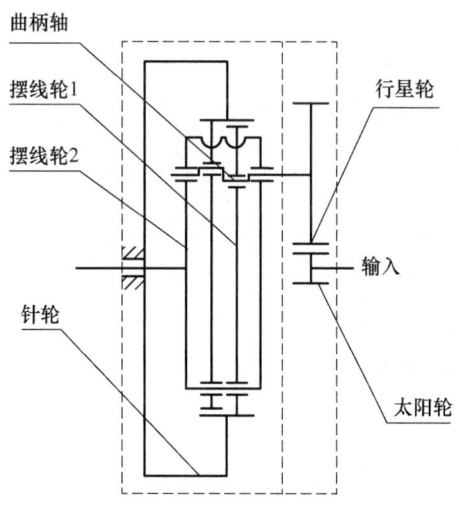

图 4.38 RV 减速器传动原理图

在图 4.38 所示的传动原理图中，电机通过联轴器传递动力到输入轴，而输入轴与太阳轮固定连接。第一级行星齿轮传动减速完成于太阳轮与行星轮之间的齿轮啮合。行星轮与曲柄轴通过平键连接，并围绕太阳轮做公转运动。该传动结构的主要功能是将电机的动力传递给输出轴，并且实现减速效果；行星架与曲柄轴通过圆锥滚子轴承连接传动，同样两个摆线轮也通过圆锥滚子轴承与曲柄轴相连，针齿固定在针齿槽的内孔内，太阳轮将力矩传递到曲柄轴,而曲柄轴又通过轴承将力矩传递给摆线轮,摆线轮通过与针齿的啮合传动完成RV减速器的第二级减速传动。第三级传动是通过曲柄轴和行星轮相连实现的,它能够实现摆线轮的公转和自转。具体而言,曲柄轴通过花键与行星轮相连,曲柄轴的自转带动摆线轮公转,同时摆线针轮的啮合又产生了摆线轮的自转,这种自转通过曲柄轴作用于行星架上。左、右行星架通过内六角圆柱头螺钉连接,行星架通过主轴承安装在针轮壳上。最终,将力矩传递给行星架,完成RV减速器的整个减速过程。根据RV减速器工作场景以及负载情况的不同,部分型号的RV减速器有3对或两对曲柄轴和渐开线行星轮;RV减速器的结构包括3根曲柄轴、两片摆线轮和针轮,这使得第二级传动成为一个复杂的虚约束系统。相较于传统的摆线针轮减速器,这种结构改善了各个零件的受力状态,并增加了减速器的刚度,因此它能够承受更大的扭矩。因此,RV减速器的传动效率高,传动误差也更加稳定。摆线轮在运转过程中位置始终保持相差180°,这样分布的主要目的是减少针齿与摆线轮的接触力,增加系统的整体稳定性。

4.5.3 RV减速器的计算

由图4.38可知,行星轮除了产生自转运动外,同时也通过与太阳轮的啮合实现公转运动。为了方便计算整个系统的传动比,可以指定一个公共的行星转速n_6,以消除行星轮的公转运动,并仅考虑其自转运动的影响。这种计算方式可以保持各个零件之间的相对运动不变,并且能够简化计算过程。太阳轮、行星轮等零件的转速情况如表4.19所示。

表4.19 零件转速表

零件	转速(相对于地面)	转速(相对于行星架)
太阳轮	n_1	$n_1^6 = n_1 - n_6$
行星轮	n_2	$n_2^6 = n_2 - n_6$
曲柄轴	n_3	$n_3^6 = n_3 - n_6$
摆线轮	n_4	$n_4^6 = n_4 - n_6$
针轮	n_5	$n_5^6 = n_5 - n_6$
行星架	n_6	$n_6^6 = n_6 - n_6 = 0$

行星轮与曲柄轴通过键的方式固定,因此行星轮与曲柄轴的转速相同;而曲柄轴与行星架通过圆锥滚子轴承连接,故曲柄轴与行星架公转速度相同。因此有如下运动关系:

$$n_2 = n_3$$
$$n_4 = n_6 \tag{4.17}$$

设第一级传动的减速比为i_{12},第二级传动相对于曲柄轴的减速比为i_{23},则有如下关系:

$$i_{12}^6 = \frac{n_1^6}{n_2^6} = \frac{n_1 - n_6}{n_2 - n_6} = -\frac{Z_2}{Z_1}$$

$$i_{45}^3 = \frac{n_4^3}{n_5^3} = \frac{n_4 - n_3}{n_5 - n_3} = \frac{Z_5}{Z_4} \tag{4.18}$$

其中,Z_4为摆线轮的齿数,Z_5为针轮数量,Z_1为太阳轮齿数,Z_2为行星轮齿数。式中的负号表示输出的旋转方向与输入轴方向相反。

RV减速器根据安装位置不同可以分为以下几种情况。

(1) 针轮壳固定，太阳轮作为输入，行星架作为输出

此时 RV 减速器的传动比情况由式(4.18)可知：

$$\frac{n_6-n_2}{0-n_2}=\frac{Z_5}{Z_4} \tag{4.19}$$

在 RV 减速器中存在 $Z_5=Z_4+1$，则由式(4.19)可知

$$n_2=-Z_4 n_6 \tag{4.20}$$

代入式(4.19)便可得出减速比 i 为

$$i=\frac{n_1}{n_6}=1+\frac{Z_2}{Z_1}Z_3 \tag{4.21}$$

同时存在以下关系：

$$n_1=(1+\frac{Z_2}{Z_1}Z_5)n_6 \tag{4.22}$$

$$n_2=n_3=-Z_4 n_6$$

(2) 固定太阳轮，针轮壳作为输入，而行星架作为输出部分

由上述公式可得

$$\frac{0-n_6}{n_2-n_6}=-\frac{Z_2}{Z_1}$$

$$\frac{n_6-n_2}{n_5-n_2}=\frac{Z_5}{Z_4} \tag{4.23}$$

其中，各零件转速之间有以下关系：

$$n_2=\left(1+\frac{Z_1}{Z_2}\right)n_6$$

$$n_5=\frac{n_2+Z_4 n_6}{Z_5} \tag{4.24}$$

可得减速比 i 为

$$i=\frac{n_5}{n_6}=1+\frac{Z_1}{Z_2 Z_5} \tag{4.25}$$

(3) 行星架固定，太阳轮作为输入，针轮壳作为输出

有以下关系：

$$n_4=n_6=0 \tag{4.26}$$

由上述关系可得

$$n_1=-\frac{Z_2}{Z_1}n_2 \tag{4.27}$$

$$n_2=n_3=Z_5 n_5$$

则该种情况的减速比 i 为

$$i=\frac{n_1}{n_5}=-\frac{Z_2 Z_5}{Z_1} \tag{4.28}$$

4.6 知识拓展

常见减速器生产厂家及相关产品介绍如表4.20所示。

表 4.20 常见减速器厂家及相关产品介绍

厂家名称	厂家介绍	产品样例	备注
FLENDER（弗兰德传动系统有限公司）	始创于 1899 年的德国，是全球领先的机械传动系统制造商，提供包括标准减速器、齿轮马达、蜗轮蜗杆减速器等产品，广泛应用于轻工、建材、矿山、电力等行业		网址：https://www.flender.com
HarmonicDrive 哈默纳科	创建于 1970 年的日本，专业从事整体运动控制的全球知名企业，生产的谐波减速器具有轻量、小型、传动效率高等特点		网址：https://www.hds.co.jp
Nabtesco（纳博特斯克株式会社）	成立于 2003 年的日本，产品涵盖精密减速器、液压设备等，掌握核心技术，在精密减速器及液压设备领域占据重要份额		网址：https://www.NABTESCO.com/
国茂 GUOMAO（江苏国茂减速机股份有限公司）	国内知名减速器生产商，拥有标准、专用、大中型非标等十几个系列上万个品种，覆盖大部分工业领域		网址：http://www.guomaoreducer.com
东力 DONLY（宁波东力股份有限公司）	始创于 1997 年，是中国齿轮行业较早的 A 股上市公司，主营齿轮箱、电机及传动装置的研发、生产		网址：https://www.donly.com.cn

续表

厂家名称	厂家介绍	产品样例	备注
Lenze 伦茨（伦茨（上海）传动系统有限公司）	成立于1947年的德国，提供用于机械和电子驱动的产品、解决方案、系统和服务，包括变频器、伺服驱动器、减速器等产品		网址：https://www.lenze.com
住友重机械（住友重机械工业（中国）有限公司）	始创于1888年，日本综合性机械制造商，专注于精密机电和系统技术的研发		网址：https://sumitomodrive.com.cn/
Nidec Shimpo（日本电产新宝株式会社）	成立于1952年，日本首家无级变速机生产厂家，提供减速器、冲床等产品		网址：https://www.nidec.com
NORD 诺德（诺德（中国）传动设备有限公司）	成立于1965年，德国知名的驱动技术制造商和机械及电子解决方案提供商，专业生产和销售减速器、电机、变频器设备等产品		网址：https://www.nord.cn/
浙江通力传动科技股份有限公司	创建于2008年，专业从事减速器研发、生产、销售及服务的国家高新技术企业，产品广泛应用于冶金、化工、环保等行业		网址：http://www.zjtongli.com/

课后思考题

1. 工业机器人为什么常使用交叉滚子轴承？它有什么特点？
2. 交叉滚子轴承在什么工况下适用基本额定静载荷和极限静载荷图校核？动载荷校核常用什么来进行判定？
3. 带传动和链传动、齿轮传动相比有什么优势？
4. 常用的同步带类型有哪些？
5. 同步带选型计算过程主要由哪些步骤组成？
6. 常用直线运动单元有哪些？
7. 常用滚珠丝杠螺母副的预紧方法有哪些？
8. 谐波传动由哪3部分组成？其有什么特点？
9. 谐波减速器标记XB50-100A代表什么意思？
10. RV减速器主要由哪几部分组成？

第5章 物流输送机器人

5.1 码垛机器人概述

码垛根据集成单元化的理念,将物料按照特定模式堆叠成垛,以便实现物料的存储、搬运、装卸和运输等物流活动。码垛机器人作为集机械与电子于一体的高新技术产品,主要承担着将各类产品从生产线、运输线等场所转运至码垛平台或码垛箱内的任务。其中,中、低位码垛机器人可依据特定的编组方式与层数要求,针对料袋、胶块、箱体等不同类型的产品进行堆码作业,有效满足中低产量的生产需求。而码垛机器人的核心使命在于,在恰当的时间内,将物品以紧密且规整的形式堆叠起来,从而实现高效、精准码垛的最终目标。

码垛生产线物流系统是一种集成化的系统,其应用的广泛性和质量标志着企业生产自动化水平的先进程度。在我国,食品、医药、化工、物流等行业,尤其是劳动强度大、生产量大、工伤事故率较高的领域,规模化成型产品的物流生产线应用尚处于起步阶段。企业对车间级自动化物流生产线的需求日益增加,表现出旺盛的市场需求,因此码垛机器人具有广阔的市场空间。

码垛机器人由3个部分和4个子系统组成。这3个部分分别是机械部分、传感器部分和控制部分;4个子系统包括执行系统、驱动系统、传动系统和控制系统。执行系统是码垛机器人完成各种作业的核心部分,通常采用开放式空间连杆机构。驱动系统由多种驱动器组成,一般分为机械式、电气式、液压式、气动式和复合式等。主要驱动器包括步进电机、伺服电机、液压马达和液压缸。控制系统由上位机和伺服控制装置组成。上位机负责发出指令,协调各驱动器之间的运动,同时完成编程、示教/再现、信号采集、数据处理等任务。伺服控制装置则控制各关节驱动器,使其按照预定的运动规律进行操作。

通过这种精密的集成和协调,码垛机器人能够高效、准确地完成产品的堆码任务,提升生产线的自动化水平和生产效率。

5.1.1 结构形式

码垛机器人的结构形式主要有直角坐标式和关节式。

如图5.1所示,直角坐标式码垛机器人也称为直角坐标机器人,主要由多个直线运动轴组成,通常对应直角坐标系中的X轴、Y轴和Z轴。在大多数情况下,直角坐标机器人的各个直线运动轴之间的夹角为直角,其中X轴和Y轴通常是水平面内的运动轴,而Z轴则负责上下运动。直角坐标机器人的核心部件是直线运动轴,一般由精制铝型材、齿形带、直线运动导轨和伺服电机等组成。其主要技术参数包括最大行程、负载、定位精度、最高运动速度等。

图 5.1　直角坐标码垛机器人

根据具体应用要求,直角坐标机器人可以根据定位精度、有效行程、运行速度、负载能力和运动方式的不同,选择相应的导轨,并组合成不同形式的多维机器人以完成特定任务。按结构形式的不同,直角坐标机器人可以组建多达 30 种二维和三维形式。此外,在 Z 轴上加装一个或两个旋转轴,可以进一步构成四维或五维机器人。通过特定组合的多台直角坐标机器人可以同步执行复杂任务,形成完整的码垛系统。

码垛机器人根据不同的应用场景和需求,形成了多种标准化形式的码垛机器人,以满足不同行业的生产自动化需求。

如图 5.2 所示,关节式码垛机器人主要由大臂、小臂、肘关节和肩关节等部件构成,其运动方式类似于人类手臂的动作。关节式码垛机器人通过多个关节的旋转实现空间中的复杂运动,能够完成多个方向和不同角度的操作。其传动结构通常采用齿轮式、齿条式或摆动式等形式。

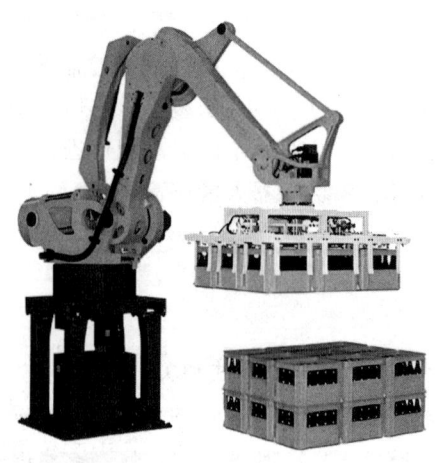

图 5.2　关节式码垛机器人

关节式码垛机器人具有独特的结构特性,其关节式结构使得机器人拥有更大的运动灵活性与适应性,哪怕是在狭小空间内,也能够精准地完成码垛作业。然而,这种结构也存在一定的挑战,由于靠近关节前端的部位在运作时需要承受较大的负载以及动态作用力,所以这部分的重量对肩部关节会产生较大的影响。为应对这一情况,通常会采用恰当的驱动方式与传动结构来减轻肩部关节的负担,进而提高机器人系统整体的稳定性与可靠性。

关节式码垛机器人广泛应用于需要较大自由度和较高灵活性的场景,其独特的结构使其在复杂的工作环境中表现出优秀的适应能力和操作性能。

5.1.2 机械结构及控制系统

1. 机械结构

图 5.3 展示了码垛机器人的机械结构及其周边设备,图中包括运输线、货物、吸式抓手、码垛机器人小臂和大臂、转臂电机、腰座电机、腰座、码垛平台、控制台、控制线束、供电线束以及供电柜等关键部件。运输线将货物送至码垛机器人工作区域,机器人通过吸式抓手抓取物料,并通过小臂和大臂的配合完成码垛操作。电机驱动机器人各部件的运动,控制系统通过控制台进行操作和监控,而电力和信号通过供电线束和控制线束传递至各个部件。

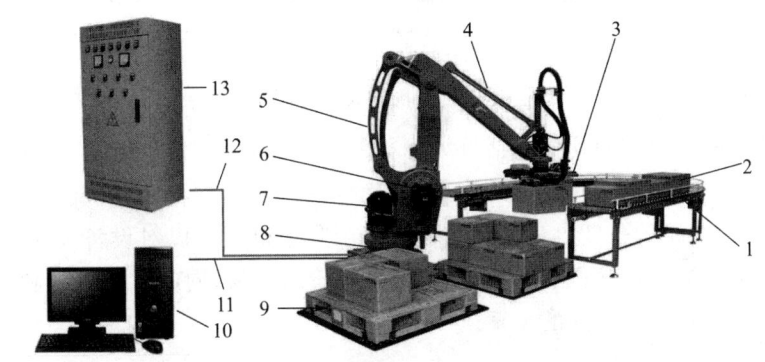

1—运输线 2—货物 3—吸式抓手 4—码垛机器人小臂 5—码垛机器人大臂 6—转臂电机
7—腰座电机 8—腰座 9—码垛平台 10—控制台 11—控制线束 12—供电线束 13—供电柜

图 5.3 码垛机器人的机械结构及其周边设备

码垛机器人的机械系统主要由执行机构和驱动-传动系统组成。执行机构是机器人赖以完成工作任务的实体,通常由连杆和关节组成。驱动-传动系统主要包括驱动机构和传动系统。驱动机构提供码垛机器人各关节所需要的动力,传动系统将驱动力转换为满足机器人各关节力矩和运动所需要的驱动力和力矩。

2. 控制系统

图 5.4 展示了码垛机器人控制系统的工作原理。机器人通过传感器检测输送台上的包装件,并将信息传送给控制器。控制器根据接收到的数据,驱动腰座电机、转臂电机和抓手电机,完成对包装件的抓取和码垛操作。当目标包装件发生变化,特别是外形发生显著改变时,机器人可通过更换末端执行器来适应新的作业需求,并继续完成码垛任务。

机器人系统的工程应用基础

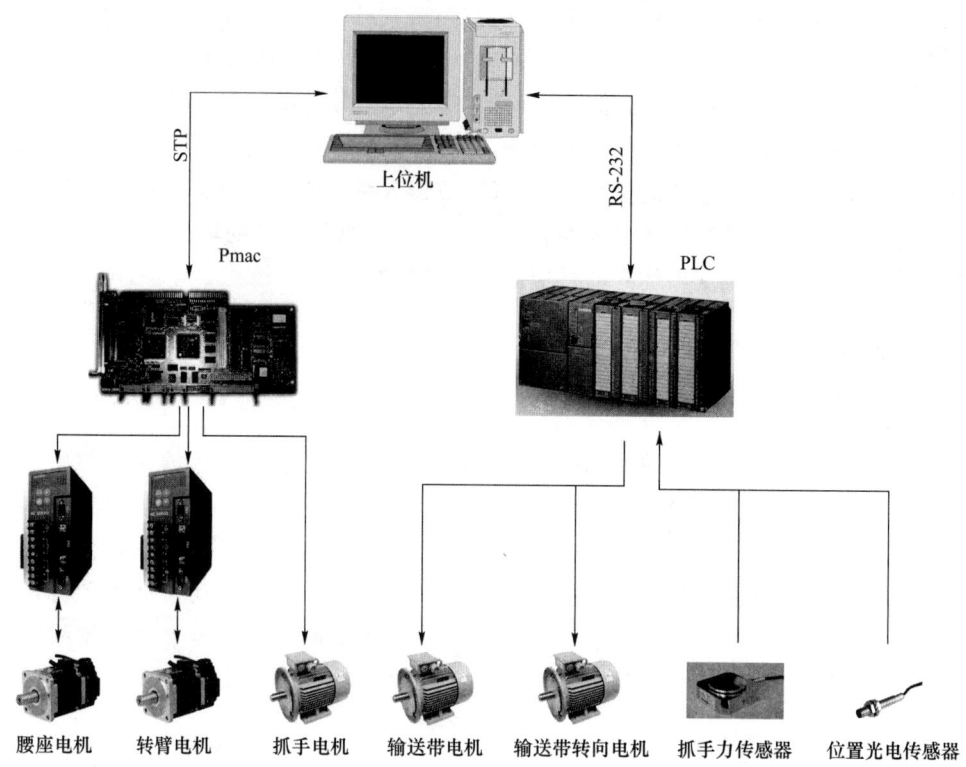

图5.4 码垛机器人的控制系统

码垛机器人的主要控制元件包括可编程控制器、Pmac 卡、伺服电机、伺服驱动器、普通电机、接近开关、按钮开关和接线端子等元件，确保了系统动作稳定、准确、可靠。硬件和软件相结合，实现了系统的高度自动化。完善的安全联锁机制可以对设备和操作人员提供保护。图形显示触摸屏使码垛机器人操作简单，故障诊断容易，同时方便检修和维护。图 5.5 所示是码垛机器人各部件之间的关系。

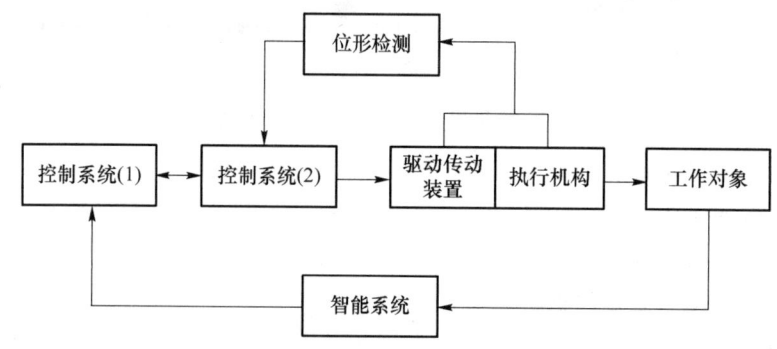

图5.5 码垛机器人各部件之间的关系

5.1.3 抓手的分类

现代企业具有生产规模大、产品多样化、专业化程度高等特点。为满足生产线末端对物

· 174 ·

料快速、准确处理的需求,急需配备具备强大作业能力的码垛机器人。要提升码垛机器人的工作效率,不仅要在智能化方面进行优化,还应在实用性上加以改进。其中最有效的措施之一是为码垛机器人配置功能多样的末端执行器。抓手作为末端执行器中的关键部件,其类型设计需根据不同产品特性加以选择,其主要类型如图 5.6 所示。

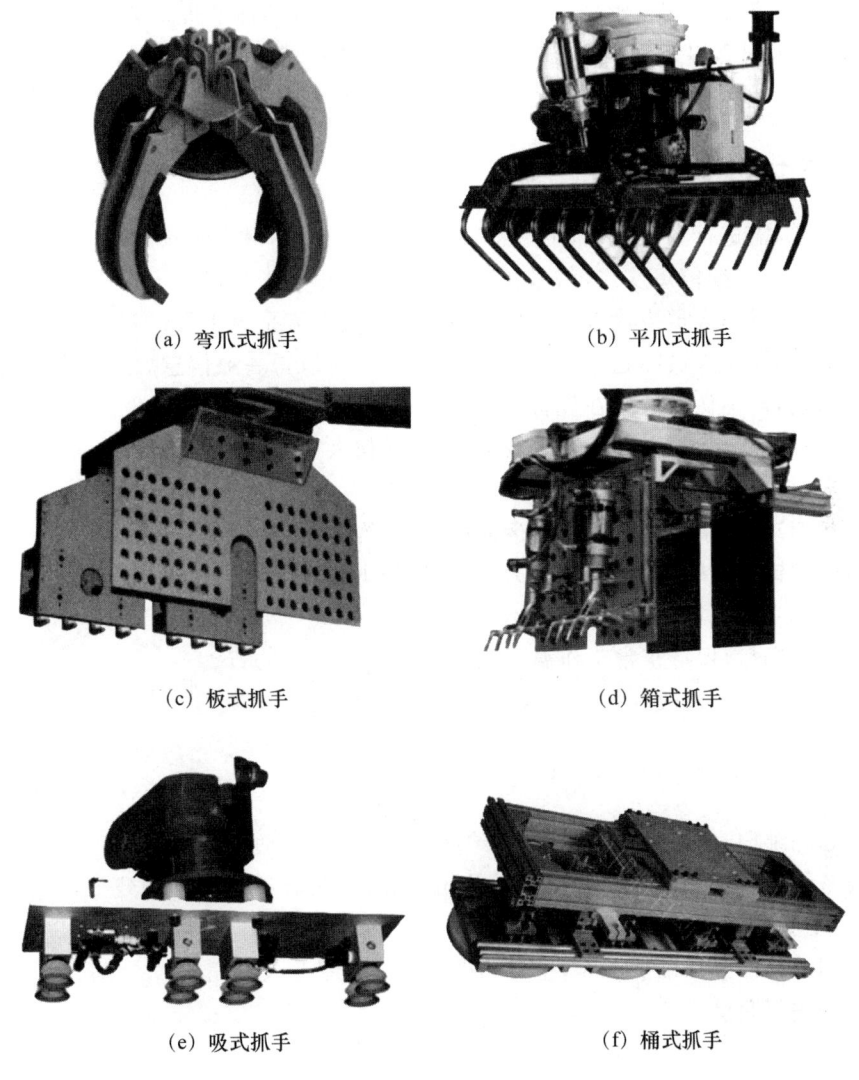

(a) 弯爪式抓手　　　　　　　　(b) 平爪式抓手

(c) 板式抓手　　　　　　　　(d) 箱式抓手

(e) 吸式抓手　　　　　　　　(f) 桶式抓手

图 5.6　抓手的主要类型

爪式抓手是应用最为广泛的一类,其因结构简单、可靠性高,在多关节型机器人系统中应用尤为成熟。该类抓手包括多种变型,其中平爪式抓手(部分文献中称为铲式码垛抓手)在结构上类似于铲式装载机的作业端;弯爪式抓手则根据具体物品形状对爪部进行设计优化,进一步提升了适应性。

板式抓手在处理平面物体时表现出色,其结构稳定、接触面积大,尤其适用于对堆叠纸箱、板材等物品的搬运任务,因而在实际应用中占据重要地位。

箱式抓手则是在板式抓手结构基础上的拓展,其前端设有可动小抓手,增强了对不同形状物体的适应能力,特别适用于对灵活性要求较高的搬运场景。

吸式抓手广泛应用于码垛和搬运任务中。尽管部分吸盘的真空度较低、吸力有限,为确保在机器人运动过程中的抓取稳定性,许多吸式抓手被设计为带有侧爪的复合结构。侧爪的协同作用在吸盘运行过程中提高了抓取稳定性,但相应也增加了操作复杂性,略微延长了单次作业时间,从而对码垛效率的提升构成一定影响。

桶式抓手专为搬运圆柱形或大尺寸桶装物料而设计,具备对曲面物体良好的包覆能力。该类抓手通常采用双边夹持或半包裹式结构,配合防滑衬垫及力控装置,有效避免因夹持力不足或分布不均而导致的桶体滑落、变形等问题。

5.1.4 操作注意事项

① 运行前,需进行岗前培训,不熟悉安全事项的人员不得操作该机器;
② 操作人员必须留短发或将长发盘起,服装与鞋帽便于工作;
③ 运行前,操作人员应检查设备供电系统电压及电流是否正常;
④ 运行前,操作人员如超过一人,须与其他操作者取得一致信息后才能启动设备;
⑤ 运行前,需确认无人站在设备运行区域;
⑥ 设备运行时,人员必须站在安全区部分,任何人不得站在危险区域,即机械可以到达的范围内;
⑦ 设备启动后,禁止接触设备的运动件、传动构件等,以免发生危险;
⑧ 设备启动后,禁止无关物体进入光电开关的检测范围,禁止任何无关的金属器件接近、靠近光电开关;
⑨ 设备启动后,保持正常工作温度(通常为$-20 \sim 50$ ℃);
⑩ 禁止无关人员修改控制柜内接线、控制台程序、电机参数等。

5.1.5 维护知识

① 维修和维护时,必须戴安全帽、穿绝缘鞋;
② 设备维护检修前,需先切断电源、关闭气源、释放启动管路中的残压,并在电源开关及气源阀门处悬挂警示标志;
③ 定期进行检修和维护工作,检修和维护工作需专业人士完成;
④ 定期进行润滑。

5.2 搬运机器人概述

搬运机器人的研制始于1960年的美国,Versatran 和 Unimate(图5.7)两种机器人首次用于搬运作业。搬运作业是指用一种设备握持工件,将其从一个加工位置移到另一个加工位置。搬运机器人可安装不同的末端执行器,以完成各种不同形状和状态的工件搬运工作,大大减轻了人类繁重的体力劳动。搬运机器人是代替人类劳动,完成搬运工作的一种工业机器人,广泛用于工业生产中产品的包装与运输。

搬运机器人是现代自动控制领域的一项高新技术,涉及力学、机械学、电器、液压气压技术、自动控制、传感器技术、单片机技术及计算机技术等多个学科领域,已成为现代机械制造生产体系中的重要组成部分。其能够通过编程完成各种预期任务,既具备人类的灵活性,也具有机器的高效性,特别在人工智能和适应性方面展现出显著优势。

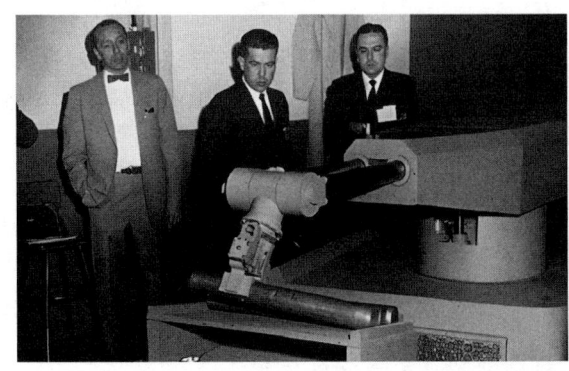
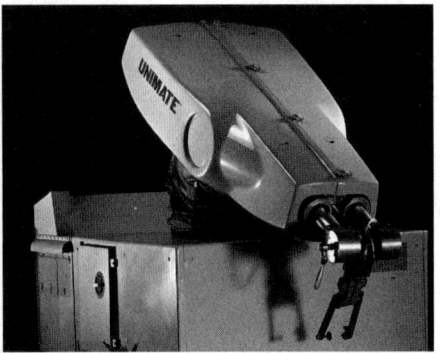

图 5.7　Unimate 机器人

5.2.1　搬运方式

如图 5.8 所示,搬运机器人常见的搬运方式包括牵引式搬运、轨道式搬运、上下料式搬运、自动装配流水线搬运等。牵引式搬运通常采用磁条导引方式,通过磁条引导 AGV 小车在指定的运行路线上进行前进、后退、转弯等动作。在装载物品方面,针对不同的物品类型和需求,可选择爪式、吸式或承载式等装载方式。

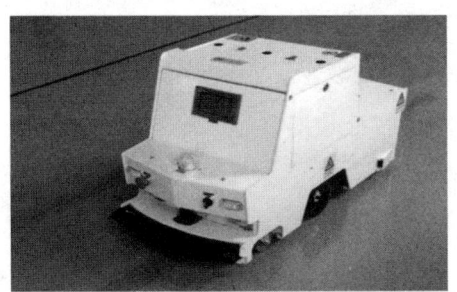

(a) 牵引式搬运　　　　　　　　　　(b) 轨道式搬运

(c) 上下料式搬运　　　　　　　　　(d) 自动装配流水线搬运

图 5.8　搬运方式

轨道式搬运与牵引式搬运具有相似性，它主要依靠导轨来严格限定搬运机器人的运动轨迹，以此确保搬运过程的准确性和稳定性。

上下料式搬运与自动装配流水线搬运相似，二者的关键区别在于专用抓手的配置，以适应不同的操作需求。

此外，码垛机器人也属于搬运机器人的一种，它专注于处理和堆垛物品，例如，将生产线上的产品整齐地堆码到托盘或货架上，进一步拓展了搬运机器人在工业生产中的应用范围，有效提高了生产物流环节的自动化和智能化水平。

5.2.2 机械结构形式

搬运机器人主要有两种类型：串联机器人和并联机器人。串联机器人因其结构简单、工作范围大（包括负荷和几何空间）、占用空间小等优点，得到了广泛应用；而并联机器人则因其具有较高的动作频率、定位精度和刚度，逐渐受到越来越多的关注。

在串联机器人方面，搬运机器人已广泛应用于多个行业，包括汽车零部件制造、汽车生产组装、机械加工、电子电气、橡胶与塑料、木材与家具制造等。此外，搬运机器人还广泛应用于医药、食品、饮料、化工等行业，执行输送、包装、装箱、搬运、码垛等多种工序。搬运机器人的轴数通常为6轴或4轴，ABB公司的两种搬运机器人如图5.9所示。其中6轴机器人主要用于各行业的重物搬运作业，尤其是重型夹具的搬运、车身的转动、发动机的起吊等；4轴机器人由于轴数少，运动轨迹近于直线，在运行过程中无须进行复杂的关节运动协调，从而显著提高了运动速度，特别适合高速包装、码垛等工序。

(a) ABB IRB 7600　　　　　　　　(b) ABB IRB 660

图 5.9　ABB 公司的两种搬运机器人

并联机器人通常具有 2～4 个自由度，其中以 Delta 机械手最具代表性。1987年，瑞士 Demaurex 公司首次购买了 Delta 机构的专利权并将其产业化，随后开发了 Pack-Placer、Line-Placer、Top-Placer 和 Presto 等系列产品，其主要用于巧克力、饼干、面包等食品的包装。1999年，ABB公司推出了 4 自由度 IRB 340 FlexPicker Delta 机器人（如图 5.10 所示），并配备了 Cognex 公司的计算机视觉系统，该机器人广泛应用于食品、医药和电子行业。该机器人末端加速度可达到 $10g$，每分钟可完成 150 次抓取操作。目前，ABB公司最新的 Delta 机器人的加速度已提升至 $15g$，每分钟抓取次数可达 180 次。

图 5.11 所示是 Diamond 机器人，该机器人是实现平面内高精度拾放作业的 2 自由度机器人，拥有速度快、精度佳、可靠性高、易用性强、维护成本低等优势。其系列产品涵盖多个型号，设定不一样的工作空间，可最大限度节省宝贵的生产空间，降低生产成本，并能轻松集成到机械设备及生产线中。Diamond 系列产品的标准型便于清洗，维护量小，适用于各类食品、电子等轻小散乱物料的分拣和搬运。

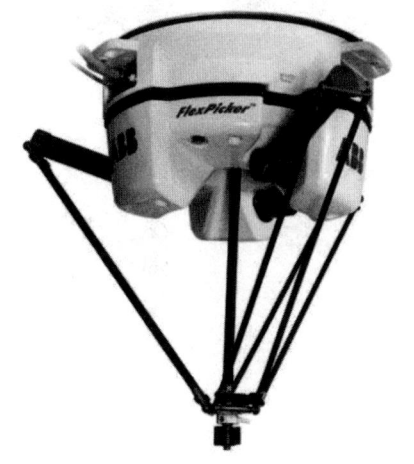
图 5.10　IRB 340 FlexPicker Delta 机器人

图 5.11　Diamond 机器人

在串联机器人方面，哈尔滨工业大学、上海交通大学等高校及沈阳新松、哈尔滨博实等公司先后开发了用于搬运和码垛的串联机器人，但与国外产品相比，其综合性能和技术成熟度仍存在一定差距。哈尔滨工业大学早在 20 世纪 80 年代便开始了机器人领域的研究，成功研制了码垛机器人，并取得了良好的经济效益和社会效益。该校对机器人中的腰转部分、大臂、小臂以及平衡机构的机械设计进行了深入探讨，并提出了研制该类型机器人时需要重点考虑的关键问题，为工业机器人研发提供了重要的指导意义。上海交通大学则专注于平行连杆机器人动力学问题。其研究团队针对平行连杆机器人的结构特点，构建了多自由度动力学模型。

在并联机器人方面，天津大学于 2001 年率先开展了关键技术研究与工程应用工作。2002 年，该校发明了一种名为 Diamond 的 2 平动自由度高速并联机器人，并获得多项专利。天津大学还与杭州娃哈哈集团、江阴纳尔捷机器人、天津力神电池股份有限公司等企业合作，开发了高速果奶装箱一体机、多功能输液软袋装箱机、高性能锂离子电池分选机等成套装备，并在实际应用中获得了高度评价。

近 15 年来，ABB 的 IRB FlexPicker 系列在拾料和包装技术领域一直处于领先地位。与传统刚性自动化技术相比，IRB 360 型凭借其高度的灵活性、较小的占地面积、高精度和较大的负载能力，展现出显著的优势。Delta-Picker 是一种实现三维空间内高精度拾放作业的机器人解决方案，如图 5.12 所示。通过加装第四轴转动自由度，它能够实现物料的摆放动作，具有速度快、精度高、可靠性强、易用性好、维护成本低等优点。

Cross-IV 是另一种实现三维空间内高精度拾放作业的机器人解决方案，如图 5.13 所示。该机器人同样具备速度快、精度高、可靠性强、易用性好、维护成本低等优势。Cross-Ⅳ系列采用独特的双动平台结构,以全并联的形式实现了物体的空间三维平动和角度摆放。

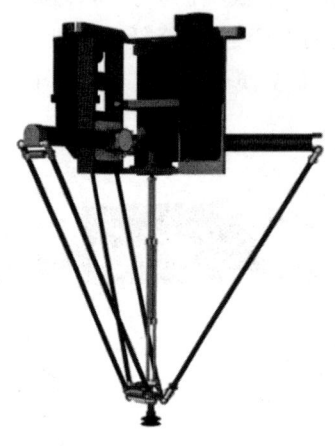 

图 5.12　Delta-Picker 机器人　　　　　　图 5.13　Cross-Ⅳ 机器人

5.2.3　驱动方式

搬运机器人一般的驱动方式有液压、气动、电动 3 种,如图 5.14 所示。一个搬运机器人可以有一种驱动方式,也可以用几种方式联合动作。

  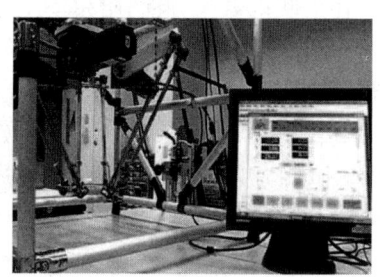

　　(a) 液压　　　　　　　　　(b) 气动　　　　　　　　　(c) 电动

图 5.14　搬运机器人的驱动方式

① 液压传动:具有较大功率体积比,常用于负载大的场合;压力、流量均容易控制,可无级调速;反应灵敏,可实现连续轨迹控制,维修方便;液体对温度变化敏感,油液泄漏易着火;在中小型专业机械手或者机器人中都有应用,重型搬运机器人多采用液压驱动。

② 气压传动:气动系统简单,成本低,适合节拍快、负载小、精度要求不是很高的场合,常用于点位控制、抓举、弹性握持和真空吸附;响应速度快,可实现高速动作,容易产生较大冲击,精确定位比较困难;维修简单,在高温、粉尘等恶劣环境以及中小型专用机械手中有应用。

③ 电动传动:有异步电机、直流电机、步进或者伺服电机等驱动方式,适合中等负载、较复杂的动作和对运动轨迹严格的搬运动作。

5.2.4 关节驱动方式

搬运机器人的关节驱动方式分为直接驱动和间接驱动两种。

1. 直接驱动

直接驱动机器人(direct drive robot,DDR)一般指驱动电机通过机械接口直接和关节连接。关节直接驱动的特点是驱动电机和关节之间没有速度和转矩的换算。

这种驱动方式具有以下特点：

① 机械传动精度高；
② 振动小,结构刚性好；
③ 结构紧凑,可靠性好；
④ 电机的重量会增加传动负担。

2. 间接驱动

间接驱动一般通过钢丝、滑轮连杆等器件实现,大部分搬运机器人都采用间接驱动方式。由于驱动器的输出转矩大大小于驱动关节所需的转矩,因此需要增加减速器。

间接驱动具有以下特点：

① 可以获得一个比较大的力矩；
② 可以减轻关节的负担；
③ 可以把电机作为一个平衡重量；
④ 传动误差增加；
⑤ 机构庞大。

5.2.5 操作注意事项

① 操作人员必须经过相关培训,并熟悉搬运机器人的操作方法和安全规定；
② 操作人员必须穿戴合适的个人防护装备,如头盔、手套和安全靴；
③ 操作人员必须保持镇静,且不能在酒精或药物等物质影响下进行操作；
④ 操作人员必须持续关注搬运机器人的动作,并在发生异常情况时立即停止操作；
⑤ 在操作前,操作人员必须检查搬运机器人的工作环境是否安全,包括地板是否平整、工作区域是否清洁等；
⑥ 操作人员必须根据搬运机器人的使用说明书进行正确的启动和关闭操作；
⑦ 在搬运机器人工作过程中,操作人员必须确保周围无障碍物,并保持一定距离以避免危险；
⑧ 操作人员应定期检查搬运机器人的操作部件是否正常,如有磨损或损坏应及时报修或更换；
⑨ 搬运机器人仅可由经过培训的操作人员操作,未经授权人员严禁擅自操作或接近搬运机器人；
⑩ 搬运机器人不得用于超出其载重能力范围的搬运任务。

5.2.6 维护知识

① 定期检查机器人的各项零部件,包括电池和驱动系统等,并进行必要的清洁和维护;
② 每次使用后,应将机器人进行充电,确保电池的正常工作;
③ 检查机器人的行进轨迹和转向系统,确保其正常工作;
④ 定期对机器人的传感器进行校准和调整,确保其准确度和稳定性。

课后思考题

1. 试简述码垛机器人和搬运机器人的区别。
2. 图 5.15 所示为机器人工作的世界模型。要求机器人 Robot 把 BOX1、BOX2 和 BOX3 移动呈 3-2-1 形式,试用专家系统建立规划方法,并给出规划算法流程图。

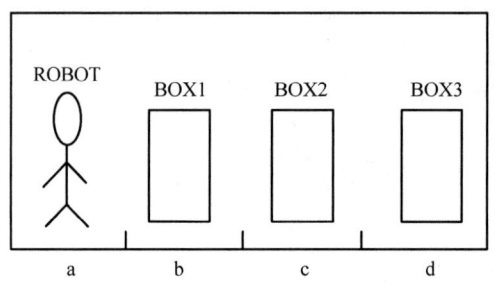

图 5.15　机器人工作的世界模型

3. 在机器人维护中需要注意的问题有哪些?
4. 并联型搬运机器人和串联型搬运机器人有何优缺点?

第6章　爬壁机器人

6.1　爬壁机器人简介

爬壁机器人是一种能够在垂直墙壁或倾斜墙壁等壁面上自由移动的特种机器人,在建筑、石化、船舶、核电等行业中发挥着重要作用,可用于壁面检测、清洗、维护等作业,有效解决了人工在高空或危险环境下作业的难题,提高了工作效率和安全性。随着科技的不断进步,爬壁机器人的技术水平持续提升,应用领域也在不断拓展,展现出广阔的发展前景。

6.1.1　爬壁机器人的优点

爬壁机器人的主要优点如下。
① 适应复杂壁面环境:能够在垂直、倾斜、曲面等各种复杂壁面上稳定吸附并移动,如高层建筑外墙、大型储罐表面、船舶船体、核反应堆容器壁等。
② 保障人员安全:可代替人工在高空或危险环境下作业,避免了人员坠落、中毒、触电等安全风险,减少了工伤事故的发生。
③ 提高工作效率:能够连续工作,不受疲劳和环境因素的影响,大大缩短了作业时间,提高了生产效率。
④ 作业精准度高:搭载的检测或作业设备能够精确地完成任务,如壁面缺陷检测、厚度测量、焊缝检测,以及壁面清洗、喷漆等作业的精准执行。
⑤ 降低劳动强度:操作人员只需远程控制机器人,无须进行高强度的体力劳动,减轻了工人的工作负担。

6.1.2　爬壁机器人的应用

爬壁机器人独特的吸附结构能够使其稳固地附着于各类垂直墙壁表面,灵活的移动机制使其可以在复杂的壁面环境中自如穿梭,精准的作业能力使其胜任多种精细任务等,其在众多行业中得到了广泛应用,具体如下。
① 建筑行业:用于高楼外墙的清洗、检测,如检测外墙瓷砖的空鼓、裂缝,清洗玻璃幕墙等,提高建筑外观的美观度和安全性。
② 石化行业:对储罐、管道等进行定期维护和检测,如检测储罐壁的腐蚀情况、焊缝质量,防止泄漏事故的发生。

③ 船舶行业：执行船体除锈、喷漆、检测等任务，能够有效延长船舶的使用寿命，提高航行安全性。

④ 核电行业：对核反应堆容器壁进行检测和维护，确保核电站安全运行。

6.1.3 爬壁机器人的分类

爬壁机器人根据移动方式可分为轮式、履带式、足式等；按照吸附方式则可分为真空吸附、磁吸附、黏附吸附等类型。不同类型的爬壁机器人各具特点，适用于不同的工作场景。例如，轮式爬壁机器人移动速度快、灵活性强，但负载能力相对较弱，适用于对速度要求较高且壁面状况较好的场合；履带式爬壁机器人稳定性好，对复杂壁面的适应能力强，能在各种粗糙、不平整的壁面上稳定移动，常用于大型储罐、桥梁等表面的检测和维护；足式爬壁机器人在复杂地形下的适应性出色，但其控制难度较大，一般在特殊环境或对灵活性要求极高的场景中使用。不同类型的爬壁机器人如图 6.1 所示。

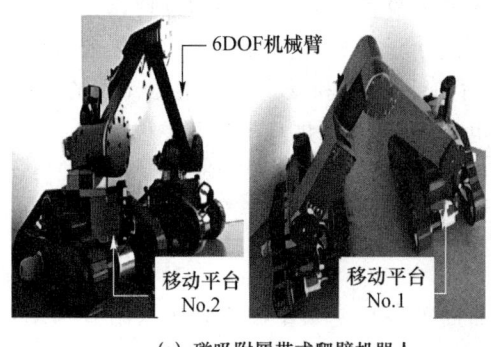
(a) 磁吸附履带式爬壁机器人

(b) 磁吸附轮足式爬壁机器人

(c) 负压吸附履带式爬壁机器人

图 6.1 不同类型的爬壁机器人

6.1.4 爬壁机器人的性能指标

在选择和购买爬壁机器人时，全面确切地了解其性能指标十分重要。使用机器人时，掌握其主要技术指标更是正确使用的前提。爬壁机器人的主要技术指标可分为两大部分：机器人通用技术指标和爬壁机器人专门技术指标。

1. 机器人通用技术指标

（1）自由度数

这是衡量机器人灵活性的关键指标。一般而言，自由度数越多，机器人的灵活性越高，但相应的控制难度也会增加。对于爬壁机器人来说,通常需要足够的自由度来适应壁面的复杂形状和各种作业需求。例如,在穿越障碍物或在曲面壁面上移动时,更多的自由度可使机器人更好地调整姿态。

(2) 负载

负载指机器人末端能够承受的额定载荷,包括检测设备、作业工具等的重量。负载能力决定了机器人能够携带的工具和设备的重量,从而直接影响其作业能力。例如,在进行壁面清洗作业时,需要携带清洗喷头、水箱等设备,这就要求机器人具有一定的负载能力。

(3) 工作空间

工作空间指机器人在正常运行状态下,其末端执行器所能抵达的所有空间位置的集合。工作空间的特性取决于机器人的关节数量、各关节的运动范围以及本体的机械结构。在实际应用场景中,还需考虑壁面自身的状况、有无障碍物以及周边环境的空间限制等因素。

(4) 最大速度

在生产过程中,最大速度是影响生产效率的重要因素之一。对于爬壁机器人,最大速度不仅影响其在壁面上的移动速度,还关系到作业的效率,如检测速度、清洗速度等。然而,由于爬壁作业的特殊性,机器人的速度也不能过快,以免影响吸附稳定性和作业精度。

(5) 点到点重复精度

点到点重复精度是机器人性能的重要指标之一。对于爬壁机器人的检测和作业任务,如焊缝检测、打孔等,点到点重复精度直接影响作业质量。例如,在进行高精度的焊缝检测时,机器人需要能够准确地重复到达相同的检测点,以确保检测结果的准确性。

(6) 轨迹重复精度

对爬壁机器人的轨迹控制能力要求较高,尤其是在执行连续作业任务时,如壁面清洗、焊缝跟踪等,轨迹重复精度至关重要。它确保机器人能够按照预定的轨迹精确移动,避免出现偏差,从而保证作业的质量和一致性。

(7) 用户内存容量

用户内存容量反映了机器人能够存储示教程序的长度,关系到机器人能够加工工件的复杂程度,即示教点的最大数量。较大的内存容量可以存储更多的作业程序和数据,方便机器人执行复杂多样的任务。例如,在执行不同类型的壁面检测任务时,可能需要存储多种检测算法和参数。

(8) 插补功能

插补功能对爬壁机器人在壁面上的精确运动控制非常重要,如直线插补和圆弧插补功能,能够使机器人沿着预定的轨迹准确移动。在进行壁面绘画、焊缝焊接等作业时,插补功能可以确保机器人的运动轨迹平滑、精确。

(9) 语言转换功能

各厂机器人都有自己的专用语言,其屏幕显示可有多种语言显示,例如 ABB 机器人可以选择英、德、法、意、西班牙、瑞士等国语言显示。这对方便本国工人操作十分有用。我国国产机器人可用中文显示。

(10) 自诊断功能

机器人应具有对主要元器件、主要功能模块进行自动检查、故障报警、故障部位显示等功能。这对实现机器人故障的快速定位和及时维修非常重要。因此,自诊断功能是机器人的重要功能,也是评价机器人完善程度的主要指标之一。现在世界上名牌工业机器人都有30～50个自诊断功能项,用指定代码和指示灯方式向使用者显示其诊断结果及报警。

(11) 自保护及安全保障功能

机器人有自保护及安全保障功能,如驱动系统过热自断电保护、动作超限位自断电保护等,以防止机器人伤人或损伤周边设备,在机器人的工作部位装有各类触觉或接近觉传感器,并能使机器人自动停止工作。

2. 爬壁机器人专用技术指标

(1) 壁面适应能力

能够在不同材质(如混凝土、金属、玻璃等)、粗糙度、曲率的壁面上稳定吸附和移动,适应各种复杂的壁面条件。例如,在混凝土墙壁上进行检测时,机器人需要克服表面的不平整性,稳定吸附并移动;在金属壁面上,要考虑到磁吸附或其他吸附方式的有效性。

(2) 吸附稳定性

确保机器人在壁面上不会掉落,尤其是在高空作业时,吸附稳定性至关重要。吸附力不足可能导致机器人坠落,造成设备损坏和安全事故。因此,机器人的吸附装置需要具备足够的吸附力,并能够在各种工况下保持稳定。

(3) 壁面越障能力

可以跨越壁面上的焊缝、凸起、沟槽等障碍物,保证作业的连续性。在实际的壁面环境中,往往存在各种障碍物,如建筑外墙的装饰线条、船舶船体上的焊缝等,机器人需要具备良好的越障能力,才能顺利完成作业任务。

(4) 检测或作业精度

对于检测任务,如壁面缺陷检测、厚度测量等,需要高精度的检测结果;对于作业任务,如喷漆、打磨等,需要保证作业质量。高精度的检测或作业可以提高工作效率,减少资源浪费,并确保壁面的安全性和美观度。

(5) 续航能力

机器人需要具备足够的能源储备,以确保能够在壁面上长时间工作。特别是在大型储罐或高层建筑的作业中,机器人可能需要连续工作数小时甚至数天,因此续航能力成为一个重要的技术指标。

6.1.5 磁吸附履带式爬壁机器人

磁吸附履带式爬壁机器人是一种能够在垂直壁面或天花板等特殊表面进行作业的特种机器人。其吸附原理基于磁性材料与壁面(如钢铁材质)之间的磁力作用。在机器人的履带或机体部分内置永磁体或电磁体,当机器人靠近钢铁壁面时,永磁体或电磁体产生足够的吸附力,使其能够稳固地附着在壁面上,克服自身重力而不掉落。

在移动方式上,该类机器人采用履带式结构。履带由特殊的橡胶或金属材质制成,具有良好的摩擦力和适应性,能够在不平整的壁面上平稳地爬行。履带的转动由电机驱动,通过精确的控制,可以实现机器人在壁面上的前进、后退、转弯等多种动作。磁吸附履带式爬壁机器人的用途较为广泛。在工业领域,该类机器人可用于大型钢制储罐、管道等的检测与维护。例如,在石油化工行业,对储油罐的壁面进行定期的探伤检测,查找可能存在的裂缝、腐蚀点等缺陷,及时发现安全隐患并进行修复。在建筑行业,能够对建筑物的钢结构部分进行检测和表面处理作业,如对高楼大厦的钢结构外墙进行除锈、喷漆等操作,延长建筑物的使用寿命。在船舶制造维修中,对船体内外的钢制壁面进行检查和维修工作,确保船舶的结构安全。

表6.1列举了履带式磁吸附爬壁机器人在功能上的分类、特点和用途。在驱动形式方面,主要有电动驱动和液压驱动,电动驱动具有控制精度高、能耗低等优点,应用较为广泛;在吸附方式上,除了磁吸附,还有真空吸附等方式,但磁吸附在金属壁面应用中具有独特优势;在功能上,不断向智能化、多功能化方向发展,如具备自动检测、自适应控制等功能,以提高机器人的作业效率和适应性。其主要技术指标如表6.2所示。

表6.1 履带式磁吸附机器人的分类、特点和用途

分类	特点	用途
普通型	结构相对简单,功能较为单一,主要用于简单壁面检测和维护	建筑外墙检测、小型储罐维护
智能型	具备多种传感器,可实现自主导航、智能检测和决策,具有较高的智能化水平	大型桥梁检测、核电站反应堆容器壁检测
多功能型	除了基本的移动和吸附功能外,还能搭载多种作业工具,实现多种作业功能	船舶船体除锈、喷漆,石化管道维修

表6.2 磁吸附履带式机器人的主要技术指标

结构	磁吸附履带式
自由度	一般为4~6个自由度,满足壁面移动和姿态调整需求
驱动	电动驱动,直流伺服电机或交流伺服电机
运动范围	根据机器人设计和应用场景而定,一般能够覆盖较大的壁面工作区域
最大负荷	根据型号不同有所差异,一般为10~50 kg,可满足不同的作业负载要求
重复精度	较高,可达±1~2 mm,保证检测和作业的准确性
控制系统	采用先进的控制算法,实现精确的运动控制和稳定的吸附控制
轨迹跟踪	具备多种轨迹控制方式,如直线、圆弧等插补功能,适应不同的作业路径
运动控制	直线插补
示教系统	示教再现功能,方便操作人员进行任务编程
内存容量	1 280 MB
环境要求	温度0~45 ℃,湿度20%~<90%
电源要求	根据驱动方式和续航需求,选择合适的电源,如锂电池、蓄电池等
自重	根据机器人的尺寸和功能不同有所差异,一般为20~100 kg

磁吸附履带式爬壁机器人被要求有全面的作业性能,在选用或引进磁吸附履带式爬壁机器人时,必须注意以下几点。

① 必须确保磁吸附履带式爬壁机器人实际可达到的工作空间能够完全覆盖所需作业的壁面区域。作业区域的大小、形状以及复杂程度(如存在凸起、凹陷、障碍物等)决定了机器人的工作空间需求。

② 机器人的移动速度需要与具体作业任务相协调。对于检测任务,如壁面缺陷检测或

厚度测量,移动速度过快可能导致检测数据不准确或遗漏;而对于清洗、喷漆等作业任务,速度过慢会影响工作效率。同时,还要考虑壁面的材质、粗糙度等因素对机器人移动速度的影响,确保机器人在不同工况下都能稳定、高效地完成作业,避免因速度不当产生的作业质量问题或安全隐患。

③ 依据壁面的材质(如金属、混凝土、玻璃等)、粗糙度、曲率等条件选择合适的吸附和移动方式。对于金属壁面,磁吸附方式较为适用,但要注意壁面的磁性强度和均匀性对吸附效果的影响;对于粗糙度较大的壁面,履带的设计应具备更好的抓地力和适应性,以防止机器人打滑或脱落。在曲面壁面上,机器人的关节灵活性和履带的柔韧性要能够满足在不同曲率下稳定移动的要求,确保作业过程中的吸附稳定性和移动顺畅性。

④ 应选择控制系统功能强大、性能稳定的磁吸附履带式爬壁机器人。同时,示教功能要完善且易于操作,方便操作人员对机器人进行任务编程,能够快速、准确地设置作业参数和运动路径。

⑤ 当需要多台机器人协同工作时,要研究机器人之间的兼容性和协作方式。例如,在大型建筑外墙清洗作业中,多台机器人同时工作,需考虑它们之间的作业区域划分、通信协调以及避免相互干扰等问题。可以通过集中控制系统实现机器人群控,合理安排机器人的工作顺序和路径,提高整体作业效率。

6.1.6 磁吸附轮足式爬壁机器人

磁吸附轮足式爬壁机器人具有广泛的应用场景,不仅在大型罐体、桥梁等基础设施的检测与维护领域发挥重要作用,在高层建筑外墙作业、核设施管道检测等特殊环境中也具有不可替代的应用价值。这得益于其独特的轮足式结构和磁吸附原理的结合,其能够适应多种复杂壁面环境,并完成各类高难度任务。如图 6.2 所示,磁吸附轮足式爬壁机器人不是一个能够在壁面上移动的简单机械装置,而是一个集多种检测、维护附属装置和智能控制系统于一体的综合性作业系统。

图 6.2 磁吸附轮足式爬壁机器人

该机器人通过磁性吸附力将自己附着在壁面上,通过轮足结构实现移动,并搭载各种作业工具(如检测探头、维修设备等)执行复杂任务。其末端执行器可根据具体作业需求进行灵活更换和调整,以应对不同的工作场景。相较于其他类型的爬壁机器人,磁吸附轮足式爬壁机器人的作业过程面临更多挑战。例如,在核设施管道检测中,管道壁面可能受到放射性污染、高温、强磁场等极端条件的影响,同时管道形状复杂且表面状况多变,这要求机器人在保持稳定吸附的同时,精确控制自身的运动轨迹和姿态,确保检测或维护作业的准确性和有效性。为实现这些要求,机器人必须配备高度灵敏的传感器和先进的智能控制系统,使其能够像人类一样精准地"感知"壁面环境的变化,并及时调整,从而安全、高效地进行作业。

磁吸附爬壁机器人作业环境的复杂性,如强磁场干扰、壁面不规则、潜在障碍物以及危险物质的存在,使得机器人获取准确的壁面特征信号变得异常困难。其应用的发展与传感器技术、智能控制算法的优化以及材料科学的进步密切相关。随着这些技术的不断突破,磁吸附轮足式爬壁机器人在复杂壁面作业中的稳定性、可靠性和作业精度得到了显著提升,应用领域也不断拓展。

为满足复杂壁面作业的严苛要求,磁吸附轮足式爬壁机器人在性能方面具备一系列特殊性。在作业过程中,机器人需要确保在稳定吸附的同时,精确跟踪作业路径并持续完成任务。因此,吸附稳定性、移动精度、姿态控制精度以及环境适应性成为其关键性能指标。由于机器人末端作业工具的姿态直接影响作业质量,机器人本体的运动轨迹、工具姿态以及作业参数必须精确控制,且工具姿态的可调范围需要足够大,以适应不同形状和结构的壁面作业需求。基于这些要求,磁吸附轮足式爬壁机器人应具备以下功能。

① 能够通过智能控制器便捷设定多样化的作业条件,包括检测模式、维修参数、清洁力度等,以满足不同任务的具体要求。

② 具备自适应吸附力调节功能,可根据壁面材质、表面粗糙度以及作业状态等因素实时调整吸附力大小,确保在各种复杂壁面条件下均能实现稳定吸附。

③ 拥有出色的越障能力,能够灵活跨越壁面上不同类型和尺寸的障碍物,如焊缝、凸起、缝隙等,保证作业过程的连续性。

④ 具备全面的作业异常检测功能,能够实时监测吸附力异常、工具故障、传感器信号异常等多种潜在问题,并及时发出警报或采取相应的应急措施。

⑤ 预留多种类型传感器的接口功能,如视觉传感器、触觉传感器、激光测距传感器等,以便根据不同作业需求扩展机器人的感知能力,实现对壁面状况的全面感知和精准判断。其规格如表6.3所示。

表6.3 磁吸附轮足式机器人的规格

持重	一般为3~10 kg,足以承载各类作业工具和设备
重复位置精度	±0.1 mm,高精度
可控轴数	4~6轴,可实现灵活的姿态调整和精确的运动控制,满足不同壁面形状和作业路径的要求
动作方式	支持各轴单独插补、直线插补、圆弧插补等多种运动模式,能够在壁面上实现平稳、精确的移动和姿态变换
速度控制	移动速度为0.1~1 m/s,作业速度根据任务性质灵活调整,调速范围宽广,可适应从精细作业到快速移动的不同需求
作业功能	依据搭载工具的不同具备多样化的功能,允许在作业过程中根据实际情况实时调整作业条件,具备完善的故障保护和应急处理机制
存储功能	IC存储器,128 kW
辅助功能	定时功能、外部输入输出接口
应用功能	程序编辑、外部条件判断、异常检查,支持传感器接口

6.2 爬壁机器人的系统组成

爬壁机器人主要由机器人本体、吸附装置、移动机构、控制系统以及检测或作业装置等部分组成。机器人本体是整个爬壁机器人的核心承载结构,为其他部件提供安装基础;吸附装置确保机器人能够稳定附着在壁面上,是实现壁面作业的关键;移动机构负责机器人在壁面上的移动,使其能够到达不同位置执行任务;控制系统犹如机器人的大脑,指挥和协调各部分的运作;检测与作业装置则根据具体应用需求搭载,实现如壁面检测、清洗、维修等功能。图6.3为爬壁机器人系统的基本组成示意图。

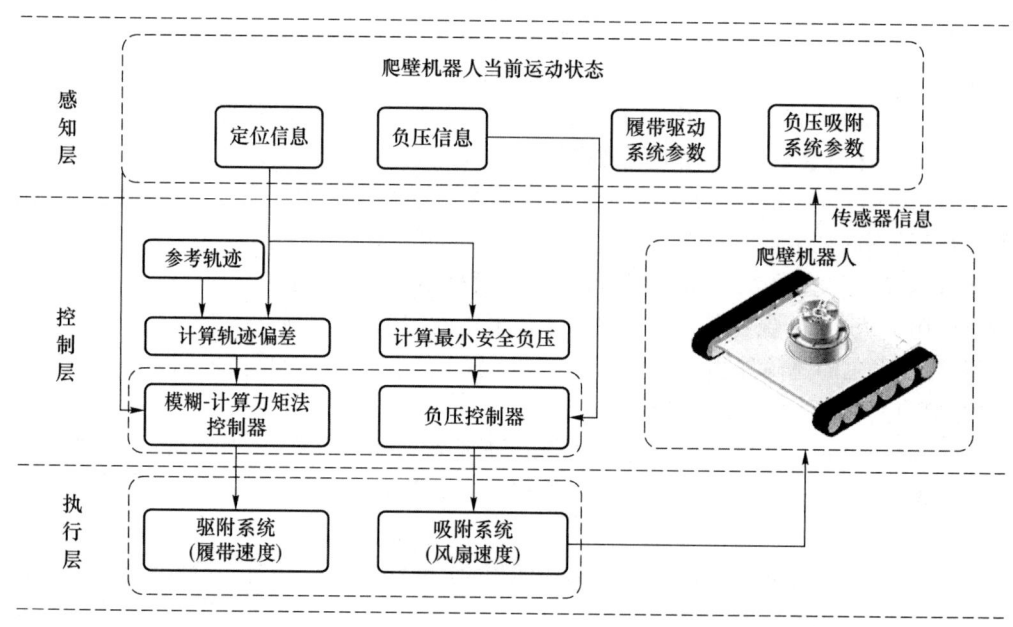

图 6.3 爬壁机器人系统的基本组成示意图

6.2.1 机器人本体

机器人本体是爬壁机器人的核心结构框架,犹如人体的骨骼,为整个机器人系统提供支撑和承载基础,其设计的合理性与性能优劣直接影响机器人的整体性能,常见的履带式爬壁机器人本体如图6.4所示。

在结构设计方面,为了确保机器人在壁面上能够稳定运行,机器人本体通常采用高强度、低密度的材料,如铝合金等,以在保证足够强度和刚度的前提下,最大限度地减轻自身重量。这是因为较轻的本体重量有助于降低对吸附装置的负载要求,提高机器人的能源利用效率,并且增强其运动灵活性。例如,通过优化设计框架结构,采用镂空、薄壁等轻量化设计,在关键受力部位合理布置加强筋或横梁,既保证了整体结构的稳固性,又有效减轻了重量。

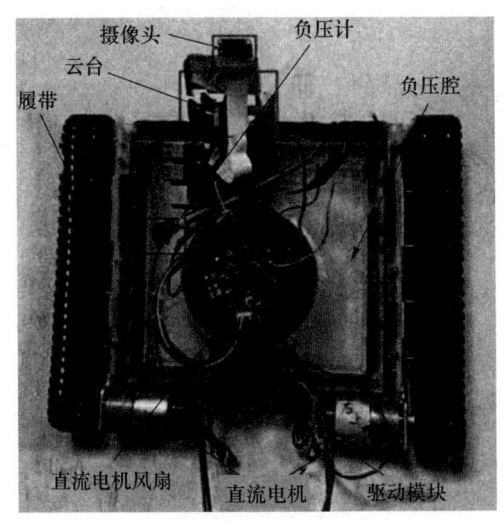

图 6.4 履带式爬壁机器人本体示意图

机器人本体的形状和尺寸也需根据具体应用场景进行定制。在狭小空间作业的爬壁机器人的本体设计会更加紧凑小巧，以方便在狭窄区域内移动和操作；而用于大型壁面作业的机器人的本体则会相对较大，以提供足够的空间安装各类设备和部件。例如，在锅炉水冷壁检测中，机器人本体需要能够适应管道之间的有限空间，其外形尺寸通常设计得较为纤细，以便在管径 51 mm、管间距 63.5 mm 的水冷壁环境中顺利通行，同时还要保证能够携带检测装置、控制系统等必要设备。

此外，机器人本体还具备良好的散热性能，这对于长时间连续工作的爬壁机器人至关重要。由于机器人内部的电子元件在运行过程中会产生热量，如果不能及时将热量散发出去，则会导致元件性能下降甚至损坏。因此，在本体设计上，通常会采用散热片、通风孔等散热结构，或者在外壳材料中添加散热性能良好的成分，以确保内部热量能够有效散发到周围环境中。例如，在一些设计中，机器人本体外壳采用导热性能优异的铝合金材质，并在外壳表面设置多个散热鳍片，增加散热面积，同时在内部合理布局通风通道，利用自然对流或强制风冷的方式加速热量散发。

同时，为了方便安装和维护其他部件，机器人本体的结构设计注重模块化和通用性。各个部件通过标准化的接口和连接方式与本体进行连接，这样在安装过程中可以提高效率，减少错误；在维护时，也便于快速拆卸和更换故障部件，减少维修成本和时间。例如，电机、控制器等关键部件采用插拔式接口与本体连接，当某个部件出现故障时，可以迅速将其从本体上拆卸下来进行维修或更换，而无须对整个机器人进行复杂的拆解。

综上所述，机器人本体作为爬壁机器人的基础，其结构设计在材料选择、形状尺寸优化、散热性能保障以及部件安装维护便利性等方面都经过精心考量，以满足不同应用场景下的复杂需求，为整个爬壁机器人系统的稳定运行提供坚实的保障。

6.2.2 吸附装置

吸附装置是爬壁机器人能够在壁面上稳定附着的关键部分，其性能直接关乎机器人的作业安全性与可靠性，决定了机器人能否在垂直或复杂曲面上有效承载自身重量及执行任务所需的负载。

永磁吸附是常见的吸附方式之一。它利用永磁体所产生的稳定磁场与壁面材料之间的相互吸引力来实现吸附功能。这种吸附方式具有显著优势，其结构相对简单，无须外部持续供电，仅依靠永磁体自身特性就能提供较为稳定可靠的吸附力。例如，在锅炉水冷壁检测场景中，水冷壁通常由金属材质制成，永磁体能够与金属壁面产生良好的吸附效果。所选用的永磁体材料一般为钕铁硼等高性能磁性材料，其具有高磁能积、强矫顽力等特点，能够在较小的体积下产生较大的吸附力。在实际应用中，永磁体通常被设计成特定的形状和排列方式，以优化吸附效果。例如，将多个钕铁硼磁铁单元按照一定的磁极拓扑阵列进行组合，如采用 Halbach 阵列排布，可使一侧磁场增强，提高吸附侧的磁能利用率，从而在保证吸附稳定性的前提下，减小磁铁的总体积和重量。同时，为了便于安装和调整，永磁体往往通过螺钉或其他紧固方式固定在机器人的移动机构上，如安装在履带或轮足结构上，使其能够随着机器人的移动而始终保持与壁面的有效吸附。

电磁吸附则是通过控制电磁铁中的电流大小和方向来调节吸附力。这种方式的最大优点在于吸附力能够实现动态调整，根据机器人在壁面上的不同作业状态和需求，精确控制吸附力大小。例如，在机器人需要跨越障碍物时，可以适当降低吸附力，以减少移动阻力；而在停止作业或处于不稳定壁面区域时，则增加吸附力，确保安全稳定。然而，电磁吸附系统相对复杂，需要稳定的电源供应以及配套的电流控制电路。电磁铁的设计需要考虑线圈匝数、线径、铁芯材料等因素，以优化电磁性能。在实际应用中，电磁吸附装置通常与控制器相连，通过预设的控制算法和传感器反馈信息，实时调整电流大小，实现吸附力的精准控制。

负压吸附利用真空泵等设备在吸盘内形成负压环境，使吸盘与壁面之间产生摩擦力，从而实现吸附。这种吸附方式适用于表面较为平整光滑的壁面，因为只有在良好的密封条件下才能有效形成负压。其优点是吸附力均匀，对壁面的损伤较小。但它对密封要求极高，一旦密封出现问题，如吸盘边缘磨损或有异物附着，就可能导致负压泄漏，吸附失效。在复杂曲面环境下，由于壁面曲率的变化，保持密封难度较大，吸附效果可能会受到明显影响。负压吸附系统通常包括真空泵、吸盘、气管、阀门等部件。真空泵负责产生负压，吸盘是与壁面接触的关键部件，其材质一般具有柔软、耐磨、密封性能好的特点，如橡胶等。气管用于连接真空泵和吸盘，阀门则用于控制负压的通断和调节大小。

仿生吸附通过模仿生物的吸附机制来实现机器人在壁面上的附着。这种方式的显著优势在于其具有出色的适应性与灵活性，能依据壁面的不同材质和纹理特征，有效地调整吸附策略。当面对较为光滑的壁面时，仿生吸附结构可通过特殊的接触材料与壁面形成紧密的分子间作用力，类似于壁虎脚掌的吸附原理，以保证稳定附着；而在粗糙壁面环境下，则借助类似昆虫脚部的刚毛结构与壁面的微观凹凸产生机械互锁力，增强吸附效果。然而，仿生吸附结构的设计和制造颇具挑战性。其材料选择需要兼顾多种性能，既要具备良好的黏附性，又要拥有足够的耐磨性和耐久性，以应对长时间的作业需求。

每一种吸附方式在实际运用的过程中都有各自的优缺点，具体如表 6.4 所示。

表 6.4 爬壁机器人的吸附方式比较

吸附方式	优势	缺点
单吸盘真空吸附	结构简单,可以存在一定的泄漏,而且允许接触壁面存在一定的不平整情况	安全性得不到保障,断电即丧失吸附的作用
多吸盘真空吸附	在吸附时带有一定冗余度,稳定性较好,且在断电时有一定保持力	对壁面平整度要求较高,若有凹凸或裂缝,则会引起真空泄漏
永磁吸附	维持吸附力不需要耗能,安全	步行时磁铁与壁面离合需要很大的力
电磁吸附	很容易实现磁铁与壁面间的离合	维持吸附力需要耗能,电磁铁本身质量很大
负压吸附	对壁面适应性强,不存在泄漏问题	噪声大,效率低
仿生吸附	适用于粗糙墙面	对墙面或对末端结构损害大

6.2.3 移动机构

移动机构是爬壁机器人在壁面上实现位置转移和姿态调整的关键部分,其性能直接影响机器人的作业范围、效率和灵活性。

履带式移动机构是一种常用的结构形式,广泛应用于爬壁机器人中。其主要组成部分包括履带、驱动轮、从动轮、张紧装置和磁吸附单元等。履带通常采用高强度、耐磨且具有一定柔韧性的材料,如橡胶或聚氨酯,其表面设计有防滑纹路,以增加与壁面之间的摩擦力,确保机器人在各种壁面条件下都能稳定移动。驱动轮与电机相连,通过电机的正反转和转速控制来实现履带的前进、后退和速度调节。例如,当机器人需要在水冷壁管道上缓慢移动进行检测时,电机以较低的转速驱动履带,使机器人能够平稳地沿管道行进;而在需要快速转移位置时,则通过提高电机转速加快履带的运行速度。从动轮的作用主要是支撑和导向,确保履带的正常运行。张紧装置对于履带式移动机构至关重要,它可以保持履带的适当张力,防止履带在运行过程中松弛或脱落。例如,在爬壁机器人工作过程中,由于重力和运动的影响,履带可能会出现松弛,张紧装置能够实时调整履带的张力,确保履带与壁面、驱动轮和从动轮之间始终保持良好的接触。磁吸附单元安装在履带上,根据吸附方式的不同,可以是永磁体或电磁体。如果采用永磁吸附,多个钕铁硼磁铁单元会按一定间距和排列方式固定在履带上,使机器人在移动过程中能够持续产生吸附力。即使在翻越水冷壁管道上的焊缝、结焦等障碍物时,部分磁铁可能会脱离壁面,但剩余的磁铁也能提供足够的吸附力,确保机器人不会掉落。履带式移动机构的接地面积大,具有较强的壁面适应性,能够在不平整、曲率变化较大的复杂曲面上稳定移动。它还具备良好的越障能力和负载能力,适用于多种大型壁面作业场景,如锅炉水冷壁检测、大型罐体表面维护等。

轮式移动机构由轮子、轮轴、电机、悬挂系统以及磁吸附装置(如果采用磁吸附方式)等组成。轮子的材质和设计直接影响机器人的移动性能,一般采用橡胶轮胎,其具有一定的弹性和摩擦力,能够适应一定程度的壁面粗糙度。轮式移动机构的运动速度相对较快,转向灵活,这是其显著优势。例如,在一些大型船舶壁面检测中,当需要快速覆盖大面积壁面区域时,轮式移动机构能够高效完成任务。电机通过轮轴驱动轮子转动,通过控制不同轮子的转速和转向,可以实现机器人的前进、后退和转弯等动作。悬挂系统则能够保证轮子在壁面上始终保持良好的接触,减少因壁面不平整而产生的振动和颠簸,提高机器人的稳定性和舒适性,同时有助于保护机器人内部的设备和部件。在采用磁吸附方式时,磁吸附装置通常安装在轮子附近或轮轴上,确保机器人在移动过程中能够牢固地附着在壁面上。然而,轮式移动机构对壁面平整度要求较高,在复杂曲面或存在较多障碍物的壁面环境下,其适应性不如履带式移动机构,容易出现打滑、卡滞等问题,且负载能力相对有限。

足式移动机构模仿生物腿部的运动方式,一般由多个足、关节、驱动装置以及传感器等组成。每个足都具有独立的驱动和控制能力,能够在壁面上找到稳定的着力点,通过调整足的姿态和位置,实现机器人的移动和姿态调整。足式移动机构的灵活性和适应性极强,能够在极端复杂的壁面环境中行走,例如在桥梁钢结构、古建筑墙面等表面不平整、结构复杂且存在大量障碍物的壁面上作业。关节是足式移动机构的关键部位,它决定了足的运动范围和灵活性,常见的关节类型有旋转关节和屈伸关节等,通过不同关节的组合和协同运动,可以实现足的各种复杂动作。驱动装置为足的运动提供动力,一般采用电机、液压或气动等驱动方式,根据具体应用场景和需求选择合适的驱动方式。传感器在足式移动机构中起着重要作用,如压力传感器可以实时监测足与壁面之间的接触力,姿态传感器可以反馈足的位置和姿态信息,这些传感器信息被反馈到控制系统中,用于调整足的运动,确保机器人在壁面上的稳定性和安全性。例如,当机器人在攀爬具有不同坡度和曲率的壁面时,传感器能够感知壁面状况的变化,控制系统根据这些信息调整足的着力点和运动方式,使机器人能够顺利攀爬。但是,足式移动机构的结构复杂,控制难度大,需要复杂的算法和大量的计算资源来实现精确的运动控制,而且其运动速度相对较慢,制造和维护成本较高。

在设计爬壁机器人的移动机构时,需要综合考虑壁面状况、作业任务需求、机器人整体性能要求以及成本等多方面因素,选择最合适的移动机构类型,或对不同类型进行优化组合,以确保爬壁机器人在各种复杂壁面环境下能够实现高效、稳定、灵活的移动。

爬壁机器人的移动方式主要有多足式、履带式和轮式 3 类,每种方式都具有各自的优缺点,具体如表 6.5 所示。

表 6.5 爬壁机器人的移动方式比较

移动方式	多足式	履带式	轮式
概述	机器人具有多条腿,通过不同腿末端的吸附与松开来移动	具有左、右两个无轨道的履带,由电机来驱动	机器人底部配置多个轮子,由电机驱动轮子来移动
适用吸附方式	真空吸附、仿生吸附	电磁吸附	电磁吸附、推力吸附
特点	灵活性强,越障能力强,但真空吸附必然导致移动速度慢,仿生吸附对末端结构或墙面造成损害	对壁面的适应性强,平稳可靠,但其结构导致转弯不灵活,电磁吸附限制了工作墙面	移动速度快,控制灵活,但选择电磁吸附限制了工作墙面,选择推力吸附限制灵活性且效率低

6.2.4 控制系统

控制系统是爬壁机器人的"大脑",负责协调和指挥机器人各部分的工作,使其能够按照预定的任务和要求在壁面上稳定、精确地移动和作业。它主要由控制器、传感器和控制算法等组成,各部分紧密协作,共同实现对机器人的全面控制。

控制器是控制系统的核心硬件,其性能直接影响机器人的控制精度和响应速度。常见的控制器类型包括工业控制计算机(工控机)、可编程逻辑控制器(PLC)以及专用的机器人控制器等。工控机具有强大的数据处理能力和丰富的接口资源,能够运行复杂的控制算法和处理大量的传感器数据,适用于对控制性能要求较高、功能复杂的爬壁机器人系统。一般爬壁机器人采用分层控制的思想,详细的系统结构如图6.5所示。

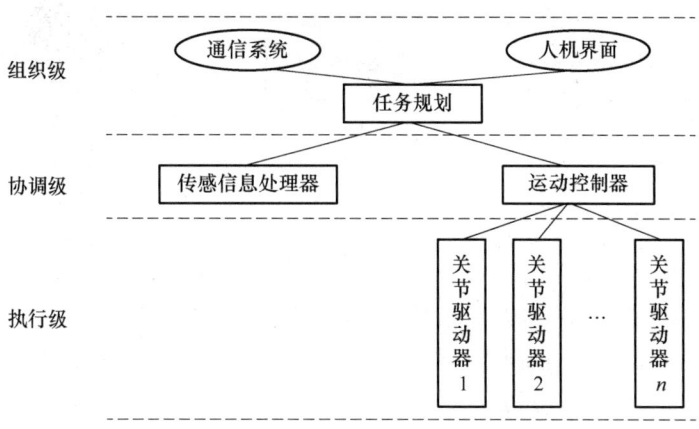

图6.5 分层控制系统结构图

传感器是机器人感知周围环境和自身状态的重要部件,为控制系统提供关键的反馈信息,使其能够实时了解机器人的位置、姿态、与壁面和障碍物之间的关系等情况,进而做出准确的决策。姿态传感器是爬壁机器人常用的传感器之一,如惯性测量单元(IMU),它可以实时测量机器人在三维空间中的姿态角(横滚角、俯仰角和偏航角)、加速度、角速度等信息。在机器人沿着水冷壁管道移动时,姿态传感器能够及时反馈机器人是否发生倾斜或晃动,当检测到姿态变化超出允许范围时,控制系统可以立即调整移动机构的动作,使机器人恢复稳定姿态,确保吸附装置与壁面保持良好接触,防止机器人掉落。距离传感器用于测量机器人与壁面、障碍物之间的距离,常见的有超声波传感器、激光测距传感器等。视觉传感器也是爬壁机器人控制系统中不可或缺的一部分,它可以获取壁面的图像信息,包括表面纹理、颜色、缺陷等特征。基于视觉传感器的图像数据,机器人可以实现更高级的功能,如焊缝识别、壁面损伤检测、路径规划等。此外,还有一些其他类型的传感器,如接触传感器,当机器人与障碍物发生碰撞时,接触传感器能够及时检测到碰撞信号,通知控制系统采取相应的保护措施,避免机器人和壁面受到损坏。

基于以上所介绍的各部分机构,爬壁机器人硬件框架如图6.6所示。

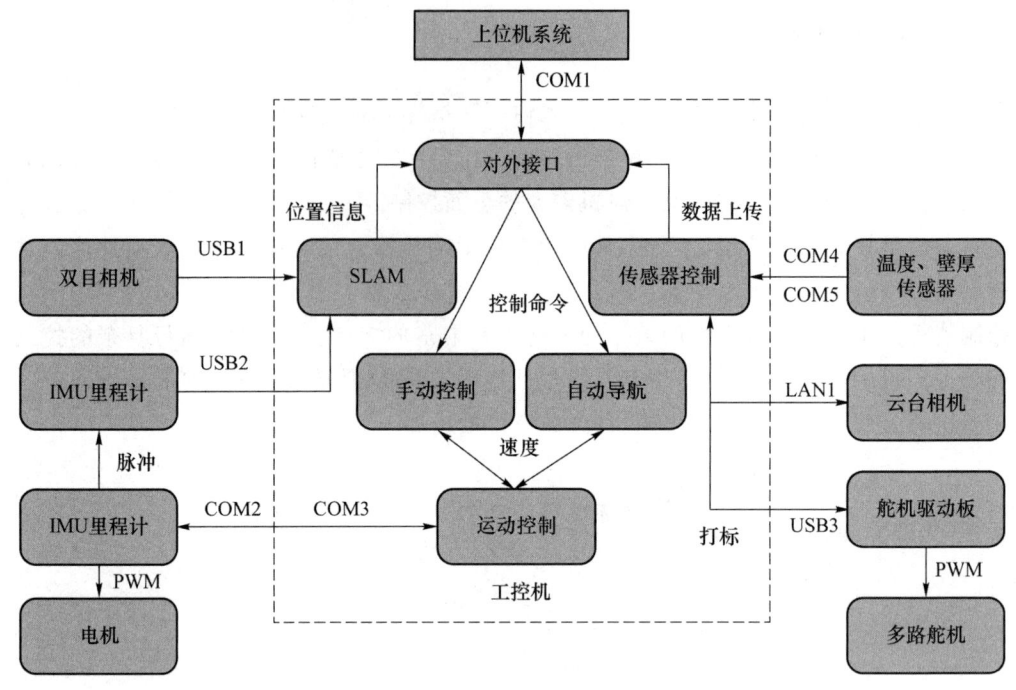

图 6.6 爬壁机器人硬件框架图

控制算法是控制系统的灵魂,它根据传感器反馈的信息和预定的任务要求,实现机器人的自主导航、路径规划、运动控制以及作业操作等功能。在自主导航方面,控制算法利用传感器数据构建机器人周围环境的地图,确定机器人的当前位置,并规划出从当前位置到目标位置的最优路径。路径规划算法需要考虑多种因素,如壁面的形状、障碍物的分布、机器人的运动学和动力学特性等,以确保规划出的路径既安全可行又高效节能。运动控制算法则负责根据路径规划结果,精确控制机器人的移动速度、方向和姿态。对于履带式移动机构,运动控制算法需要协调两个履带的速度差,实现机器人的转弯、直线前进和后退等动作;对于轮式移动机构,要控制各个轮子的转速和转向角度;对于足式移动机构,需计算每个足的运动轨迹和着力点,确保机器人稳定移动。在作业操作控制方面,控制算法根据检测或作业任务的要求,控制检测与作业装置的工作参数和动作顺序。同时,控制算法还需要具备实时性和鲁棒性,能够在复杂多变的环境中快速、准确地响应各种情况,保证机器人的稳定运行和任务的顺利完成。

6.2.5 检测与作业装置

检测与作业装置根据爬壁机器人的具体应用场景和任务需求来配备。在检测任务中,常用的检测装置包括超声波检测探头、涡流检测传感器、视觉摄像头等。超声波检测探头可用于检测壁面内部的缺陷,如管道壁厚的变化、焊缝内部的裂纹等;涡流检测传感器则适用于检测金属壁面的表面和近表面缺陷;视觉摄像头能够获取壁面的外观图像,用于表面损伤、腐蚀情况的检测以及环境感知。在作业任务方面,作业装置可能包括清洁刷、喷涂设备、焊接工具等。例如,在船舶壁面维护中,清洁刷可用于去除壁面上的污垢和锈迹,喷涂设备用于重新涂装防腐漆,焊接工具则可用于修复壁面上的焊缝缺陷。这些检测与作业装置通过控制系统与机器人本体协同工作,实现对壁面的高效检测和精准作业。

6.2.6 能源供应系统

能源供应系统为爬壁机器人的运行提供动力,包括电池组、电源管理模块等。电池组的选择需要考虑机器人的能耗需求、工作时间和充电方式等因素。一般采用锂电池等能量密度较大的电池,以提供足够的电能支持机器人长时间工作。电源管理模块负责对电池的充放电进行管理,监测电池的电量、电压和温度等参数,确保电池的安全使用和延长电池寿命。同时,在一些情况下,能源供应系统还需要考虑为吸附装置、检测与作业装置等提供稳定的电源输出,满足其不同的电压和功率需求。例如,在电磁吸附方式中,电源管理模块需要为电磁铁提供合适的电流控制,以实现吸附力的稳定调节。爬壁机器人各部分紧密配合,形成一个完整的系统,使其能够在各种复杂壁面环境下完成多样化的任务,为工业生产、基础设施维护等领域提供高效、安全、智能的解决方案。

6.3 爬壁机器人的作业示教

当利用爬壁机器人代替人工在壁面上进行作业时,必须预先向机器人发出精准指令,明确规定机器人应完成的动作以及作业的详细内容,这一过程即对爬壁机器人的示教。示教内容通常存储于机器人的控制装置内,通过对存储内容的调用与执行,机器人便能实现人们期望的动作和作业任务。

6.3.1 爬壁机器人的示教方式

目前,爬壁机器人的示教方式主要有以下3种。

(1) 手动引导示教

此方式类似于焊接机器人的手把手示教,操作人员手动引导爬壁机器人的机械臂或移动机构,使其沿着预定的作业路径移动一遍。在这个过程中,机器人控制器记录下各关节或运动部件的位置、姿态以及运动速度等信息。然而,这种方式存在一定的局限性。由于完全依赖人工手动操作,对于复杂壁面环境或高精度作业要求,示教精度难以保证。而且,手动操作过程可能受到操作人员体力、操作熟练度以及壁面状况等因素的影响,导致示教结果的一致性较差。此外,该方式需要较大的存储空间来记录大量的示教点数据,并且在实际应用中,主要适用于一些简单路径规划和对精度要求不是特别高的作业场景,如在较为平整的壁面上进行简单的检测或清洁作业。

(2) 示教盒示教

这是爬壁机器人常用的示教方式之一。示教盒作为人机交互接口,通常配备液晶屏幕和各类操作按钮。操作人员通过示教盒上的按钮控制机器人的运动,如前进、后退、转向、升降等,同时可以设置机器人的作业参数,如检测装置的工作频率、作业工具的工作强度等。示教盒上的按键主要包括以下几类。

① 示教功能键：如示教/再现、程序编辑（存入、删除、修改）、状态检查、回零操作、直线插补、圆弧插补等，用于完成示教编程相关操作。

② 运动功能键：如沿壁面的不同方向移动（上、下、左、右）、各关节的单独转动或联动控制等，方便操作人员精确操纵机器人进行示教动作。

③ 参数设定键：用于设定机器人的运动速度、吸附力大小、检测阈值、作业工具的具体参数（如清洁刷的转速、喷涂设备的流量等）。通过示教盒示教，操作人员可以根据实际作业需求，灵活地对机器人进行编程和参数调整，以适应不同的壁面作业任务，如在锅炉水冷壁检测中，根据管道布局和检测要求设置合适的路径和检测参数。

（3）离线编程示教

这是一种较为先进的示教方式，具有诸多优势。操作人员无须在现场实际操作机器人进行示教，而是根据壁面的三维模型、作业任务要求以及机器人的性能参数等信息，在计算机上进行编程。利用专门的离线编程软件，操作人员可以在虚拟环境中模拟机器人在壁面上的作业过程，规划最优的作业路径，设置合适的作业参数，并对机器人的运动和作业进行仿真验证。离线编程示教的优点明显，首先它不占用机器人的实际工作时间，机器人可以在离线编程期间完成其他任务或维护工作，大大提高了设备的利用率。其次，通过计算机模拟和优化，可以获得更高效、更安全的作业方案，减少实际作业中的错误和风险。例如，在对大型桥梁钢结构进行检测维护时，离线编程可以提前规划出最佳的检测路径，避免机器人在复杂结构中碰撞或陷入困境。此外，离线编程还便于进行复杂任务的规划和管理，对于多机器人协同作业或具有多个作业阶段的任务，可以更好地协调各机器人之间的工作，提高整体作业效率。随着计算机技术和三维建模技术的不断发展，离线编程示教将成为爬壁机器人示教的重要发展方向。

6.3.2 爬壁机器人示教示例

下面以锅炉水冷壁检测与维护作业为例，详细阐述爬壁机器人在线作业示教的关键内容。

（1）示教前的准备

① 壁面清理与检查：对水冷壁表面进行初步清理，去除可能影响机器人吸附和移动的杂物、大块污垢等。

② 设备检查与调试：确保爬壁机器人的各个部件正常工作，包括吸附装置、移动机构、检测与作业装置、控制系统以及能源供应系统等。

③ 安全措施准备：在作业现场设置明显的安全警示标识，确保操作人员与机器人之间保持安全距离，防止在示教过程中发生意外碰撞或其他安全事故。

④ 作业区域规划：根据水冷壁的结构和检测维护需求，划分出机器人的作业区域，确定起始点、终止点以及关键路径点。

（2）新建作业程序

在机器人控制系统中创建一个新的作业程序，为后续的示教操作和程序存储做好准备。

（3）程序点的输入

① 路径规划与示教：操作人员通过手动引导或示教盒操作，使机器人沿着预定的检测维护路径移动，在关键位置（如管道连接处、焊缝位置、易结焦部位等）设置程序点。对于

路径上的直线段和圆弧段,可以利用示教盒上的直线插补和圆弧插补功能进行精确示教,确保机器人能够准确地沿着水冷壁表面移动。

② 姿态调整示教:除了位置信息,还需要对机器人在各程序点的姿态进行示教。根据壁面的曲率、作业工具的工作要求等因素,调整机器人各关节的角度,使机器人能够稳定地吸附在壁面上,并以最佳姿态进行作业。

(4) 设定作业条件

① 检测参数设定:根据水冷壁的材质、厚度以及可能存在的缺陷类型,设置检测装置的相关参数,如超声波检测探头的频率、增益、检测阈值等,以确保能够准确检测出壁面内部的缺陷(如腐蚀、裂纹等)和表面的损伤情况。对于视觉检测摄像头,调整其分辨率、曝光时间等参数,以获取清晰的壁面图像,便于后续的分析和判断。

② 作业工具参数设定:依据水冷壁的具体工况、作业要求以及所选用作业工具的特性,细致调整作业工具的各项参数。若采用高压水射流清洗工具,需设定水射流的压力参数,同时要确定水流量参数,合适的水流量能保证清洗效率与质量的平衡。对于打磨修复工具,要设定打磨头的转速,调整打磨的进给量参数,精确控制每次打磨的深度与范围,以实现精准修复。若使用焊接修复工具,则要设定焊接电流大小(电流大小影响焊接熔深与焊缝成型质量)以及焊接电压参数(合适的电压可确保焊接过程稳定,从而保障在水冷壁上进行的清洁、修复等作业任务能够安全、高效、精准地完成)。

③ 吸附与移动参数设定:根据壁面状况和作业需求,调整机器人的吸附力大小。在平整壁面区域,可以适当降低吸附力,以减少能耗和机器人运动阻力;在复杂曲面或存在障碍物的区域,增加吸附力,确保机器人的安全稳定。同时,设置移动机构的运动速度、加速度等参数,使机器人能够在保证安全的前提下高效地完成作业任务。

(5) 检查试运行

完成程序点输入和作业条件设定后,进行检查试运行。在试运行过程中,操作人员密切观察机器人的运动轨迹、姿态以及作业装置的工作情况,检查是否存在异常现象,如碰撞壁面、吸附力不稳定、检测数据异常等。同时,利用机器人控制系统提供的监测功能,检查各关节的运动是否顺畅,传感器数据是否正常,作业参数是否按照设定值执行。

(6) 再现作业

经过检查试运行并确认无误后,机器人即可按照预设的程序和参数进行正式的检测与维护作业。在作业过程中,操作人员可以通过监控系统实时观察机器人的工作状态和作业进度,获取检测数据和作业结果。

综上所述,爬壁机器人示教时运动轨迹上的关键点坐标位置和作业条件等信息通过上述示教方式被获取并存储于程序中。

6.4 爬壁机器人的周边设备与整体布局

在完整的爬壁机器人系统中,除机器人本身外还有一些周边设备,如检测辅助装置、移动平台、探头清洁装置、数据传输与存储装置等。机器人若要顺利完成壁面检测等作业任务,必须依靠控制系统与周边辅助设备的有力支持与密切配合,减少作业中断时间,降低设备故障发生概率,提升作业安全性,并且精心设计合理的机器人作业工位布局,从而获取理想的检测效果与作业质量。

6.4.1 周边设备

目前,爬壁机器人的周边设备主要包括检测辅助装置、探头清洁装置等。这些周边设备的技术指标均应适应爬壁机器人的要求,确保检测的准确性和高效性。

1. 检测辅助装置

对于某些复杂壁面检测场合,如具有特殊曲率或障碍物的壁面,爬壁机器人可能难以完全适应检测需求。这种情况下,可以通过增加辅助装置来提高检测效果。在检测具有复杂曲率的水冷壁时,可使用图 6.7 所示的自适应纠偏检测装置及图 6.8 所示的厚壁检测装置,使机器人更好地贴合壁面,确保检测探头与壁面的距离和角度保持在合适范围,提高检测精度。根据实际检测环境的需要,检测辅助装置可以有多种形式,如曲率自适应辅助器、障碍物跨越辅助器等。在检测作业前和检测过程中,检测辅助装置通过相应的连接和调整机构来配合爬壁机器人工作。具体选用何种形式的检测辅助装置,取决于壁面的结构特点和检测工艺要求。同时为了充分发挥爬壁机器人效能,检测系统通常可配备多种检测辅助装置,以便在不同检测场景下切换使用,提高整个系统的检测效能。检测辅助装置的安装必须与爬壁机器人的运动和检测功能相匹配,合理分配爬壁机器人和检测辅助装置的工作任务,使两者按照统一的检测规划进行作业。

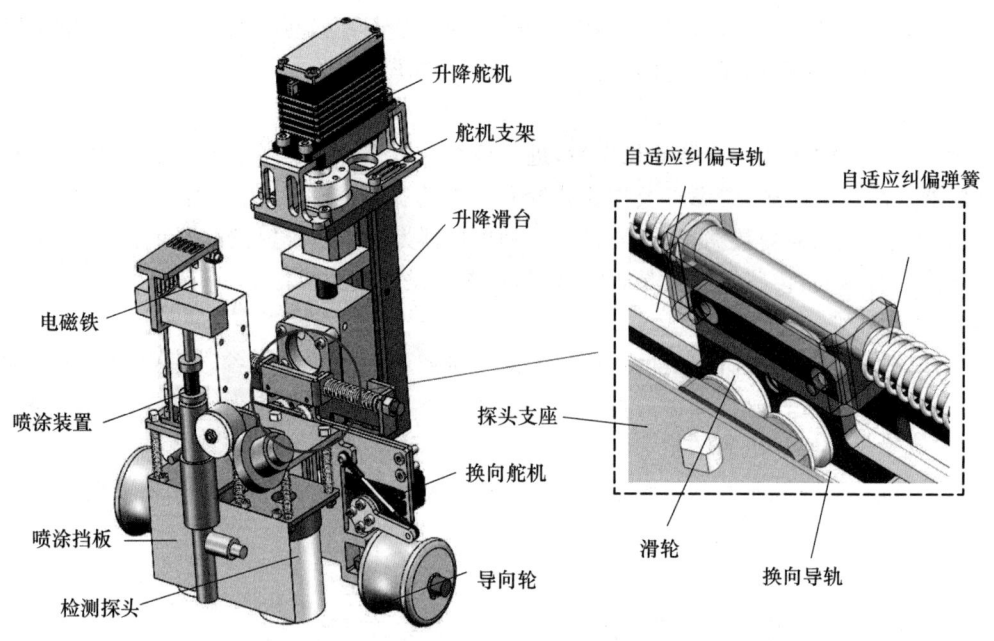

图 6.7 自适应纠偏检测装置

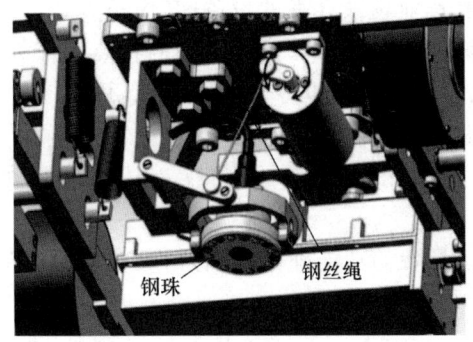 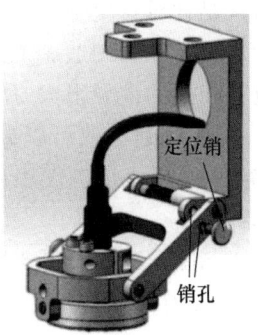

图 6.8　壁厚检测装置

爬壁机器人和检测辅助装置之间的运动存在两种形式：协同运动和独立运动。前者主要用于检测过程中需要辅助装置实时配合机器人动作的场合，如在检测具有连续变化曲率的壁面时，检测辅助装置根据机器人的位置和姿态调整自身状态，确保机器人的检测探头始终保持最佳检测角度；而对后者而言，在一些相对简单的检测环境中，检测辅助装置可以独立完成部分准备工作或辅助功能，如提前清理壁面杂物等，为机器人检测创造更好的条件。

2. 探头清洁装置

在爬壁机器人检测过程中，探头表面可能会沾染灰尘、油污等杂质，影响检测信号的传输和检测结果的准确性。探头清洁装置正是在这种背景下应运而生的。图 6.9 为机器人清洁效果图。

探头清洁装置主要包括清洁刷、清洁液喷射器等部分，如图 6.10 所示。清洁刷用于物理清除探头表面附着的杂质，清洁液喷射器则可以喷出专用清洁液，进一步溶解和去除顽固污渍，保证探头表面的清洁度，确保检测数据的准确性和稳定性。

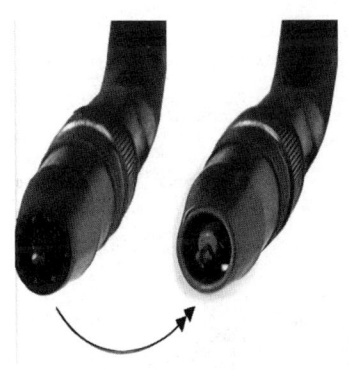 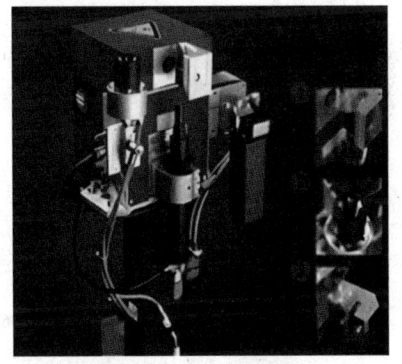

图 6.9　清洁效果图　　　图 6.10　探头清洁装置

3. 数据传输与存储装置

在实际的爬壁机器人检测作业过程中，检测数据的实时传输和存储至关重要。传统的方式可能会出现数据丢失或传输延迟等问题，影响对壁面状态的及时分析和评估。采用数据传输与存储装置可有效解决此问题，该装置能够稳定、快速地将检测数据传输到上位机或云端，同时进行可靠存储，便于后续数据处理和分析，适用于大规模、长时间的壁面检测任务。

爬壁机器人是针对特定壁面检测和作业场景开发的设备,其周边设备需要根据具体的应用需求进行定制设计和制造。周边设备设计应依据检测壁面的特点和任务要求来进行,由于检测环境和任务的差异很大,所需的周边设备也各不相同,繁简不一。从检测壁面的要求分析,周边设备的用途大致可以分为3种类型。

① 基础支撑型:周边设备仅用于支持爬壁机器人本体和实现基本功能,如电源供应装置、信号转接器等。

② 功能拓展型:除具有基础支撑型具备的功能外,还具有拓展功能。设备构成除基础支撑型的装置外,还可能包括检测辅助装置、特殊探头等,以适应更复杂的检测任务。

③ 综合保障型:除具有基础支撑型具备的功能外,还具有数据管理和设备维护功能。设备构成除基础支撑型的装置外,还可能包括数据传输与存储装置、自动诊断与预警模块等,以保障检测过程的高效性和可靠性。

6.4.2 整体布局

图 6.11 展示了爬壁机器人的机械结构布局设计,其包括探头检测装置、工控机与行走装置等关键部件。为了实现机器人在实际检测任务中的高效运行,通常需要将爬壁机器人与传感器系统、数据处理设备、辅助装置等组成一个完整的作业单元,即爬壁机器人集成系统(工作站)。爬壁机器人具有适应复杂壁面、检测效率较高等突出优点,机器人工作站的工位布局是否合理将直接影响检测工作的质量和效率。常见的爬壁机器人工作站的工位布局形式需要考虑检测任务的流程、周边设备的配合以及现场环境等因素。例如,在大型水冷壁检测中,可根据水冷壁的分区和结构特点,合理安排移动平台的位置和移动路径,使爬壁机器人能够有序地对各个区域进行检测;同时,检测辅助装置的布置应便于在机器人检测过程中及时提供支持,探头清洁装置则应设置在机器人检测路径上的合适位置,以便定期对探头进行清洁维护;数据传输与存储装置要确保与机器人和上位机之间的稳定通信连接,保证数据的实时传输和安全存储。通过科学合理的工位布局设计,可以显著提升爬壁机器人集成系统的整体性能,使其在各种复杂环境下高效、稳定地完成各类检测任务。

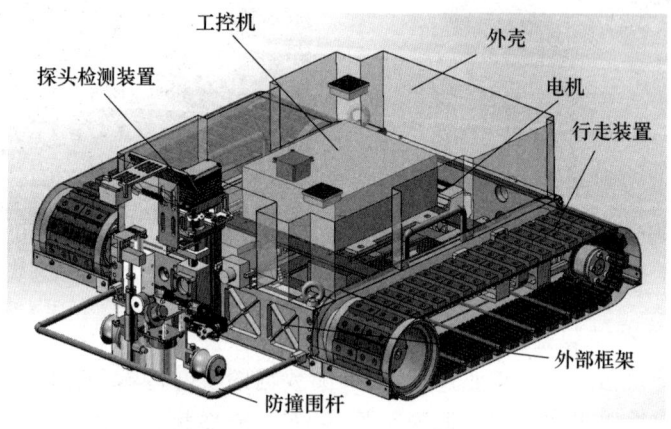

图 6.11 爬壁机器人的机械结构布局

6.5 爬壁机器人的维护与检查

定期的维护与检查对于确保机器人系统的正常运转至关重要,同时能够有效保障设备与人员在作业过程中的安全性。检查的时间是指控制柜处于闭合状态下的时间。具体要求如下。

① 检查的间隔应根据标准操作小时来设定,实际执行时应优先依据小时或年月中的较短时间段进行安排,以确保维护工作的及时性。

② 在双工作台系统中,常规情况下每1.5个月应进行一次500小时的检查,确保系统的稳定性和操作安全。

③ 每进行2000小时检查时,建议用户实施全面检查(涵盖所有规定的检查项目),确保设备在长期运行后的各项性能依然符合安全标准。

日常检查项目如下所示。

(1) 闭合电源前需要检查的项目

闭合电源前需要检查的项目如表6.6所示。

表6.6 闭合电源前需要检查的项目

部件	项目	维修	备注
接地电缆/其他电缆	松动、断开或损害	再拧紧,更换	开关修好前请不要使用机器人
机器人本体	是否沾有飞溅和灰尘	清除飞溅和灰尘	请勿用压缩空气清理灰尘或飞溅,否则异物可能进入护盖内部,对本体造成损害
	松动	再拧紧	
安全护栏	损坏	维修	
作业现场	是否整洁	清理现场	

(2) 闭合电源后需要检查的项目

闭合电源后需要检查的项目如表6.7所示。

注意:确认无其他人员处于机器人工作范围内后才可闭合电源。

表6.7 闭合电源后需要检查的项目

部件	项目	维修	备注
紧急停止开关	立即断开伺服电源	维修时,如有不明情况请与供应商联系	开关修好前请不要使用机器人
原点对中标记	执行原点复归后,看各原点对中标记是否重合	如果不重合请与供应商联系	按下急停开关、断开伺服电源后才允许接近机器人进行检查

续 表

部件	项目	维修	备注
机器人本体	自动运转、手动操作时看各轴运转是否平滑、稳定（无异常噪声、振动）	当原因不明时,请与供应商联系	修好前请不要使用此机器人
风扇	查看风扇的转动情况,是否沾有灰尘	清洁风扇	清洁风扇前请断开所有电源

（3）定期检查项目

定期检查项目如表 6.8 所示。

表 6.8 定期检查项目

间隔						项目	方法/工具	检查和维修
3月	1年	2年	3年	4年	5年			
√						机器人固定螺栓	扳手	检查是否有松动,必要时再拧紧
√						盖板上的螺丝	改锥、扳手	检查是否有松动,必要时再拧紧
√						连接电缆及接头	感觉	检查是否有松动,必要时再拧紧
√						电机固定螺栓	扳手	检查是否有松动,必要时再拧紧
√						转动/驱动部件	力矩扳手,感觉,目视	检查拧紧力矩,看是否松动
	√					减速齿轮	力矩扳手,目视	检查拧紧力矩,检查目视外观
	√					本体内的配线及接头	万用表,目视	传导检查 检查外观 加润滑油
		√				电池（本体内）	更换	更换新部件
	√					减速齿轮	润滑油	涂抹润滑油
	√					齿型带	张力表	检查张紧力,必要时进行调整
			√			本体内配线	更换	更换新部件 涂抹润滑油
				√		齿型带	更换	更换新部件 调节张紧力
				√		电池（控制柜内）	更换	更换新部件

注意：双工作台检查时间减半。

（4）更换编码器电池

机器人本体内装有电池,用于绝对编码器数据备份。电池的使用寿命随工作环境的不同有所变化,应两年更换一次新电池。否则,绝对编码器数据将会丢失,需要重新进行原点调整。进行更换操作前,应备份示教数据,防止示教程序或设定参数丢失。更换前请切断机器人电源。

更换电池的顺序如下。

① 打开相应的电池仓护盖（通常有特定标识），卸下电池固定卡子，取出旧电池。将新电池正确插入电池仓，并重新固定卡子。必要时可根据机器人系统提示的电池警告信息进行更换操作。

② 完成更换后，连接好相关电缆，确认固定卡子已牢靠，关闭电池仓护盖。

为确保电池安装正确，应特别注意以下几点。

① 电池负极端应配有橡胶护套，安装时务必将该护套从旧电池转移至新电池对应位置。

② 电池的实际使用寿命可能受使用条件影响而缩短，尤其在控制系统长时间处于开启状态时，电池性能衰减速度将加快。

有关电池更换的具体要求及操作细节，请参阅设备制造商提供的技术手册，或直接联系供应商获取指导。

(5) 检测装置及附属部件部分检查

检测装置及附属部件部分检查项目如表 6.9 所示。

表 6.9　检测装置及附属部件部分检查项目

检查位置	检查项目	检查内容、方法	检查周期		
			1日	1月	半年
检测探头	连接稳定性	有无松动		1次	
	表面清洁度	有无尘土		1次	
	探头磨损情况	有无磨损		1次	
升降滑台	升降顺畅度	手动操作，检查是否平稳		1次	
	丝杠螺母磨损	查看丝杠螺母是否磨损		1次	
	导轨润滑情况	检查导轨润滑是否良好		1次	
数据传输线路	连接情况	检查线路接口是否松动		1次	
	线路外观	查看线路是否有破损、老化		1次	
清洁装置	清洁效果	检查清洁装置能否有效清除探头杂质		1次	
	部件磨损	查看清洁刷等部件是否磨损，影响清洁效果		1次	
接地	电缆安装部位	电缆的安装部位有无松动		1次	
	电缆	电缆有无烧损、裂化		1次	
定位夹具	夹具定位夹紧处	清除飞溅、垃圾		1次	
	夹具有相对运动处	有无磨损、损伤		1次	
	定位销	有无磨损、损伤		1次	

(6) 机器人各部位维护注意事项

机器人各部位维护注意事项如表 6.10 所示。

表 6.10　机器人各部位维护注意事项

部位	注意事项	后果
本体	本体的注油孔不允许加注普通黄油	各轴不能灵活转动
	不允许用压缩空气清理灰尘或飞溅	对本体造成损害
控制箱	所有线缆不允许踩踏、砸压、挤碰	线缆破损
	不能与大容量用电设备接在一起	死机
示教器	不能摔碰	黑屏
	避免线缆缠绕	线缆断
	避免划擦显示面板	液晶面板损坏

课后思考题

1. 简述一个典型爬壁机器人控制系统包含哪些组成部分？其通信方式有哪些？
2. 磁吸附履带式爬壁机器人和磁吸附轮足式爬壁机器人的区别有哪些？
3. 试从运动学角度分析爬壁机器人与壁面结构之间的关系？

第 7 章　移动机器人的应用

移动机器人是自动执行工作的机器装置。它既可以接受人类指挥，又可以运行预先编排的程序，还可以根据以人工智能技术制定的原则纲领行动。它的任务是协助或取代人类工作，如危险的工作。移动机器人是一个集环境感知、动态决策与规划、行为控制与执行等功能于一体的综合系统，集中了传感器、控制、驱动、材料等多学科的研究成果。移动机器人是机器人学里面的一个重要分支，代表机电一体化的最高成就，是目前科学技术发展最活跃的领域之一。

随着机器人性能的不断完善，移动机器人的应用范围大大扩展，不仅在工业、农业、医疗、服务等行业中得到广泛的应用，而且在城市安全、国防和空间探测领域等有害与危险场合得到很好的应用。因此，移动机器人技术已经得到世界各国的普遍关注。

7.1　移动机器人的分类

移动机器人的应用范围十分广泛，造型也多种多样，所以其分类方式也多种多样。以下就介绍几种移动机器人常用的分类方式。

移动机器人根据其工作环境的不同，可大致分为室内移动机器人与室外移动机器人。前者主要应用于办公、医疗、仓储等相对规则的环境中，后者则多用于农业、军事、灾害救援等复杂且不确定的野外环境中，这对机器人本体的结构强度与环境适应性提出了更高的要求。

从运动方式来看，移动机器人可分为基本形式、组合形式以及其他特殊类型 3 类。基本形式的移动机器人如图 7.1(a)、(b)、(c)所示，包括轮式、履带式和腿式移动机器人，其中轮式移动机器人以其结构简单、控制方便而被广泛应用；履带式移动机器人适用于崎岖地形和高通过性要求的场景；腿式移动机器人则因其优良的地形适应能力，在仿生机器人研究中占据重要地位。组合式移动机器人则融合了不同运动方式的优点，如履带-轮式机器人、腿-轮式机器人以及将腿、轮、履带 3 种机构相融合的多模态移动机器人，如图 7.1(d)所示。这些机器人通过机构切换，可根据环境需求实现多种运动模式的灵活转换。除此之外，还存在如无肢运动机器人、跳跃机器人等特殊类型的移动机器人，它们针对特定任务或环境提供了新的运动方式与结构形式。

(a) 轮式移动机器人　　　　　　　　(b) 履带式移动机器人

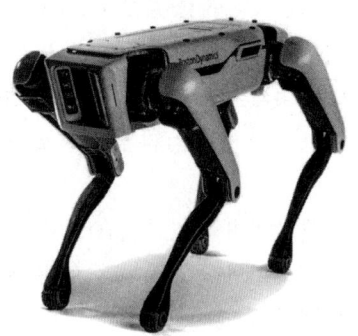 

(c) 腿式移动机器人　　　　　　　　(d) 组合式移动机器人

图 7.1　不同运动形式的移动机器人

在控制体系结构方面，移动机器人可分为功能式（或称水平式）结构、行为式（或称垂直式）结构和混合式结构 3 类。功能式结构将机器人控制系统划分为感知、规划、执行等功能模块，各模块间通过预定流程协同工作；行为式结构则强调机器人与环境的交互反馈，控制系统以行为为单位进行组织与响应；混合式结构在两者之间进行融合，兼顾了体系的层次性与响应的灵活性，近年来在实际应用中获得了广泛关注。

若从功能与应用角度来看，移动机器人已广泛应用于多个行业领域，包括医疗机器人、军用机器人、助残机器人、清洁机器人等，不同类型机器人根据任务需求进行本体设计与控制策略优化，以满足多样化的应用场景。

随着科学技术的不断进步，移动机器人领域呈现出迅猛的发展趋势，并涌现出多个研究热点。其中，轮腿式四足机器人与履带式巡检机器人作为近年来关注度较高的两个典型代表，在结构创新与任务适应性方面展现出显著优势。轮腿式四足机器人通过结合轮式与腿式运动机制，兼具快速移动与跨越障碍的能力，特别适用于地形复杂、通行性要求高的应用场景。而履带式巡检机器人则因其良好的稳定性与负载能力，被广泛部署于如城市地下综合管廊、变电站等结构封闭、环境恶劣的场所，承担巡视与故障检测等任务。

为了更深入理解当前移动机器人系统的发展现状及其技术实现路径，下面将对轮腿式四足机器人的基本结构与关键控制技术进行简要分析。

轮腿式四足机器人作为一种轮式与腿式结合的移动机器人，如图 7.2 所示，兼有轮式机器人和腿式机器人的优点。轮腿式四足机器人可以根据地形特点在不同地形环境下采用不同的行走方式,当工作在平整地形时,其依靠轮式机构实现运动,充分发挥轮式机器人移动速度快的特点,当在复杂的非结构环境中作业时,其采用轮腿复合式机构,其冗余的肢体结构和离散的运动方式使其理论上具有卓越的地形适应能力。两种运动模式切换的方式大大提高了轮腿式四足机器人的地形适应能力,由于其具有适应地形能力强、能耗低、速度快等优点,近年来得到了迅速发展,已广泛应用于诸如灾害现场搜救、外太空探测和管廊检测等领域。此外,作为典型的仿生系统,轮腿式四足机器人亦可作为试验平台,用以探究自然生物的运动和控制机理,为仿生学、生物力学以及神经科学等提供有力的科学媒介。

(a) Sojourner 轮腿式机器人　　　　　　(b) Upmc 轮腿式机器人

图 7.2　轮腿式四足机器人

围绕轮腿式四足机器人,相关学者开展了大量的研究。轮腿式四足机器人最早的应用场景是外星探测,因为在外星探测当中既需要机器人具备较快的移动速度,又需要机器人具备一定的越障能力。1970 年,苏联成功研制并投放了第一辆月球表面勘探车 Lunokhod1,如图 7.3 所示。Lunokhod1 负载较大,每个车轮有单独的驱动。1973 年,苏联在一代的基础上做出改进投放了 Lunokhod2,如图 7.4 所示,保留了原有的轮腿式结构设计。上述两代轮腿式机器人是一种重载轮腿机器人,主要通过增加轮子的数量和减少腿部关节数量来提高承载能力与稳定性,并且为了适应月球表面的环境,主要通过增大轮腿机构的尺寸来提高越障高度,虽然能够稳定地通过 30°的斜坡,可以适应月球的表面地形,但相较于自身尺寸越障高度还是偏低。

图 7.3　Lunokhod1　　　　　　　　图 7.4　Lunokhod2

波士顿动力推出一款轮腿式机器人 Handle,如图 7.5 所示,Handle 配备两个驱动轮和两条腿,能够实现自主平衡,完成高速移动、跳跃、下蹲和越障等动作,在结构化地形环境中移动能力较强,两个轮子可以实现差速运动,具备原地转向功能。该轮腿式机器人轮径相对较大且轮腿数量只有两条,适用于结构化地形,但因为设计原因,当其运行到复杂的非结构地形时,由于前侧两腿不是轮腿式结构,不能实现连续越障,同时需要不断调整平衡,故越障过程中难以维持稳定。

法国 LRP 实验室研制出一款四轮腿式移动机器人 Hylos,如图 7.6 所示,该机器人为轮腿式四足机器人,脚轮安装在机械腿末端,每个驱动轮均可独立运行,通过点腿杆装置进行腿部驱动,增加了腿部的承载能力,每条腿有 4 个自由度。该机器人可实现原地 360°旋转运动,具备较好的越障能力和爬坡能力。上述机器人大腿部分结构采用平行连杆结构,此举可以增大承载能力,但导致膝关节越障过程中转动幅度有限,所以越障高度会受到限制。

图 7.5　Handle

图 7.6　Hylos

瑞士提出了一款四轮足式机器人 Anymal,如图 7.7 所示,Anymal 由 4 条轮腿支撑,在平坦路面上可以实现快速运行,遇到障碍时可以根据障碍物来调整机器人姿态,在保证机器人重心不变的情况下平稳越过障碍,机器人稳定性强且四肢和关节都非常灵活,跌倒后也能快速调整,重新站起来继续工作。该机器人腿部有多个关节,但是因为结构设计原因,腿部驱动器过大影响其越障高度,并且对比其自身高度,其所能跨过的障碍物高度有限。

加拿大研制了机器人 PAW-Robot,这是一种可跳跃的轮腿式四足机器人,其结构如图 7.8 所示。PAW-Robot 腿长 21.2 cm,高 17 cm,重 15.7 kg,每个足式结构有一个活动关节、一个行动轮和一个弹簧机构。PAW-Robot 拥有行进和跳跃两种移动方式。其上身含有两条机械臂,可抬起 11 kg 的重物,但是越障过程中上身会有较大的起伏,导致其重心高度不稳定。

图 7.7　Anymal

图 7.8　PAW-Robot

德国 Duisburg 大学机电系研发了一款机器人 Athlete,如图 7.9 所示,其将轮式与足式行进方式相结合。由于该款机器人每一条腿都有足够的工作空间,因此既可以用作一般用途的轮式机器人,又可以锁定车轮并用作脚,以走出软质地面或其他极端地形。该款机器人的突出优点在于可以比传统的行星探测器轻 25% 左右。该款机器人可以通过腿部关节来实现高越障,且该机器人相较于其他轮腿式机器人腿的数量较多,所以能较稳定地越过障碍物,但是其应用空间有限,且需要控制的电机数量太多,控制难度较高。

日本东京工业大学研制出一款轮腿式四足机器人 Roller-Walker,如图 7.10 所示,其具有 4 个轮腿装置(安装在机械腿末端),具有腿式行走和轮式滚动行走两种运动方式。当机器人进行越障运动,平稳地跨越障碍物时,需要调整机器人重心位置,所以前腿的抬腿高度有限,故越障能力受到了限制。

 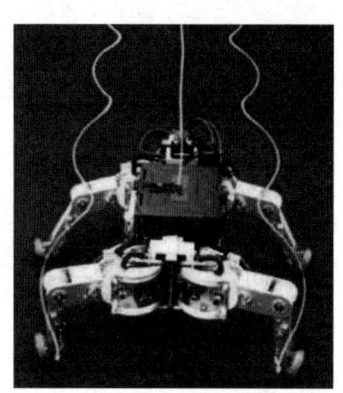

图 7.9　Athlete　　　　　　　　图 7.10　Roller-Walker

综上所述,对于轮腿式四足机器人的研究大多是功能研究,即对于多种运动模态的追求。这意味着研究人员在不断探索如何让这类机器人更好地适应复杂多变的环境,通过不同的运动方式来完成多样化的任务,但在克服结构本身带来的某些限制方面,仍有很长的路要走。

移动机器人的世界丰富多彩,除了轮腿式四足机器人,还有其他类型的机器人在不同的应用场景中发挥着重要作用。针对履带式巡检机器人,下一节以一款城市地下综合管廊自动巡检消防机器人为例展开详细论述,以帮助读者全面了解移动机器人的系统结构和工作原理。

7.2　移动机器人系统

城市地下综合管廊自动巡检消防机器人是针对地下综合管廊复杂的空间结构及设施设备多样的情况定制开发的智能机器人,为城市综合管廊提供一种更为安全、准确、有效的巡检方案。其样机如图 7.11 所示。技术参数如表 7.1 所示。

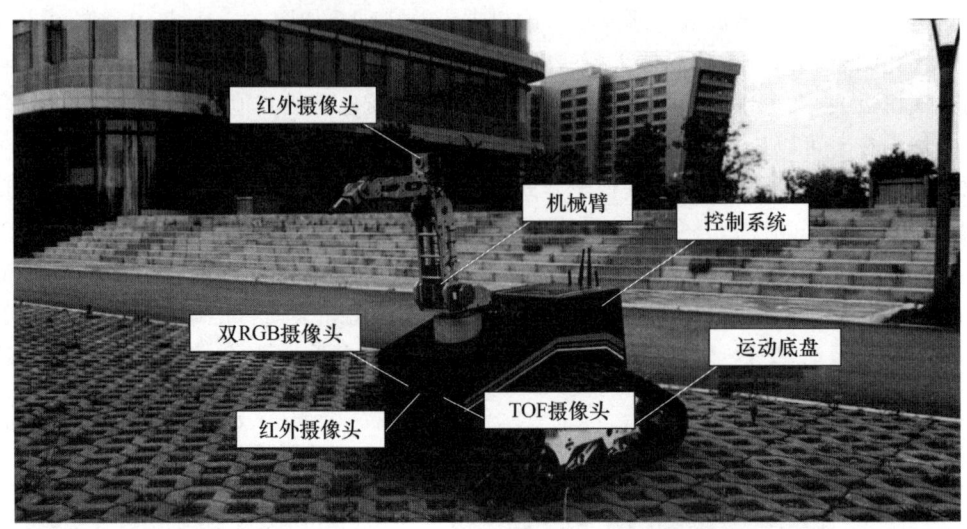

图 7.11　城市地下综合管廊自动巡检消防机器人

表 7.1　城市地下综合管廊自动巡检消防机器人系统技术参数

适用领域	地下空间	俯仰	0°～90°俯仰
外形尺寸	最小尺寸：长 930 mm×宽 680 mm×高 1 050mm 最大尺寸：长 930 mm×宽 680 mm×高 1 430 mm	回转	270°
整备重量	≤150 kg	红外摄像机	1 台 1/3 英寸 0.01Lux 低照度 动态防抖
行走机构	耐火、阻燃全地形高强度履带		
负载能力	80 kg 负载		
行走速度	1.3 m/s	辅助白光照明	有
越障高度	180 mm	控制箱配置参数	
爬坡能力	40°斜坡	外形尺寸	长 200 mm×宽 180 mm×高 180 mm
转向半径	原地回转	箱体重量	17 kg
控制方式	无线遥控	显示屏	6 英寸高亮度液晶屏
连续行走时间	3～4 h	显示图像	1 路视频信号
充电时间	3 h 充电至 80%	功能 1	热眼检测、火源自动跟踪
涉水深度	350 mm	功能 2	多种气体检测
充电方式	自动定位自我充电（220 V）	使用环境温度	−5～60 ℃
供电电源	DC(48±10%)V	防护等级	IP45

7.2.1　机械系统

移动机器人的任务是承载任务载荷，并按照远程控制命令移动到指定区域，其主要功能如下：

① 具有可靠的机动性能及通过能力,能适应不同地面环境;
② 具有一定的负载能力,可以在承载任务载荷的情况下满足动力需求;
③ 具有一定的防护能力,保护内部的电源、通信模块、控制器等器件;
④ 具有一定的刚性及稳定性,能承担冲击振动。

对于需要在非结构地面条件下完成任务的移动机器人来说,履带结构优势较为明显。履带驱动常用形式有前置、后置和高置 3 种。履带驱动高置形式传动效率较为低下,若在小型移动机器人中使用,会导致动力及电源部分重量增加,降低机器人的动力性能。驱动后置时履带接地段是紧边,行走效率高,履带下部不易拱起,避免了转向时履带脱离,而驱动前置正好相反,如图 7.12 所示。出于上述考虑,所设计的移动机器人选择了驱动轮后置结构,其由履带、主动轮、从动轮、负重轮、支撑轮、张紧机构等部件组成,主要结构布置如图 7.13 所示。

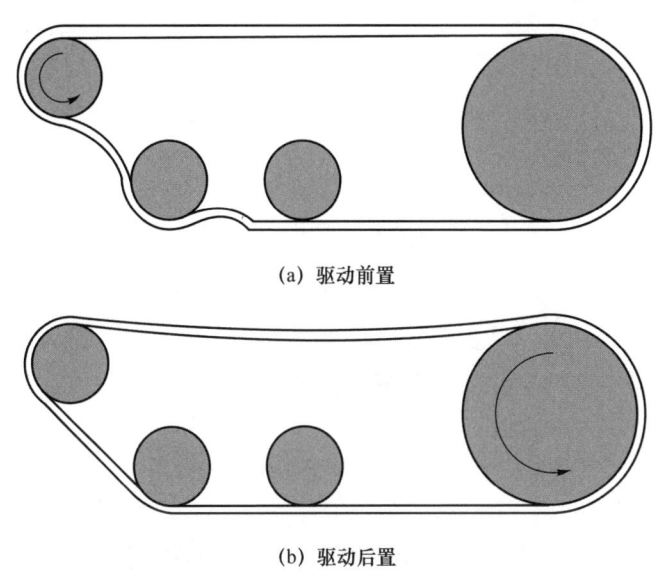

(a) 驱动前置

(b) 驱动后置

图 7.12 驱动布置简图

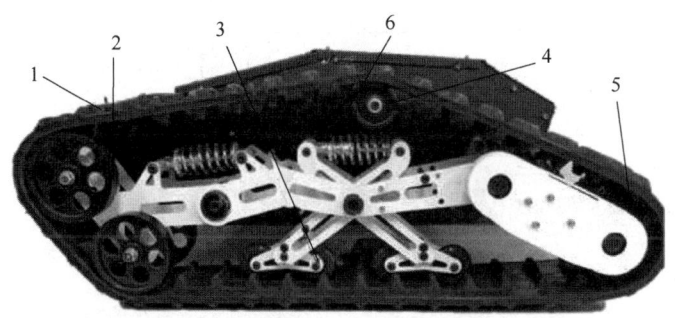

1—履带 2—从动轮 3—负重轮 4—支撑轮 5—主动轮 6—张紧机构

图 7.13 主要结构布置图

7.2.2 控制系统

1. 功能分析和总体结构

一般的控制系统分为输入系统、输出系统、数据处理部分、通信部分和驱动部分等。在设计时,考虑到应用场景对城市地下综合管廊自动巡检消防机器人系统的实际要求,确定了控制系统应该是一个分层式计算机控制管理系统(Hierarchical Computer System),分为监控级、控制级和执行级,如图 7.14 所示。该系统主要完成以下工作:建立环境信息数据库;与上位监控软件系统进行通信,接收机器人运动控制信息;实时反馈采集的环境动态信息并根据环境信息进行动态路径规划;其中,监控级与控制级是控制系统的核心,它们处理整个移动机器人系统监测过程中的主要数据,并对这些数据进行统计分析,从而有效地将现场实际环境情况进行采集及分析。

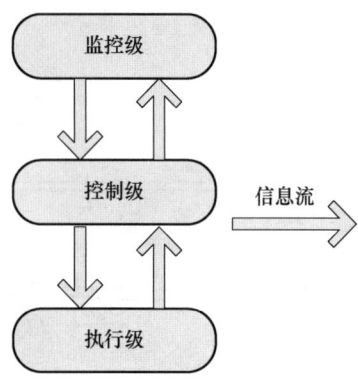

图 7.14 控制系统信息流程图

2. 硬件总体设计

机器人控制通常有无线遥控和有线控制两种方式。无线遥控是较为常用的控制形式,通常依靠上、下位机之间的通信来实现数据传输和控制指令的下发。城市地下综合管廊自动巡检消防机器人系统的控制方式如图 7.15 所示。

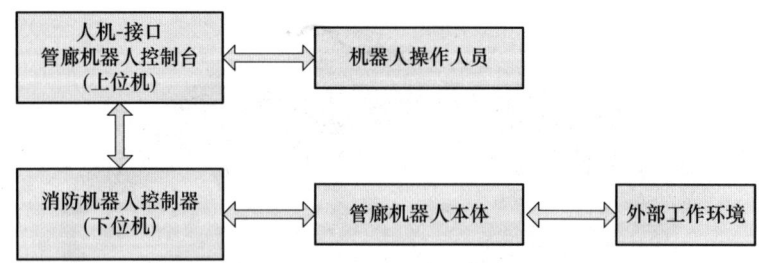

图 7.15 城市地下综合管廊自动巡检消防机器人系统的控制方式

上位机借助无线通信装置接收城市地下综合管廊自动巡检消防机器人的实时工作情况,并在操控终端屏幕上显现出来。这样,操作人员能实时观测到机器人的作业环境和工作情况,及时调整机械手臂位姿,以更好地完成工作任务。在整个系统中,下位机不仅负责接收、处置上位机传达过来的指令,还要将现场的信息及时回馈给上位机,并且要准确驱动相应动作机构。整个系统的闭环反馈控制框图如图 7.16 所示。

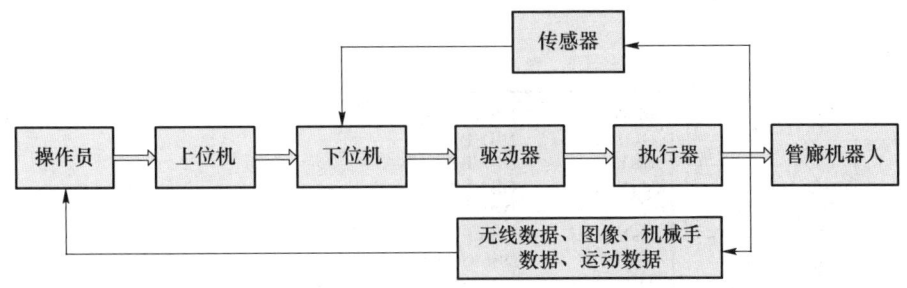

图 7.16　城市地下综合管廊自动巡检消防机器人的闭环反馈控制框图

3. 硬件控制器的选用

DSP（Digital Signal Processor）是一种专门用于处理数字信号的处理器，其突出优点是能够在单位时间内进行大规模的数据计算。它广泛应用于音频和图像处理、导航、全球定位、自动控制、医疗等多个领域，并且随着技术的发展，新的应用领域仍在不断开拓。

对于城市地下综合管廊自动巡检消防机器人来说，由于其内部空间有限，因此不适合放置体积较大的控制器。控制器需要尽可能小巧，并且功耗较低。此外，机器人控制器还必须具备强大的数据运算能力和较高的计算性能。综合考虑这些条件，DSP 成为理想的选择。DSP 体积小、功耗低，并且具有丰富的片内外设资源，能够满足机器人多种控制要求，同时其具有优异的数据处理能力。因此，DSP 是一款非常适合用于机器人控制器的处理器。例如，STM32F429 Cortex-M4 高性能单片机（如图 7.17 所示）及其对应的 PCB 设计（如图 7.18 所示）均能很好地满足这一需求。

图 7.17　STM32F429 Cortex-M4 高性能单片机

4. 系统时钟控制

STM32 CPU 的时钟源可以来自内部高速振荡器（HSI）、外部高速振荡器（HSE）或者内部锁相环（PLL）。锁相环需要以 HSI 或 HSE 作为时钟来源，两者的差别在于内部高速振荡器 HSI 不能产生稳定的 8 MHz 的时钟频率。为了获得最大的工作频率，都会通过锁相环配置出最大的 72 MHz 频率，供给 Cortex-M3 内核使用。其流程如图 7.19 所示。

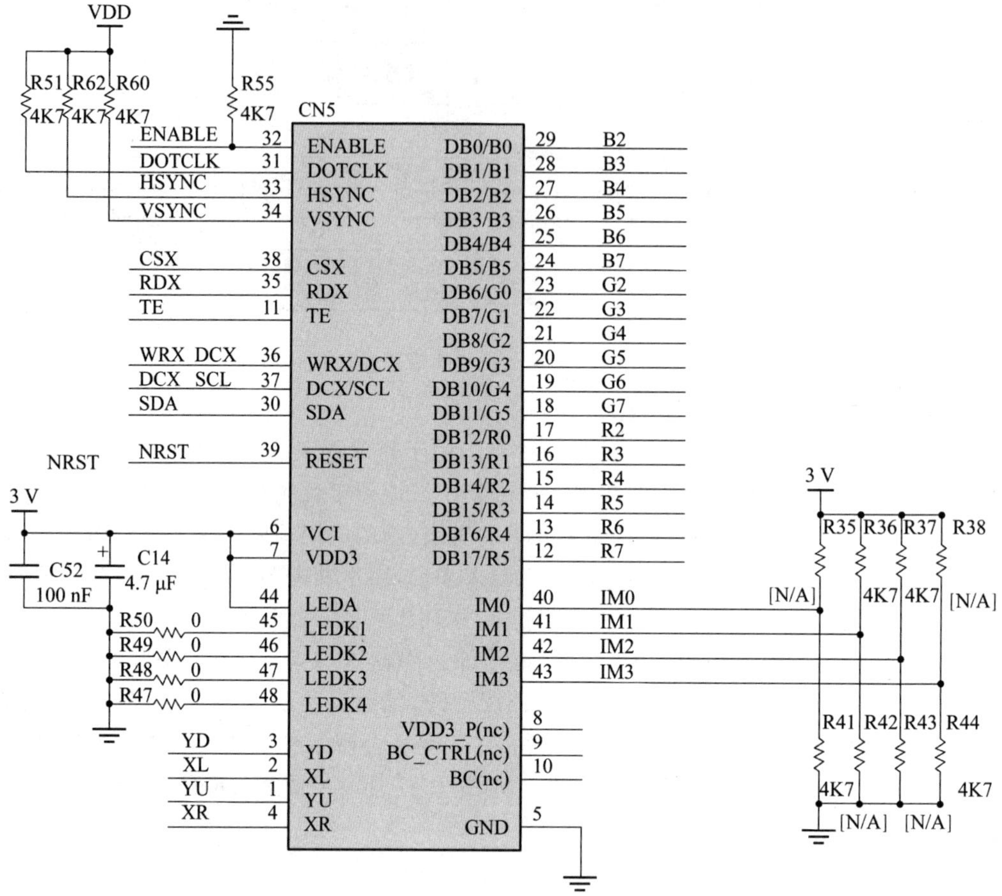

图 7.18　PCB 设计图

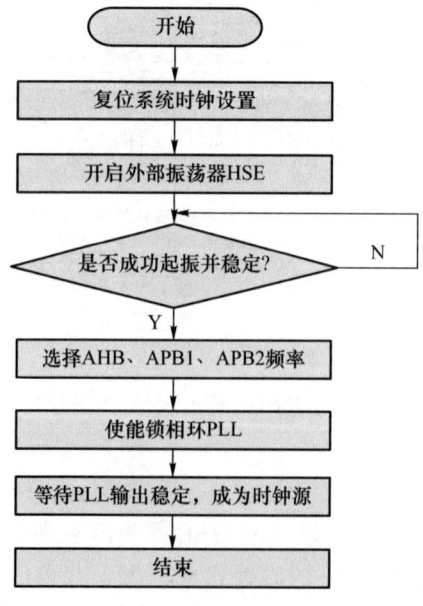

图 7.19　系统时钟控制流程图

5. 通用输入输出接口 GPIO

GPIO 是 STM32 最常用的外设。STM32 最多可提供 112 个双向 GPIO,分别分布在 A～G 这 7 个端口中。在本设计中,将 PA0、PA1、PA2、PA6 作为 PWM 波的输出口,PA4、PA5 作为 LED 显示接口,PA7、PA8 作为超声波传感器信号的接收发送接口,PB6、PB7 分别作为串口的发送接收接口。

6. 电机控制模块

直流电机一半采用 PWM 的控制方法,通过调整 PWM 占空比实现速度的调节。选用的电机如图 7.20 所示。

图 7.20 伺服电机

本系统使用的控制芯片 STM32F429 含有丰富的 PWM 外设资源,能够输出多种复杂的 PWM 波形。系统中使用了多个电机:四自由度机械臂控制电机、移动机器人行走电机和云台控制电机。上述电机都需要正向和反向旋转控制,所以选用了基于 H 桥结构的控制电路,如图 7.21 所示。

H 桥电路结构如图 7.22 所示,电机转向和调速均由 4 个功率开关的通断来控制。当 M1 和 M4 开启时,M2 和 M3 断开,此时电源方向由 A 端指向 B 端,驱动电机正转;反之,当 M2 和 M3 开启时,M1 和 M4 断开,此时电源方向由 B 端指向 A 端,驱动电机反转。对于该结构电路,需要特别注意,如 M1、M3 或 M2、M4 这种同在一侧的开关元件不能同时开启,否则将会造成电源短路、烧毁电源、损坏电路的后果。

7. 机械臂控制模块

机械臂用于实现细水雾灭火系统末端喷头的姿态调整,完成末端喷洒喷头俯仰角、高度等位置参量的实时调节。机械臂控制器根据程序指令和从传感器获得的信息来控制机械臂完成动作或任务,其大约可分为 3 种控制方式:单 CPU 集中式控制方式、多 CPU 分布式控制方式、二级 CPU 主从式控制方式。

由于所设计的机械臂系统基于具有强大的运算和处理能力的 STM32 微处理器,因此采用单 CPU 集中式控制方式即可满足要求。机械臂控制系统结构如图 7.23 所示。

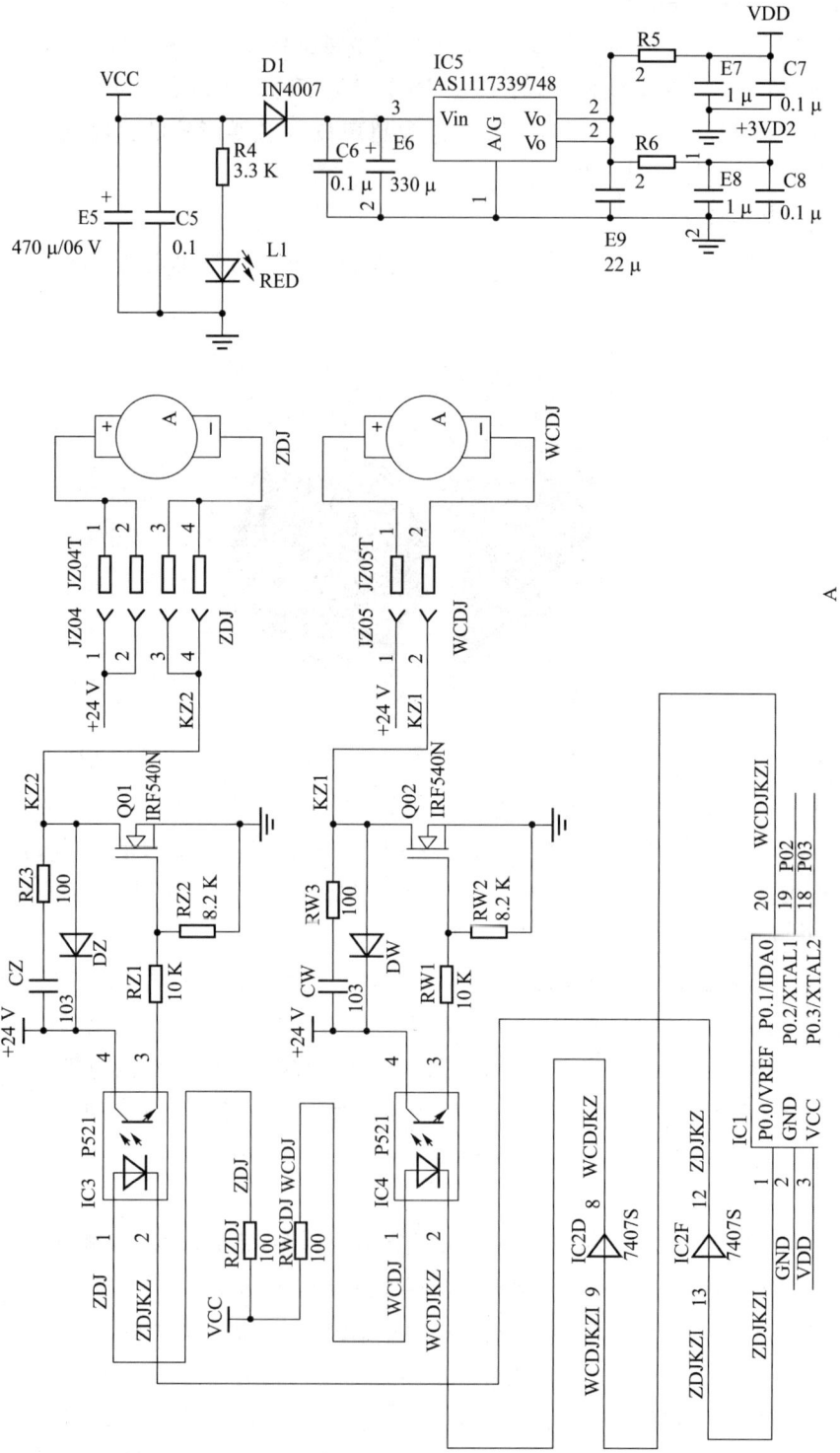

图 7.21 底盘双电机驱动电路

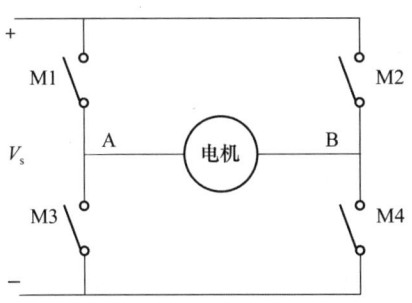

图 7.22　H 桥电路结构图

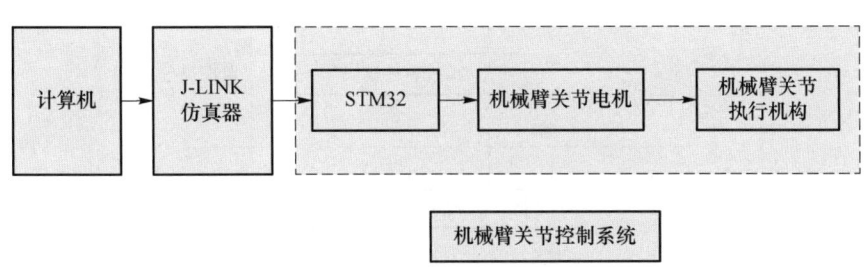

图 7.23　机械臂控制系统结构图

计算机用于完成整个系统的管理、发送指令、运动轨迹规划等。计算机通过 J-Link 仿真器将程序下载至 STM32 微处理器，STM32 微处理器根据指令输出 PWM 波，控制机械臂各个关节转过指定的角度，进而调整末端细水雾喷头的灭火姿态。

8. 检测模块

消防巡检机器人根据工作需要需搭载一定数量和种类的传感器，如远程在线式红外热像仪系统、可见光图像采集处理系统、红外火灾图像处理系统、有毒气体采集系统、声音采集处理系统和移动物体闯入报警系统。搭载传感设备的检测系统如图 7.24 所示。

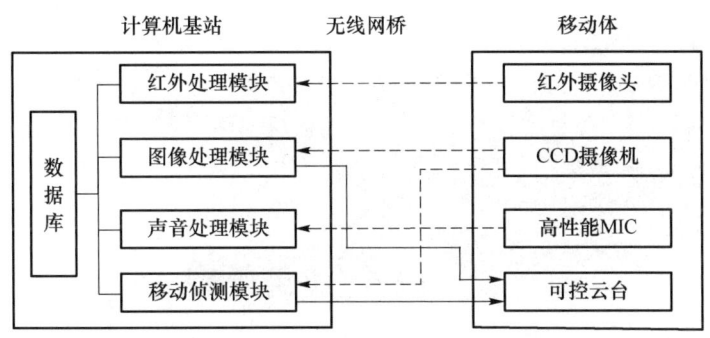

图 7.24　搭载传感设备的检测系统框图

7.2.3　软件系统

1. 系统软件组成及任务分析

对应于控制系统的分层式结构，整体软件系统可以分为 3 个层次：管理层、监控层和控制层,如图 7.25 所示。管理层软件主要由移动机器人调度及管理模块、数据统计及分析模块组成,便于监测系统收集统计不同事故的现场数据,对不同现场数据的统计分析,为预防事故提供相应的数据支撑。监控软件模块主要实现与用户的交互并实时监控机器人的运行状态及机器人周围环境信息。控制软件模块主要接收来自监控层发出的各种指令及采集机器人环境数据,从而实现整个监测软件系统的运行。

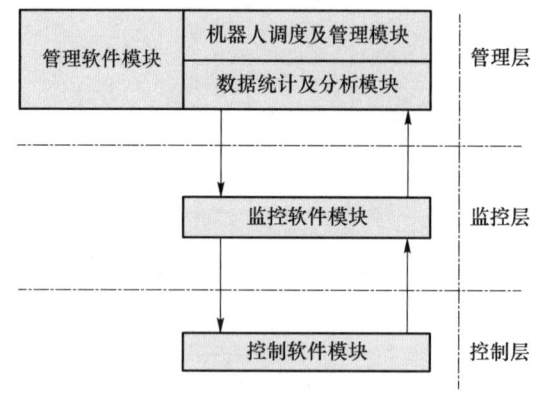

图 7.25　软件系统层次结构图

从上述结构可以看出,通过模块化的设计,各个层软件之间接口简单、明确,每层只调用下一层的接口,并只向上一层提供服务。层与层之间相对独立,层内部的修改对其他层的影响小,便于系统后续的扩展及深入研究。

2. 监控软件设计

系统以 VS 语言为开发环境,采用 C♯语言和 Microsoft SQL Server 数据库进行软件系统开发。系统支持 Win7 及以上版本操作系统,提供方便的用户操作界面,能够快速准确地实现现场视频和有毒有害气体浓度信息的显示、存储和管理等功能。软件界面如图 7.26 所示。

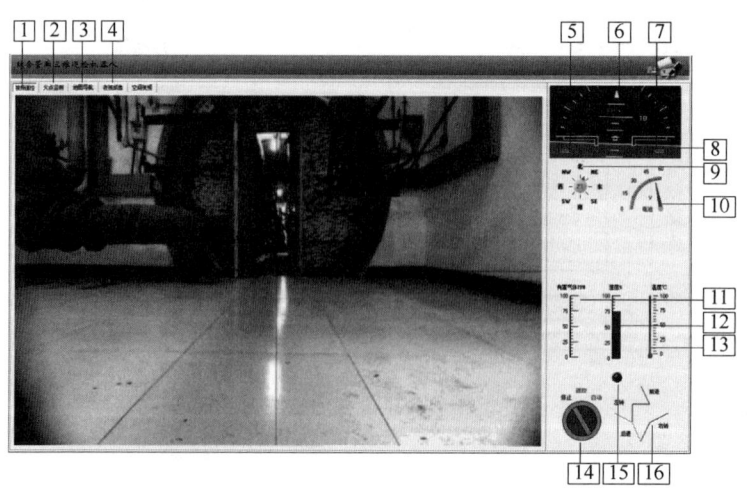

图 7.26　软件界面

在该系统中,可见光图像、红外图像通过视频服务器的视频流数据和移动体控制系统信息等数据汇集到网络集线器后,经无线网桥、网络集线器一起通过系统内部网络传到运行监控中心,可以实时浏览综合管廊设备的可见光和红外视频图像、防巡检机器人本身运行情况等相关信息,并且可以控制消防巡检机器人移动体的运动等。

机器人各模块的作用如表 7.2 所示。

表 7.2 机器人各模块的作用

序号	名称	作用
1	视频遥控	在图中点击位置,机器人自动判断距离,自动运行到指定位置
2	火灾监控点	红外视频探测火灾点
3	地图导航	机器人内置电子地图
4	任务管理标签	远程进行机器人任务管理
5	机器人左方距离	机器人左边与障碍物的距离
6	机器人前方距离	机器人前方与障碍物的距离
7	机器人右方距离	机器人右边与障碍物的距离
8	机器人水平状态	机器人前进时的水平状态
9	指南针	机器人行走的方向
10	电量	电源电量值
11	有毒有害气体	检测管廊内的有毒有害气体浓度,达到预设值时报警
12	湿度	管廊内的湿度值
13	温度	管廊内的温度值
14	控制模式	停止—机器人停止;手动—可以点击前、后、左转、右转,机器人按照单步 50 cm 行走,角度值为 30°;自动—机器人按照设定好的路径进行巡检
15	状态显示	机器人行走时绿灯亮,没有动作时绿灯不闪烁
16	手动控制	可以点击前、后、左转、右转,机器人按照单步 50 cm 行走,角度值为 30°

7.3 移动机器人定位与地图构建

城市地下综合管廊自动巡检消防机器人采用激光雷达与 IMU 传感器进行定位与导航,采用 SLAM 算法进行定位和导航系统的开发。SLAM 模型如图 7.27 所示。

给出 $u_1:t=\{u_1,u_2,\cdots,u_t\}$ 以及 $Z_1:t=\{Z_1,Z_2,\cdots,Z_t\}$,对 $x_0:t=\{X_0,X_1,\cdots,X_t\}$ 进行求取。

由于机器人运动的起始点所处的环境和所处的地点并不明确,所以在移动的过程中会对环境特征进行持续采集,也就可以实现对自身位置以及姿态的确定,并在上述数据的基础上实现地图的有效构建。然而,对 SLAM 过程进行分析时,由于 SLAM 过程具有不确定

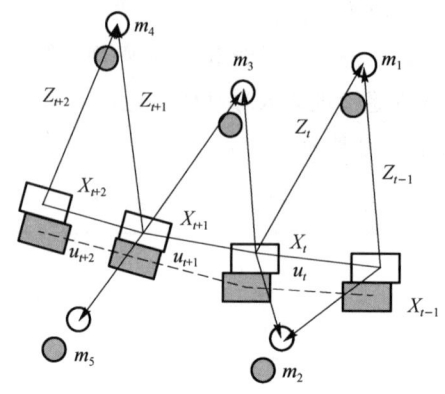

图 7.27 SLAM 模型

性,某时刻机器人的位姿无法精确表示,需要使用分布进行估计。虽然传感器会辨别机器人的相对运动,但整个过程很难具有确定性,加之外界环境的噪声影响,在迭代运算中,相应的增量容易产生误差,便会采用更多的迭代次数,而这种情况下又会产生相对更多的误差,进而影响多方面的精确度。

为了解决这一问题,就需要补偿累积误差。采用环路闭合检测法检测补偿累积误差,检测系统框图如图 7.28 所示。

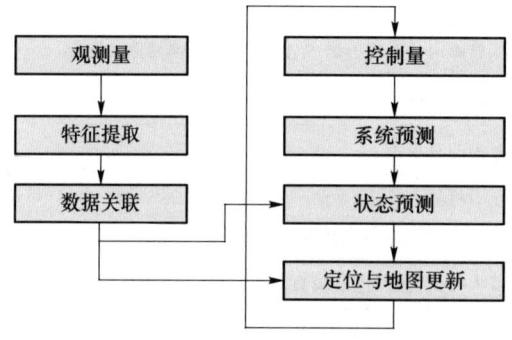

图 7.28 检测系统框图

7.3.1 基于 ROS 和激光雷达的系统实现

1. 激光雷达

激光雷达(LiDAR)在工作过程中会向目标发射激光束,一部分激光束会反射回来,基于被反射回来的光束,可实现对目标距离的测量。激光传感系统在生产实践中有着非常普遍的应用,如二维、三维立体扫描激光雷达。机器人导航系统采用是 Velodyne 公司出品的最小型的三维激光雷达 VLP-16。

2. 机器人操作系统

机器人操作系统(ROS)是一种开源级操作系统,采用分布式处理框架,在实际应用中能够保证每个可执行程序的独立性。依托 Myrobot、Base_controller、Rpli-dros、Cosserial、SLAM、

Move_base 等功能包和功能包集，可以实现机器人的操作功能。ROS 框架如图 7.29 所示。

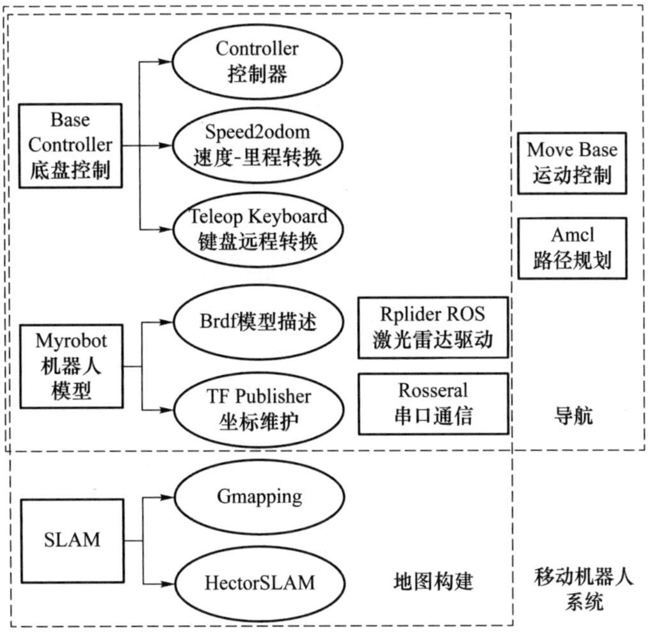

图 7.29 ROS 框架

在机器人启动过程中，需加载 Myrobot 包，该包负责将机器人本体的坐标变换关系传送给系统，以便于后续模块调用和姿态计算。

Base_controller 包在实际应用中主要用于控制机器人的运动。机器人在运行时，会向该模块发送线速度和角速度的运动指令，Base_controller 包会对指令进行解析与转换，并将处理后的控制指令传输给驱动控制器。驱动控制器则反馈驱动轮的实际转速信息，Base_controller 包进一步对这些数据进行处理，生成里程计信息及其对应的坐标变换，并将其发布给系统中的其他节点。该包还支持在地图构建过程中，对机器人的移动进行远程控制。

Rpli-dros 包在实际工作过程中需要与激光雷达进行通信，完成相应参数的配置，同时对传感器所获得的数据进行读取。

Cosserial 包在实际工作过程中需要实现主控制器和驱动控制器间的通信，而这一过程的实现主要依托 USB。

SLAM 包在实际工作过程中需要实现 SLAM 地图构建。

Move_base 包的主要职责是导航，而 Amcl 包的主要职责是定位。

3. 驱动控制算法

驱动控制器可对电机等进行控制，通常情况下，驱动控制器的运行周期被设定为 20 ms，以保证良好的实时性，多任务主要依托于回调方式来实现。底盘的驱动采用减速电机，配置数量为 2 个。在驱动的过程中以 TTL 电平输出形式对电机方向进行控制，以 PWM 信号输出形式对电机转速进行控制，所采用的算法为

$$\Delta u(k) = u(k) - u(k-1) = K_P \Delta e(k) + K_I e(k) + K_D [\Delta e(k) - \Delta e(k-1)] \quad (7.1)$$

其中：Δu 为控制量 u 的增量，即输出电机驱动 PWM 信号占空比的变化量；K_P、K_I、K_D 分别为 PID 控制器中的 P 值参数、I 值参数以及 D 值参数；$\Delta e(k)$ 为 P 值参数下的控制变量；

$e(k)$ 为 I 值参数下控制变量。

7.3.2 SLAM 功能实现

Hector SLAM 算法是 SLAM 中的常用算法之一。其工作流程是首先获取扫描数据,并从中提取环境特征点集;然后通过求解激光束的最佳匹配和刚性变换,来实现精确的位姿估计。在这一过程中,主要应用高斯-牛顿方法来校正机器人的位姿,并构建占用栅格地图,如图 7.30 所示。

① 对机器人对应的描述文件进行加载,对于非固定关节所呈现的连接状态进行发布,并对于变换坐标系间所呈现出的关系进行发布。驱动控制器、Base_controller、Odom_publisher 在这一阶段需要启动,其所发挥的主要作用就是对命令解析进行控制,对机器人现阶段的速度和所达到的里程数据进行收集、变换和发布,远程控制节点此时也需要被开启。

② 基于计划配置工作参数,开启运行激光雷达。

③ 启动 Hector _mapping,其在系统中的作用就是实现 Hector SLAM。

④ 启动 Rviz 界面,其在系统中的作用就是对地图的构建进行实时观察,并对机器人位姿进行实时观察。

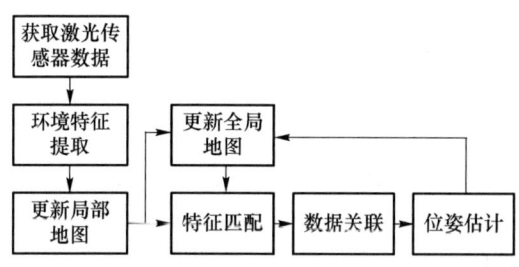

图 7.30 功能实现框图

7.3.3 机器人路径规划算法

路径规划算法经常被认为是一种图形搜索算法,因此第一步往往是构图。路径规划算法中的构图指的是划分出障碍物空间与自由空间,确立图的节点与边的过程。由于可视图法将各个障碍物的顶点当作节点,其规划出的路径必定经过这些点,导致可视图法常常距离障碍物过于近。一种与可视图相对的构图方法是 Voronoi 图。Voronoi 图是将障碍物边之间的中线当作边,将边的交点当作节点。用 Voronoi 图所规划出的路径必定是最安全的,因为它一定在两个障碍物的中间。但对于搭载有限距离传感器的机器人来说,由于无法检测到完整的环境信息,所选的路径会很差。

上述两种方法的缺点在于,它们都无法很好地处理环境部分未知的情况。在管廊环境中,在环境部分未知时,直接基于栅格地图的方法往往是更好的选择。在本节所设计的机器人导航系统中,点到点规划用于从一个区域到另一个区域。由于室内环境可能发生变化,针对不确定环境的 D* Lite 算法是较好的选择。然而,D* Lite 算法也存在缺点。一方面,由于 D* Lite 算法在栅格地图的基础上规划,其规划出的路径是基于八邻域的,而实际中的路径可以朝任意一个方向。另一方面,虽然 D* Lite 算法规划出的路径一般较短,但衡量路径规划质量的指标除了路径长度以外,还有离障碍物的距离。D* Lite 算法在动态未知环境下运行,面对可能突现的障碍物,其规划出的路径与静态环境相比更危险,因此需要对其进行改善。

D* Lite 算法由 Koeing 和 Likhachev 提出,它是一种基于栅格模型的能适应动态环境的路径规划算法。D* Lite 算法借鉴了 LPA* 算法的思想,并做了改进,使得在遇到障碍物时可以快速重规划。

为了在起始点改变的情况下迅速重新规划,D* Lite 算法的搜索方向是从目标节点到起始节点。算法引入了 LPA* 算法中 rhs(s) 的定义:

$$\text{rhs}(s) = \begin{cases} 0, & \text{if}(s = s_{\text{sow}}) \\ \min_{s \in \text{pred}(s)} (c(s,s') + g(s')), & \text{其他} \end{cases} \quad (7.2)$$

其中,$s_{\text{sow}}(s)$ 表示节点 s 的后继节点,当 s 周围无障碍物时则是其八邻域节点,pred(s) 表示节点 s 的父节点集合,$g(s')$ 表示节点 s' 到目标节点的距离。每个栅格都有 $g(s)$ 与 rhs(s) 两个变量,两者的值一样时,表示该节点是连续状态(Consistent);两者的值不一样时,则表示该节点是不连续状态(Inconsistent)。只有连续状态下的节点才可以被加入最终路径中。

本节算法主流程中的改进部分在机器人发现未知突现障碍物时执行。此时需要进行局部距离变换以更新障碍物节点周围的启发距离值。如此,启发距离值高的节点就不会先被扩展。此外,由于新出现的障碍物对原始能通过的路径产生了影响,因此需要更新障碍物周围的节点状态。

图 7.31 展示了更新状态函数的作用。其中,横线节点表示连续状态节点,斜线节点表示当前正扩展节点,竖线节点表示不连续状态节点,黑色节点表示障碍物节点。方格中左上角为 g 值,右上角为 rhs 值。图中箭头表示节点指向的远程父亲节点。在扩展节点 B4 时,由于 AS 节点与目标节点并不可视,因此只能通过周围节点绕过。

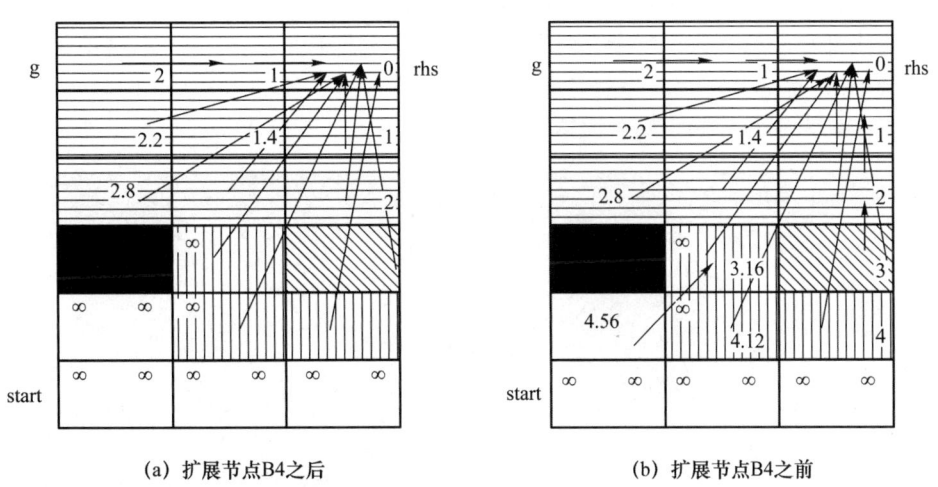

(a) 扩展节点B4之后   (b) 扩展节点B4之前

图 7.31 更新状态函数作用示意图

图 7.32 为无障碍情况下远程父亲节点更新示意图。当节点的 rhs 值大于 g 值时,说明节点信息可以确定,将其 rhs 值赋值给 g 变量使其为连续状态。由于自身的 g 值更新,因此

需要同时更新周围节点的状态以使得周围节点能通过最新的 g 值计算出 rhs 值。对于某个周围节点 s'，若当前节点的远程父亲节点 rp 和 s' 可视，则计算是否通过 rp 能以更小的代价到达 s'。若代价更小，则将 s' 的远程父亲节点设置为 rp，并更新 s' 的 rhs 值。

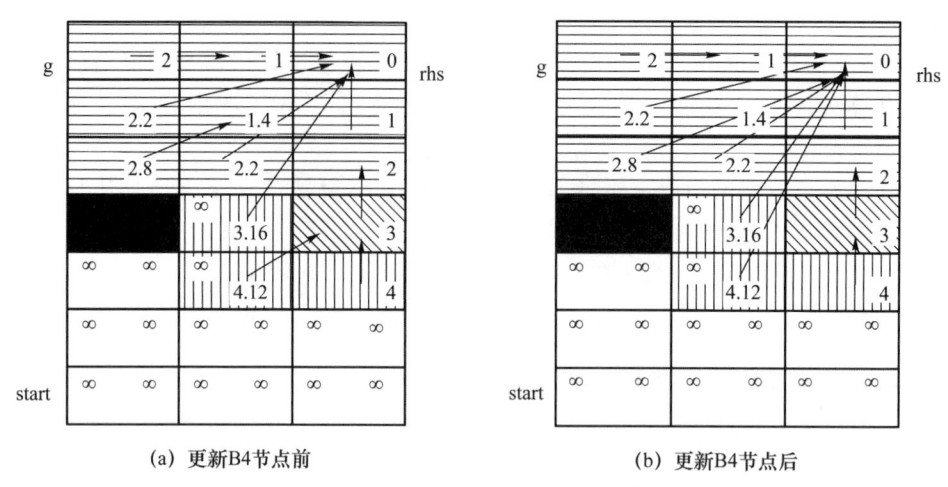

图 7.32 无障碍情况下远程父亲节点更新示意图

7.4 机器视觉在移动机器人中的应用

在管廊巡检场景中，视觉检测技术是实现管廊结构安全监测与维护的重要工具。通过机器人搭载摄像机采集图像数据，并对其进行拼接与处理，可以生成反映管廊结构的全景图。然而，如图 7.33 所示，传统的图像拼接算法虽然能够展示管廊表面的纹理信息，但其结果难以反映管廊的三维立体结构特征，无法满足运营管理人员对结构状态全面直观的了解需求。此外，管廊内部环境通常较为复杂，光照条件受限，自然光源少且分布不均，这给视觉检测任务带来了额外的挑战。在裂缝检测方面，传统检测算法易受环境光照变化的影响，成像精度较低，难以准确识别和分割管廊表面微小的裂缝，从而无法有效支持安全隐患的排查。

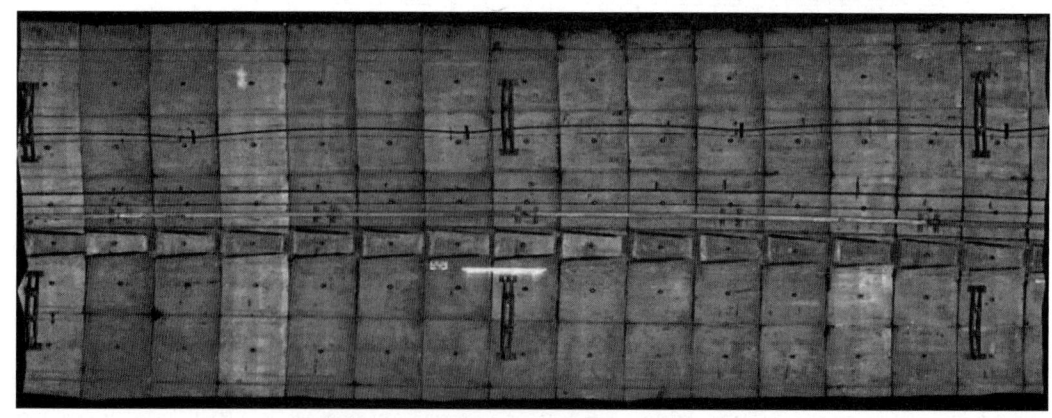

图 7.33 使用图像拼接方法的管廊结构图

因此，开发能够全面呈现管廊结构纹理与立体信息的视觉检测技术具有重要意义。这种技术应在低计算成本的基础上，实现高性能的视觉数据处理与分析，不仅要满足管廊结构的精确三维重建需求，还要支持裂缝等关键缺陷的自动化提取与分割，确保管廊巡检工作高效、精准地推进，从而为管廊的运行与维护提供科学可靠的依据。

7.4.1 视觉图像重建技术

在三维重建研究领域，Longuet-Higgin 于 1981 年提出了利用单个相机在两个不同视角下对单一目标场景拍摄得到两幅二维图像，通过探索这两幅图像中对应点之间的对应关系，获取该相机在运动前后的两个空间位置（通常称为相机的姿态）之间的联系，通过拍摄的两幅图像中的对应点以及推导得到的相机在两个空间位置上的姿态变化来恢复出拍摄的目标场景的三维点云。该算法的提出使得多视图点云重建算法成为三维点云重建算法的研究重点。其中，基于双目视觉的点云重建和运动恢复结构算法（Structure From Motion，SFM）是该领域主要的研究方向。

双目视觉又称为双目立体视觉，通过相对位置固定的双目相机，借助人类双眼的成像原理来实现物体的结构恢复。在双目视觉理论中，通过双目相机标定可以得到双目相机在三维空间中的精确位置关系。由于双目相机之间的位置关系能够被精确地获取，可以通过视差计算理论来恢复出具有较高精度的目标结构。对于双目相机采集的双目图像，通过立体校正之后，图像对中的像素行具有对准的特性，有利于图像对之间特征的精确匹配。运动恢复结构是指利用相机在三维空间中的运动拍摄物体在不同视角下的多幅图像，通过这些图像来求解相机的姿态变化，从而生成物体的三维点云，生成的三维点云即需要恢复的目标结构。

考虑到双目立体视觉对相机的标定精度要求高，任何标定误差都会影响重建结果，且双目立体视觉受到基线长度的限制，基线较短时难以恢复远距离目标的三维结构。同时，运动恢复结构算法仅需一台单目相机，无须复杂的硬件配置和同步系统，成本低，部署方便，且可通过增加图像帧数提高重建范围和精度，尤其适用于大型场景（如建筑物、自然环境）的结构恢复。因此，采用运动恢复结构算法实现对管廊设施结构的立体重建。

如图 7.34 所示，当相机从两个不同角度拍摄同一点 P 时，两相机成像平面分别为 I_1 和 I_2，相机中心分别为 O_1 和 O_2，相机中心、物体 P 及其两个相机的成像点 p_1 和 p_2 处在同一平面 π 上。p_1 和 p_2 在归一化平面上的坐标分别为 x_1 和 x_2，相机的内参矩阵为 K，以左视图为参考视图，R 和 t 为右相机对于左相机的旋转矩阵和平移向量，有

$$x_2^T t^{\wedge} R x_1 = 0 \tag{7.3}$$

$$p_2^T K^{-T} t^{\wedge} R K^{-1} p_1 = 0 \tag{7.4}$$

其中，$t^{\wedge}$ 为 t 的反对称形式。记本质矩阵 $E = t^{\wedge} R$，基础矩阵 $F = K^{-T} E K^{-1}$。求解本质矩阵和基础矩阵，可得到左右相机的变换关系，以及相机参数与三维点的位置估计，通过光束平差法进行优化

$$\arg\min_{K_i, R_i, t_i, x_i} \sum_{i=1}^{m} \sum_{j=1}^{n} \| \pi(K_i(R_i x_j + t_i)) - x_{ij} \| \tag{7.5}$$

其中，m 为相机拍摄的图片数，n 为匹配的三维点个数，K_i、R_i、t_i 分别为第 i 张图片的内参矩阵、旋转矩阵和平移向量，x_j 为第 j 个三维点的坐标，π 为物体在成像平面的投影函数，x_{ij} 为

该点在第 i 张图像上的投影。

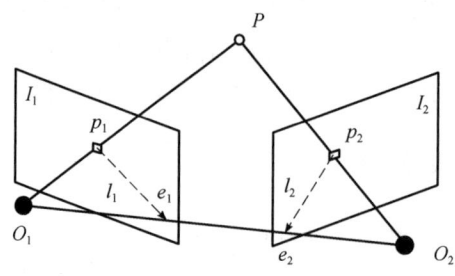

图 7.34 多视图几何关系

完成运动恢复结构生成稀疏点云图后,根据图像的像素点变化关系进行匹配,生成稠密的点云信息,从而完成立体图像的重建。在稠密重建中,物体 P 在不同视图中需有相同的光度,本节中重建的管廊设施结构满足这一假设。计算不同视图的光度,将光度相近的区域匹配可生成稠密点云。图 7.35 为视觉三维重建流程图。

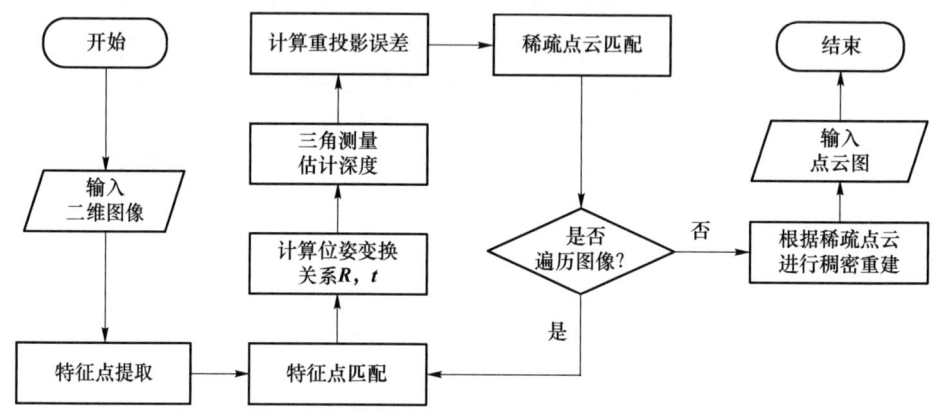

图 7.35 基于运动恢复结构的视觉三维重建流程图

在视觉三维重建中,算法的重建精度衡量指标包括相对误差(Relative Error,RE)和平均相对误差(Mean Relative Error,MRE),即

$$\text{RE} = |V_a - V_m|/V_a \times 100\% \tag{7.6}$$

$$\text{MRE} = \frac{1}{n}\sum_{k=1}^{n} |V_{ak} - V_{mk}|/V_{ak} \times 100\% \tag{7.7}$$

其中,V_a 为实际测量值,V_m 为重建算法中的测量值,V_{ak} 为 n 次测量中第 k 次实际尺寸值,V_{mk} 为 n 测量中第 k 次点云图测量值。根据上述指标可以对重建算法的精度进行衡量。

7.4.2 视觉检测技术

裂缝是管廊结构中常见的缺陷,其扩展可能会严重削弱管廊的结构强度,甚至导致局部坍塌或整体失效,危及管廊的安全运行。因此,管廊自动化巡检的一个重要任务是利用传感器对管廊内部进行全面扫查,通过高效的检测算法识别可能存在的裂缝,并将裂缝信息上传至管理系统以便及时处置。在管廊巡检场景中,视觉裂缝检测技术尤为关键,其方法主要分为两类:基于传统方法和基于深度学习的方法。

基于传统方法的裂缝检测可以理解为对相邻或相近像素点差异性敏感程度的研究。这类方法首先需要将采集到的彩色裂缝图像灰度化,对灰度图预处理后依据图像中每个像素点的灰度值,通过阈值、边缘等方法实现裂缝目标提取,或通过人工设置特征提取裂缝目标。尽管基于传统方法的检测算法原理清晰,但在裂缝提取的过程中,通常需要人为地设定一部分参数。例如:阈值法需要人工设定全局或局部灰度阈值;边缘检测法则依赖对上下边界值的设置;而在特征提取法中,人为设定裂缝特征的参数也是超参数。这种基于参数假设的裂缝提取方法实际上仅能解决假设环境中裂缝的提取,不具有可迁移性与鲁棒性。通过将传统算法应用在实际场景中,不难发现,由于裂缝部分在图像中的占比远低于背景部分,导致传统算法所提取的裂缝包含大量的背景与噪声部分,这也是传统机器视觉方法很难在管廊结构裂缝检测中实际应用的原因之一。

基于深度学习的裂缝目标检测大致上包含3个步骤,分别是定位、分类和回归。定位即确定图像中目标所在的锚点位置。若训练集中将裂缝分为多个类别,或是需要在检测裂缝的同时能够检测图像中的其他部分,则需要对定位到的锚点进行分类,确定锚点所属目标的类别。最后,通过模型预测目标的长度与宽度,以锚点为中心,根据目标的长宽绘制定位框。锚点的位置、锚点的类别、目标的尺寸,三者最终构成了目标检测的结果。目标检测模型分为 one-stage 与 two-stage 两类,one-stage 模型实时性能好,但精度有所欠缺,适合对实时性要求较高的检测工作,其中具有代表性的是 YOLO 与 SSD 系列模型。two-stage 模型在 one-stage 目标预测的基础上添加了第 2 阶段的修正步骤,因此这类模型检测精度较高,但相应的,实时性较为欠缺,其中具有代表性的模型是 Faster R-CNN 系列。基于深度学习的检测算法结果受环境影响较小,适用性较强,考虑到 YOLOv5 目标检测算法是当前比较适合于工业项目的单阶段目标检测算法,发展也比较成熟,因此使用 YOLOv5 算法检测管廊设施结构裂缝。

图 7.36 所示为 YOLOv5 网络架构示意图。在数据图像输入端,YOLOv5 算法训练数据使用了 Mosaic 数据增强,通过对图像旋转、裁剪、拼接等操作完成数据预处理的工作。YOLOv5 算法还可以自适应计算锚框、自适应缩放图片。这些在数据图像预处理阶段的改进,也在一定程度上提升了算法的整体性能,拓展了算法求解的上限空间。

在输入端对输入数据进行了数据增强,使用了 Mosaic 数据增强方法,该方法是在 CutMix 数据增强方法的基础上进一步改进而来的,数据增强就是说在现有的数据基础之上,经过一些特殊方法,生成更多的数据,避免训练过程过拟合等现象出现。CutMix 数据增强方法只利用了两张图片进行拼接操作,而 YOLOv5 目标检测算法中的 Mosaic 数据增强方法是将 4 张图片进行拼接处理,并且在拼接之前,随机地选取图片中的尺寸并加入了图片翻转、遮挡等方法来增强训练尺度。这种数据增强的办法丰富了训练的数据集,对于提升模型的识别准确程度有很大的帮助。

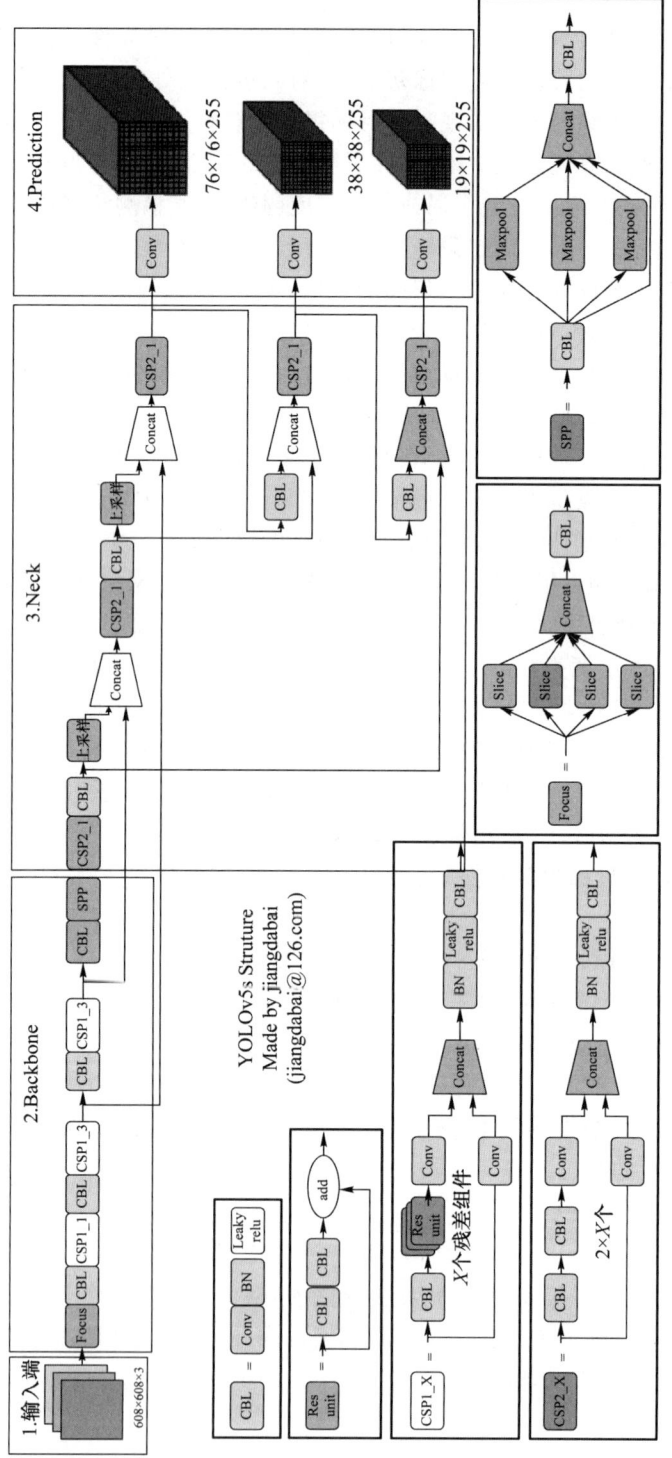

图 7.36 YOLOv5 网络架构示意图

在 YOLOv5 目标检测算法中,每个样本都要设置一定的锚点框,在网络训练时,基于该初始锚点框,将其与 Ground Truth 框的差异值进行逆向更新操作,更新网络的参数,因此设置该初始锚点框也是较为重要的一步。在 YOLOv5 算法中,设置初始锚点框的功能也被植入代码之中,在每一次训练的时候,都会按照数据集自动地给出一个最好的锚点。

对于各种目标检测算法来说,一般都要进行图像缩放,就是首先把原来的输入图像缩小到一定的大小,然后把它送到检测网络中。原来的图像缩放方法有几个问题,因为在现实生活中,许多图像的长宽比都是不一样的,所以经过缩放填充后,两边的黑边都是不一样的,但是当填充的图像太多的时候,就会产生大量的冗余,影响整体算法的推理。为进一步提高 YOLOv5 的推理效率,本节提出一种可以在缩放后的图像中加入最小黑边的方法。以下是具体的步骤。

① 将原始图片的尺寸与所输入的网络图片的尺寸进行对比。
② 按照原始图片的尺寸和缩放的比率计算出最终的尺寸。
③ 计算出黑边的填充值。

图 7.37 为 YOLOv5 目标检测算法的各种版本的性能对比图。

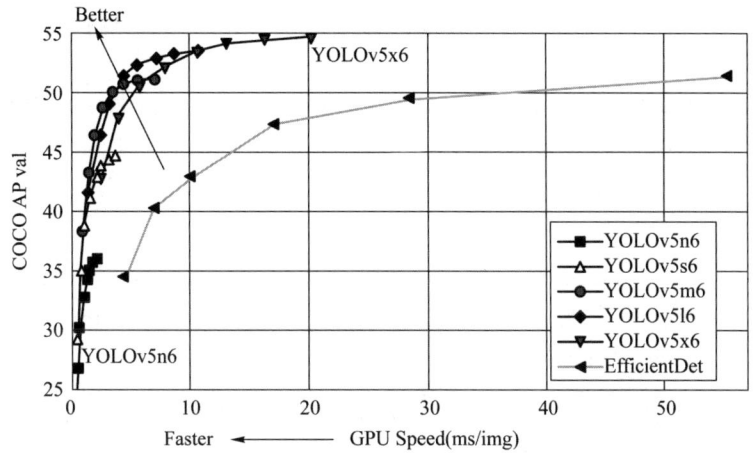

图 7.37　YOLOv5 各版本之间性能对比

课后思考题

1. 简述履带式机器人和轮式机器人的区别和联系。
2. 简述 SLAM 自主导航的原理。
3. 移动机器人路径规划方法有哪些?
4. 三维重建技术还能在哪些场景或任务中发挥作用?在面对低光照、复杂纹理或部分遮挡等实际环境挑战时,如何改进运动恢复结构算法的精度和鲁棒性?
5. 在裂缝数据集中,样本数据通常存在不平衡问题(如裂缝区域较少、背景区域较多)。可以采用哪些数据增强或采样策略来改善模型的训练效果?
6. 试思考移动机器人有哪些应用场景?其未来发展方向是什么?

参 考 文 献

[1] 陈骞. 欧、美、日、韩机器人产业新战略[J]. 上海信息化，2015(3):81-83.

[2] 于京晶. 机器人:未来新主角[J]. 中国信息界-e制造，2015(6):66-67.

[3] 熊有伦. 机器人学:建模、控制与视觉[M]. 武汉:华中理工大学出版社，2018.

[4] 蔡自兴. 机器人学[M]. 2版. 北京:清华大学出版社，2010.

[5] 朱友超. 机器人焊装线系统控制技术研究[D]. 合肥:合肥工业大学，2008.

[6] 丁渊明. 6R型串联弧焊机器人结构优化及其控制研究[D]. 杭州:浙江大学，2009.

[7] 王启玉，陈志强，于青春. 我国焊接机器人的发展现状[J]. 现代零部件，2013(3):77-78.

[8] 谭民. 先进机器人控制:Advanced Robot Control[M]. 北京:高等教育出版社，2007.

[9] Nubiola A, Boney I A. Absolute calibration of an ABB IRB 1600 robot using a laser tracker[J]. Robotics and Computer-Integrated Manufacturing, 2013, 29(1): 236-245.

[10] Wu L, Ren H. Finding the kinematic base frame of a robot by hand-eye calibration using 3D position data[J]. IEEE Transactions on Automation Science & Engineering, 2017, 14(1):314-324.

[11] 李向泉，杨向东，付铁. 码垛机器人机械结构域控制系统设计[M]. 北京:北京理工大学出版社，2011:135-142.

[12] Yang T, Sun N, Fang Y, et al. New adaptive control methods for n-link robot manipulators with online gravity compensation: design and experiments[J]. IEEE Transactions on Industrial Electronics, 2022, 69(1): 539-548.

[13] Zeng D, Liu Y, Qu C, et al. Design and human-robot coupling performance analysis of flexible ankle rehabilitation robot[J]. IEEE Robotics and Automation Letters, 2024, 9(1): 579-586.

[14] Arteaga M A. A robust algorithm for the tracking control of robot manipulators[C]//2024 European Control Conference (ECC). IEEE, 2024: 3464-3469.

[15] Kim J-H. Multi-axis force-torque sensors for measuring zero-moment point in humanoid robots: a review[J]. IEEE Sensors Journal, 2020, 20(3): 1126-1141.

[16] Yamane S, Kaneko Y, Hirai A, et al. Fuzzy control in seam tracking of the welding robots using sensor fusion[C]//Proceedings of 1994 IEEE Industry Applications Society Annual Meeting. IEEE, 1994, 2: 1741-1747.

[17] Arif M-A, Zhu A, Mao H, et al. Design of an amphibious spherical robot driven

by twin eccentric pendulums with flywheel-based inertial stabilization[J]. IEEE/ASME Transactions on Mechatronics,2023,28(5):1-13.

[18] Yang Y,Wu X,Song B,et al. Whole-body fuzzy based impedance control of a humanoid wheeled robot[J]. IEEE Robotics and Automation Letters,2022,7(2):4909-4916.

[19] 连智杰. 焊接机器人工作站离线编程系统的设计与实现[D]. 济南：山东大学,2022.

[20] 刘志辉,刘连伟,郑开元,等. 面向压力钢管维护作业的爬壁机器人焊接运动轨迹研究[J]. 机床与液压,2021,49(3):58-62.

[21] 林义忠,马凯. 室内移动机器人自主导航系统设计[J]. 自动化与仪表,2021,36(6):38-42.

[22] 潘运丹,林艺鑫. 多传感器信息融合的教学移动机器人设计[J]. 物联网技术,2024,14(7):99-103+106.

[23] 张浩华,柴欣,程骞阁,等. 基于ESP32的智能履带式移动机器人的设计[J]. 沈阳师范大学学报（自然科学版）,2024,42(3):209-214.

[24] 宋海峰,齐慧丽. 全地形消防机器人适应性行走结构设计[J]. 今日制造与升级,2024(10):74-76.

[25] 郑源. 基于激光SLAM的移动机器人自主导航方法研究[D]. 西安：西安理工大学,2024.

[26] 贾田鹏. 室内移动机器人的多传感器融合定位与导航研究[D]. 北京：北京邮电大学,2024.

[27] 严军. 高速公路隧道巡检机器人无线通信系统设计及应用[J]. 中国交通信息化,2024(12):126-129.

[28] 李素. 变电站巡检机器人自主导航系统研究[D]. 淮南：安徽理工大学,2022.

[29] 宋卫猛. 室内多房间环境下移动机器人路径规划算法优化研究[D]. 重庆：重庆理工大学,2024.

[30] 马玉如. 移动机械臂的运动规划研究与实现[D]. 柳州：广西科技大学,2022.

[31] 王全. 单相无刷直流直线电机设计及应用研究[D]. 杭州：浙江大学,2023.